高等职业教育系列教材

电气绘图实训教程

主　编　任艳君　李彩霞　杨小庆
副主编　张　娅　刘　韵
参　编　张浩波　张元禾　郑娟丽
　　　　康　亚　唐　彬
主　审　任德齐

机 械 工 业 出 版 社

本书按照高职制造类“电气绘图实训”课程教学大纲的要求，讲解了 AutoCAD 2010 软件和 Altium Designer Winter 09 软件的应用。本书的每一个项目都是一个实例，使学生从解决任务的角度出发进行学习，从而培养了学生解决实际问题的能力。

本书内容包括两个部分，第一部分是用 AutoCAD 2010 软件进行电气工程制图，涉及绘图时所用常用命令的功能及使用方法。第二部分是用 Altium Designer Winter 09 软件绘制电路图及 PCB 设计，涉及绘制时所用常用命令的功能及使用方法。每个项目后面都附有提高练习，便于学生课后练习。

本书可作为高职高专电气自动化技术、检测技术及应用、机电一体化技术、建筑电气技术等专业的教材，也可供各个领域从事电气、电子相关专业的工程技术人员参考。

为配合教学，本书配有电子课件，读者可以登录机械工业出版社教材服务网 www.cmpedu.com 免费注册后下载，或联系编辑索取（QQ：1239258369，电话（010）88379739）。

图书在版编目(CIP)数据

电气绘图实训教程/任艳君，李彩霞，杨小庆主编．—北京：机械工业出版社，2013.9(2022.2 重印)
高等职业教育系列教材
ISBN 978-7-111-45617-9

Ⅰ.①电… Ⅱ.①任… ②李… ③杨… Ⅲ.①电气制图—计算机制图—高等职业教育—教材 Ⅳ.①TM02-39

中国版本图书馆 CIP 数据核字(2014)第 017835 号

机械工业出版社(北京市百万庄大街 22 号 邮政编码 100037)
责任编辑：刘闻雨
责任印制：郜 敏

北京盛通商印快线网络科技有限公司印刷

2022 年 2 月第 1 版·第 5 次印刷
184mm×260mm·13.75 印张·339 千字
标准书号：ISBN 978-7-111-45617-9
定价：49.00 元

电话服务
客服电话：010-88361066
010-88379833
010-68326294

网络服务
机 工 官 网：www.cmpbook.com
机 工 官 博：weibo.com/cmp1952
金 书 网：www.golden-book.com
机工教育服务网：www.cmpedu.com

高等职业教育系列教材机电类专业委员会成员名单

出 版 说 明

《国家职业教育改革实施方案》（又称“职教 20 条”）指出：到 2022 年，职业院校教学条件基本达标，一大批普通本科高等学校向应用型转变，建设 50 所高水平高等职业学校和 150 个骨干专业（群）；建成覆盖大部分行业领域、具有国际先进水平的中国职业教育标准体系；从 2019 年开始，在职业院校、应用型本科高校启动“学历证书 + 若干职业技能等级证书”制度试点（即 1 + X 证书制度试点）工作。在此背景下，机械工业出版社组织国内 80 余所职业院校（其中大部分院校入选“双高”计划）的院校领导和骨干教师展开专业和课程建设研讨，以适应新时代职业教育发展要求和教学需求为目标，规划并出版了“高等职业教育系列教材”丛书。

该系列教材以岗位需求为导向，涵盖计算机、电子、自动化和机电等专业，由院校和企业合作开发，多由具有丰富教学经验和实践经验的“双师型”教师编写，并邀请专家审定大纲和审读书稿，致力于打造充分适应新时代职业教育教学模式、满足职业院校教学改革和专业建设需求、体现工学结合特点的精品化教材。

归纳起来，本系列教材具有以下特点：

1）充分体现规划性和系统性。系列教材由机械工业出版社发起，定期组织相关领域专家、院校领导、骨干教师和企业代表召开编委会年会和专业研讨会，在研究专业和课程建设的基础上，规划教材选题，审定教材大纲，组织人员编写，并经专家审核后出版。整个教材开发过程以质量为先，严谨高效，为建立高质量、高水平的专业教材体系奠定了基础。

2）工学结合，围绕学生职业技能设计教材内容和编写形式。基础课程教材在保持扎实理论基础的同时，增加实训、习题、知识拓展以及立体化配套资源；专业课程教材突出理论和实践相统一，注重以企业真实生产项目、典型工作任务、案例等为载体组织教学单元，采用项目导向、任务驱动等编写模式，强调实践性。

3）教材内容科学先进，教材编排展现力强。系列教材紧随技术和经济的发展而更新，及时将新知识、新技术、新工艺和新案例等引入教材；同时注重吸收最新的教学理念，并积极支持新专业的教材建设。教材编排注重图、文、表并茂，生动活泼，形式新颖；名称、名词、术语等均符合国家标准和规范。

4）注重立体化资源建设。系列教材针对部分课程特点，力求通过随书二维码等形式，将教学视频、仿真动画、案例拓展、习题试卷及解答等教学资源融入到教材中，使学生的学习课上课下相结合，为高素质技能型人才的培养提供更多的教学手段。

由于我国高等职业教育改革和发展的速度很快，加之我们的水平和经验有限，因此在教材的编写和出版过程中难免出现疏漏。恳请使用本系列教材的师生及时向我们反馈相关信息，以利于我们今后不断提高教材的出版质量，为广大师生提供更多、更适用的教材。

机械工业出版社

前　　言

电路图是技术人员和电工进行技术交流和生产活动的“语言”，是电气技术中应用最广泛的技术资料之一。当前工业界已由传统的手工绘图设计与制造，逐渐被计算机辅助设计与制造所取代。使用AutoCAD软件进行工程图样绘制，应用Protel软件进行电子电路和印制电路板设计，已经成为相关专业技术人员必备的基本技能。因此，在各高校的电气自动化技术、建筑电气工程技术、供配电技术等专业都开设了包含AutoCAD与Protel两种软件的“电气绘图实训”课程。

本书采用基于项目式的任务驱动型组织教学的思路，讲解了AutoCAD 2010软件和Altium Designer Winter 09软件的应用。全书共11章，前6章的主要内容是用AutoCAD 2010软件绘制电气工程图，包括绘图时常用命令的功能及使用方法。后5章的主要内容是用Altium Designer Winter 09软件绘制电路图及PCB设计，包括绘制时所涉及的常用命令的功能及使用方法。

为密切结合企业的实际需求，本书与重庆水务集团股份有限公司、拉法基瑞安（临沧）水泥有限公司和重庆航天机电设计院合作编写。本书可作为高职高专电气自动化技术、检测技术及应用、机电一体化技术、建筑电气技术等专业的教材，教学时数建议为72学时。

本书实训项目1、实训项目2由重庆工商职业学院李彩霞编写，实训项目3由重庆工商职业学院任艳君编写，实训项目4由重庆航天机电设计院郑娟丽编写，实训项目5由重庆工商职业学院杨小庆编写，实训项目6由拉法基瑞安（临沧）水泥有限公司唐彬编写，实训项目7由重庆工商职业学院刘韵编写，实训项目8由重庆城市管理职业学院康亚编写，实训项目9由重庆工商职业学院张娅编写，实训项目10由重庆工商职业学院张浩波编写，实训项目11由重庆水务集团股份有限公司张元禾编写。任艳君、李彩霞、杨小庆负责全书的统稿和最后定稿。

重庆工商职业学院任德齐教授担任本书主审，提出了很多宝贵的意见和建议，在此表示由衷的感谢！在本书编写过程中，我们参阅了大量的资料，也得到了其他高校教师和许多企业工程技术人员的指导和帮助，在此一并表示诚挚的谢意！

由于电气绘图技术所涉及的内容十分广泛，本书在内容上难免有疏漏之处，诚请业内专家和广大读者批评指正。

编　者

目　录

第二篇 电子 CAD 制图与实训

第一篇　AutoCAD 2010 电气工程制图与实训

实训项目 1　开关控制电路图的绘制

1.1　学习要点

1）了解软件的安装过程。
2）了解 AutoCAD 2010 软件工作界面。
3）熟练掌握绘图系统配置。
4）了解文件管理。
5）熟练掌握软件基本输入操作。

1.2　项目描述

1）通过软件的安装了解 AutoCAD 2010 软件概况。
2）通过开关控制电路图的绘制掌握 AutoCAD 2010 的基本输入操作。

1.3　项目实施

任务：绘制如图 1–5 所示开关控制电路图。

1）启动 AutoCAD 2010，新建一个二维图样，选择图形样板，如图 1–1 所示。

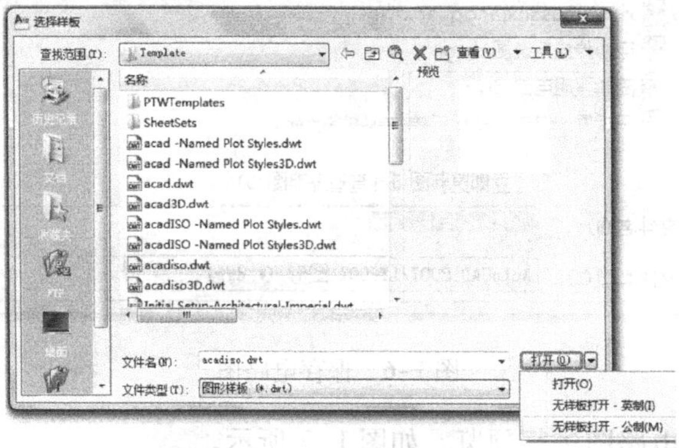

图 1–1　选择图形样板

2）在任一工具栏上单击鼠标右键，在弹出的快捷菜单中选择【绘图】和【修改】工具栏，如图 1–2 所示。

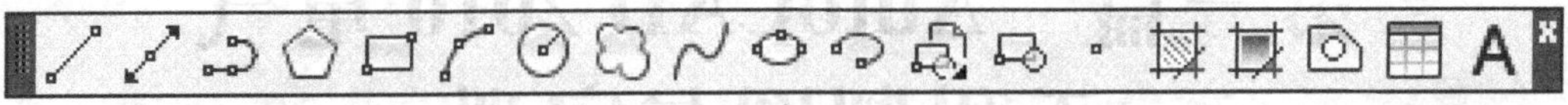

a)

b)

图 1–2 【绘图】和【修改】工具栏

a)【绘图】工具栏 b)【修改】工具栏

3）单击【绘图】工具栏中的【直线】按钮，在绘图区域绘制基本电路，如图 1–3 所示。

4）利用直线命令绘制开关，如图 1–4 所示。

5）利用圆命令和直线命令绘制灯泡，如图 1–5 所示。

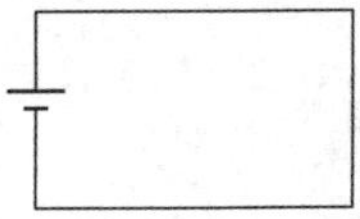

图 1–3 基本电路

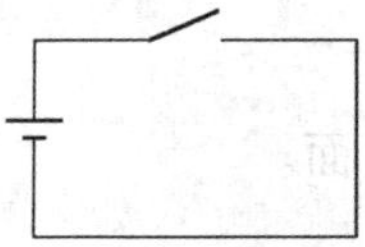

图 1–4 开关的绘制

图 1–5 灯泡的绘制

6）对绘制好的电路图选择【保存】或【另存为】，修改文件名称，单击【保存】按钮，如图 1–6 所示。

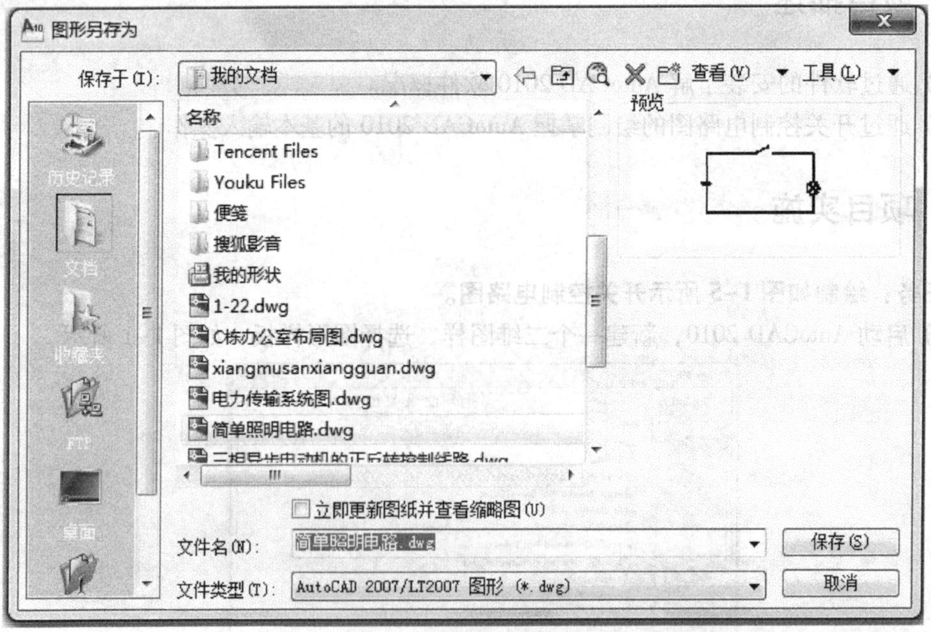

图 1–6 保存电路图

7）可以对保存的电路图进行预览，如图 1–7 所示。

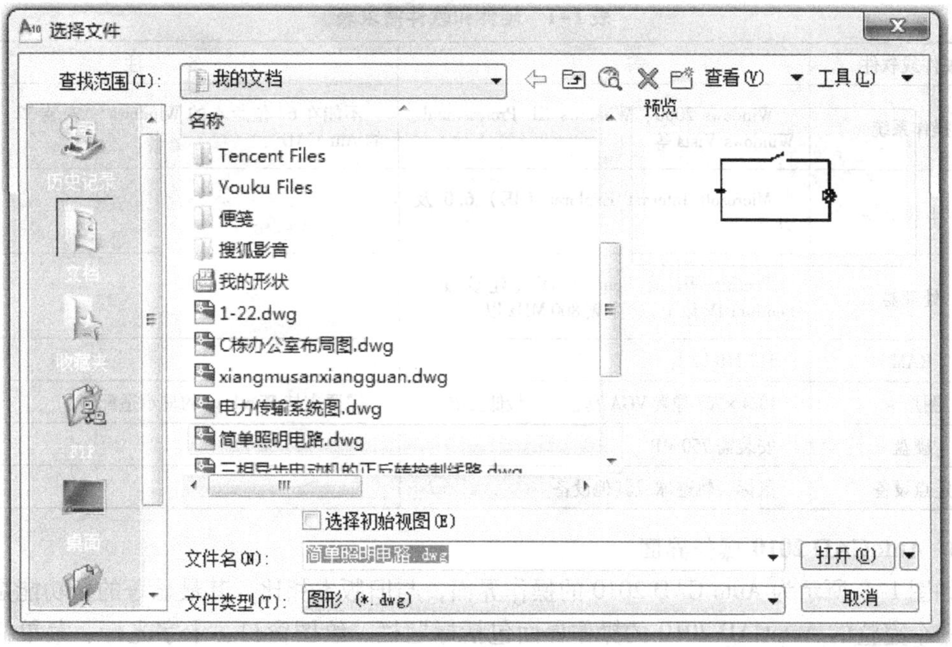

图 1-7　预览保存的电路图

1.4　相关知识点

1.4.1　AutoCAD 2010 的安装及操作界面

AutoCAD（Auto Computer Aided Design）是美国 Autodesk 公司于1982 年研发的计算机辅助设计软件。目前已广泛应用于土木建筑、装饰装潢、城市规划、电子电气、机械设计、航空航天、轻工化工等诸多领域。

AutoCAD 2010 人机交互方便，具有强大的图形编辑功能，用户可以通过工具栏对二维、三维图形进行编辑修改和打印等操作。AutoCAD 2010 提供多种其他图形开发工具的接口，可供用户进行二次开发。

1. AutoCAD 2010 对系统配置的要求

AutoCAD 2010 的版本分为 32 位和 64 位，对计算机操作系统和配置有一定的要求。AutoCAD 2010 软件在安装之前，需要确保计算机满足最低系统配置要求，见表 1-1。

2. AutoCAD 2010 安装与激活过程

1）双击 AutoCAD 2010 安装程序所在的名为 Setup 的文件。

2）在出现的 AutoCAD 2010 媒体浏览器中，单击“安装产品”按钮。用户可以根据安装向导的各种提示信息，逐步进行安装（通常取默认值即可）。

3）双击在桌面上自动生成的 AutoCAD 2010 快捷方式图标，在第一次启动 AutoCAD 2010 后会自动显示出注册向导，用户只需根据向导进行注册即可。

表 1-1　硬件和软件需求表

硬件或软件	需　求	备　注
操作系统	Windows 2000、Windows XP Professional、Windows Vista 等	不能在 64 位版本的 Windows 上安装 32 位版本的 AutoCAD
Web 浏览器	Microsoft Internet Explorer（IE）6.0 及以上	
处理器	Pentium Ⅲ 或 Pentium Ⅳ（建议使用 Pentium Ⅳ 以上），主频 800 MHz 以上	
RAM	512 MB 以上	
图形卡	1024×768 像素 VGA 真彩色（最低要求）	需要支持 Windows 的显示适配器
硬盘	安装需 750 MB	
定点设备	鼠标、轨迹球或其他设备	

3. AutoCAD 2010 操作界面

如图 1-8 所示为 Auto CAD 2010 的操作界面，与旧版本相比，其最显著的新功能是参数化。一个完整的 AutoCAD 2010 的操作界面包括标题栏、绘图窗口、十字光标、菜单栏、工具栏、坐标系图标、文本窗口与命令行、状态栏、菜单浏览器、快速访问工具栏、信息中心和滚动条等。

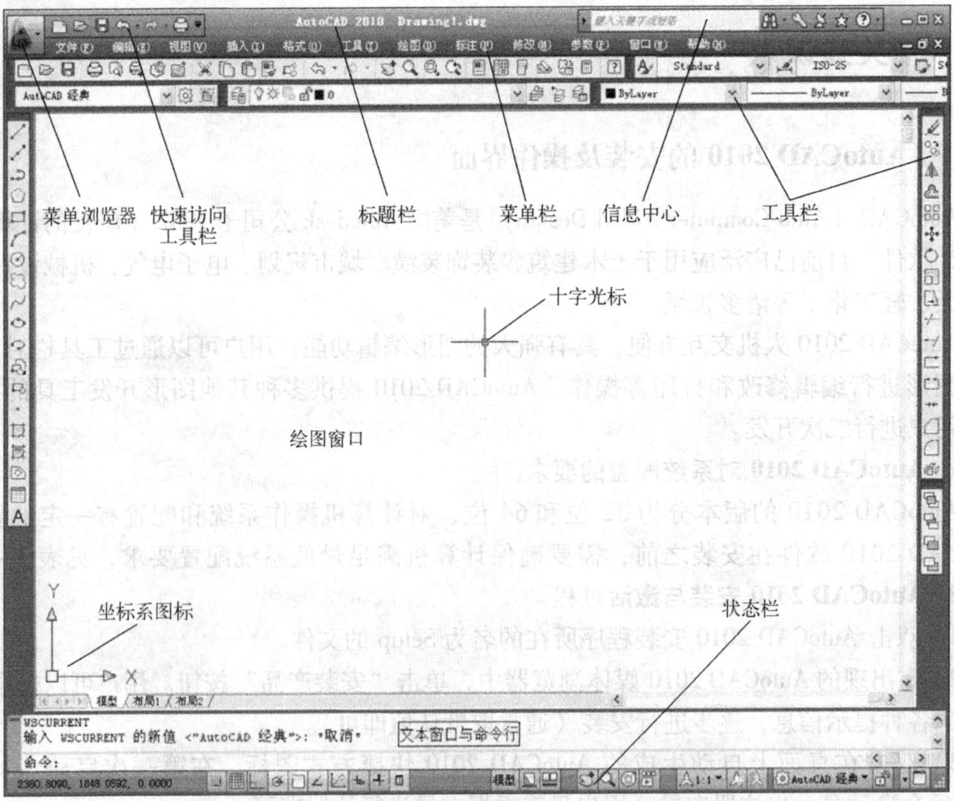

图 1-8　AutoCAD 2010 软件操作界面

（1）标题栏

标题栏在绘图窗口的最上方，它显示了 AutoCAD 2010 的程序图标及当前所操作图形文件的名称和路径。标题栏的右侧显示用于窗口的最大化、最小化及关闭的按钮。

（2）菜单栏

菜单栏包含了软件的所有操作命令，AutoCAD 2010 将所有的操作命令分为 10 个主菜单，单击菜单栏上的主菜单，弹出对应的下拉菜单。下拉菜单包含了 AutoCAD 2010 的核心命令和功能，通过鼠标选择下拉菜单中的某个选项，系统就执行相应的命令。

（3）工具栏和快捷工具栏

AutoCAD 2010 工具栏包含了若干命令按钮，当光标指向任一图标时，光标右下方会显示出相应的命令名，同时在窗口的命令行有注解，便于确认命令。用户也可选择使用窗口右侧的快捷工具栏。

用户也可以打开或关闭工具栏。将鼠标光标移动到任一工具栏上，单击鼠标右键，弹出工具栏快捷菜单，如图 1-9 所示，打开或关闭相应工具栏。

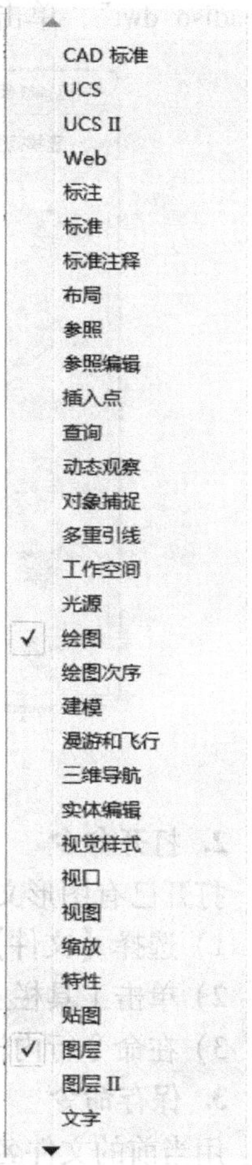

图 1-9　工具栏快捷菜单

（4）绘图窗口

绘图窗口位于屏幕中间，是显示、编辑图形的区域。用户可通过【工具】菜单下的【选项】命令，打开【选项】对话框，选择【显示】选项卡，单击【窗口元素】选项区域的【颜色】按钮，打开【图形窗口颜色】对话框，修改右上角的【颜色】属性，在下拉列表中，选择需要的绘图窗口的背景颜色，单击【应用并关闭】退出对话框。图形窗口颜色通常默认为黑色。

（5）文本窗口与命令行

文本窗口与命令行位于绘图窗口的正下方，该窗口分为两部分，上面为显示窗口，下面为操作窗口。通过显示窗口，用户可查看已经通过工具按钮或操作命令进行操作的命令记录；通过操作窗口，用户可输入操作命令进行绘图等操作。

（6）状态栏

状态栏位于屏幕最下方，左边显示当前十字光标的坐标值，中间显示【捕捉】、【栅格】、【正交】、【极轴】、【对象捕捉】、【对象追踪】、【DUCS】、【DYN】、【线宽】等选项卡。单击选项卡，可激活或关闭该选项卡，其中凹陷状态为“开”，凸起为“关”。

1.4.2　AutoCAD 2010 基本操作

AutoCAD 2010 的基本操作包括建立新文件、打开已有文件、保存文件和关闭文件。

1. 新建命令

AutoCAD 2010 提供如下 3 种操作方式来绘制一个新的图形。

1）选择【文件】菜单下的【新建】命令。

2）单击工具栏上的□图标。

3）在命令行内输入“NEW”。

采用上述任一种方法都会显示如图 1-10 所示的【选择样板】对话框，默认样板文件是“acadiso. dwt”，单击【打开】按钮即可开始新图形的绘制。

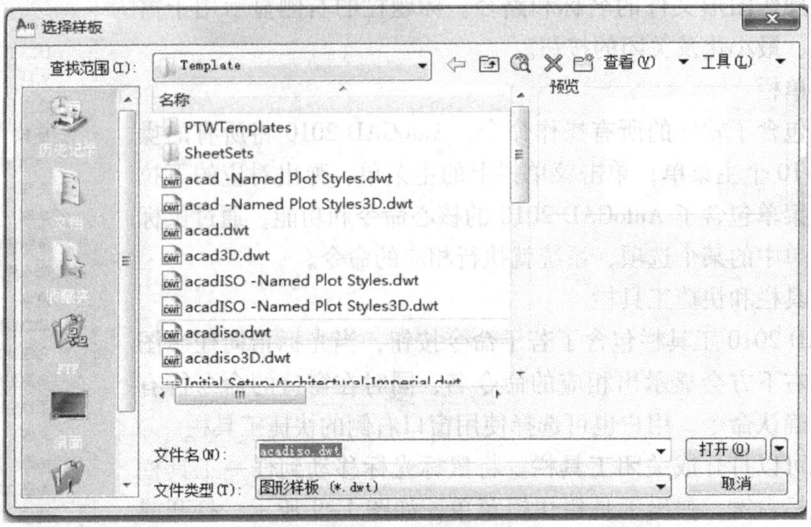

图 1-10 【选择样板】对话框

2. 打开命令

打开已有图形文件，可以通过以下 3 种方式进行操作。

1）选择【文件】菜单下的【打开】命令。

2）单击工具栏上的图标。

3）在命令行内输入“OPEN”。

3. 保存命令

用当前的文件名或指定的文件名存储文件，可以通过以下 3 种方式进行操作。

1）选择【文件】菜单下的【保存】命令。

2）单击工具栏上的图标。

3）在命令行内输入“SAVE”。

存储尚未命名的文件，或给当前的文件重新命名，可通过【文件】菜单下的【另存为】进行。

4. 关闭命令

关闭当前文件，可通过用户界面菜单栏最右端的【关闭】快捷图标进行操作，其功能是关闭所有文件，并退出 AutoCAD 2010 软件。

1.4.3 直线的绘制

1. 设置绘图线型

在电气绘图中，经常需要用到不同的线型，如实线、虚线和点画线等，以及同一线型的不同线宽，如粗实线和细实线。AutoCAD 2010 所提供的线型种类很多，用户可通过【特性】工具栏进行线型、线宽、颜色等的自由设置，如图 1-11 所示。

2. 直线命令

AutoCAD 2010【绘图】工具栏中的【直线】命令，指的是几何意义的直线段。由于两点确定一条直线，因此，只要指定起点和终点，即可绘制一条直线。可通过以下 3 种方式调用直线命令。

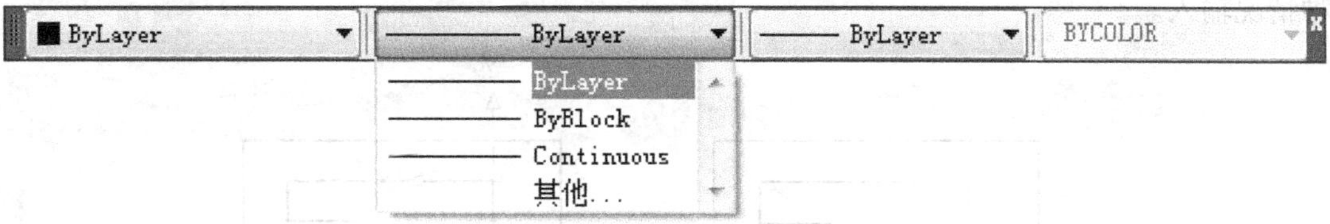

图 1-11 【特性】工具栏

1）命令行：LINE。

2）菜单：【绘图】→【直线】。

3）图标：【绘图】工具栏中单击图标。

选用上述任一种方法，都会在命令行提示：

line 指定第一点：//此时可以输入直线的起点坐标后按〈Enter〉键或单击鼠标左键确定起点位置。

指定下一点或［放弃（U）］：//此时可以输入直线的终点坐标后按〈Enter〉键，或者向直线延伸方向移动鼠标输入直线长度，或者在适当的位置单击鼠标左键确定终点位置，便画好了一条直线。

当画完两条或两条以上的直线后，命令行提示：

指定下一点或［闭合（C）放弃（U）］：//此时如果输入“C”并按〈Enter〉键，所画的直线将与第一条直线的起点相连；如果输入“U”并按〈Enter〉键，可取消刚画的线段。

3. 坐标系和坐标

(1) 世界坐标系和用户坐标系

AutoCAD 2010 提供了世界坐标系（WCS）和用户坐标系（UCS）。默认状态下，UCS 与 WCS 重合。

WCS 是默认固定的坐标系，其坐标系原点（0，0，0）位于屏幕左下角。UCS 是用户创建的可移动坐标系，即用户可根据需要创建更改原点（0，0，0）的位置、XY 平面和 Z 轴方向。

【例 1-1】 将如图 1-12a 所示的坐标系设置为如图 1-12b 所示的位置，操作如下。

命令：UCS↙

当前 UCS 名称：// * 世界 *

指定 UCS 的原点或［面（F）/命名（NA）/对象（OB）/上一个（P）/视图（V）/世界（W）/X/Y/Z/Z 轴（ZA）］<世界>：//拾取图 1-12b 中原点坐标所在的点，结果如图 1-12b所示。

指定 X 轴上的点或<接受>：//↙

(2) 坐标及其输入

在绘图过程中，通常用鼠标和键盘两种方式交替操作指定点的坐标位置。

1）鼠标拾取点：利用“对象捕捉”功能捕捉已有图形对象的特征点（在点的位置精度

要求不高时，可在绘图区域单击鼠标左键确定)。

2) 键盘输入点坐标：在已知点的绝对坐标或者相对坐标时，可按直角坐标和极坐标两种情况输入。

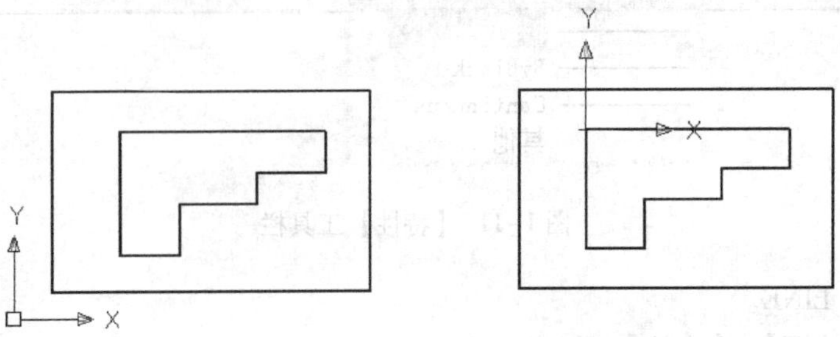

图 1-12　设置用户坐标系

① 绝对坐标：以原点（0，0，0）为基点定位所有的点。

- 绝对直角坐标：绘图区内任意一点均可以用（x，y，z）来表示，在 XOY 平面绘图时，Z 坐标默认值为 0，用户仅输入 X、Y 坐标即可。

【例 1-2】启动画直线命令后，根据命令行提示分步输入：

0，0↙→297，0↙，即可从坐标原点开始向右画出一条长为 297mm 的水平线。

- 绝对极坐标：极坐标是通过相对于极点的距离和角度来定义点的位置的，表示方法是：距离 < 角度。

【例 1-3】如果要从原点开始画一条长度为 100 mm，与 X 轴正方向成 45°的斜线，应在启动画直线命令后根据命令行提示分步输入：

0，0↙→100 <45↙。

② 相对坐标：相对坐标是某点（例如 A 点）相对某一特定点（例如 B 点）的位置，绘图中常将上一操作点看成是参考点，相对坐标的表示特点是，在坐标前加上相对坐标符号“@”。

- 相对直角坐标表示方法：@ x，y。

【例 1-4】如果要从起点坐标（297，0）开始画一条 210 mm 长的垂直线，应在启动画直线命令后根据命令行提示分步输入：

297，0↙→@ 0，210↙。

- 相对极坐标表示方法：@ 距离 < 角度。

【例 1-5】如果要从起点坐标（50，100）开始画一条 200 mm 长且与 X 轴正方向成 150°的斜线，应在启动画直线命令后根据命令行提示分步输入：

50，100↙→@ 200 <150↙。

1.4.4　圆及圆弧的绘制

1. 圆的绘制

圆是构成图形的基本元素之一，可通过以下 3 种方式调用圆命令。

1) 命令行：CIRCLE。

2）菜单：【绘图】→【圆】。

3）图标：【绘图】工具栏中单击图标⊙。

在 AutoCAD 2010 中，可以通过圆心和半径或圆周上的点来创建圆，也可以创建与对象相切的圆，下面介绍 4 种电气绘图中最常用的绘制圆的方法。

① 根据圆心和半径画圆。

命令：CIRCLE↙

指定圆的圆心或[三点(3P)/两点(2P)/相切、相切、半径(T)/]：//在适当位置单击鼠标左键指定圆的圆心（或输入圆心坐标值）。

指定圆的半径或［直径（D）］：//在屏幕适当位置单击鼠标左键（或输入半径的值），结果如图 1-13 所示。

② 根据圆心和直径画圆。

命令：CIRCLE↙

指定圆的圆心或[三点(3P)/两点(2P)/相切、相切、半径(T)/]：//在适当位置单击鼠标左键指定圆的圆心（或输入圆心坐标值）。

指定圆的半径或[直径(D)] <50>：//d↙

指定圆的直径 <100>：//输入圆的直径。结果如图 1-13 所示。

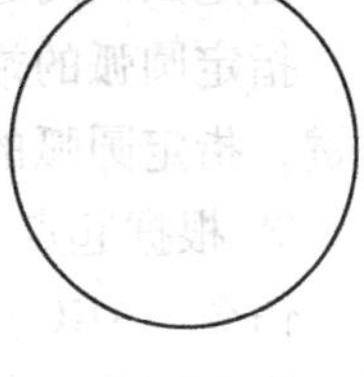

图 1-13　圆

③ 根据两点画圆

命令：CIRCLE↙

指定圆的圆心或[三点(3P)/两点(2P)/相切、相切、半径(T)/]：//2P↙

指定圆直径的第一个端点：//在适当位置单击鼠标左键，指定圆直径的第一个端点，确定直径第一个端点后提示指定下一个端点。

指定圆直径的第二个端点：//在适当位置单击鼠标左键，指定圆直径的第二个端点。结果如图 1-13 所示。

④ 根据三点画圆。

命令：CIRCLE↙

指定圆的圆心或[三点(3P)/两点(2P)/相切、相切、半径(T)/]：//3P↙

指定圆上的第一个点：//在适当位置单击鼠标左键，指定圆上的第一个点，确定圆上的第一个点后提示指定下一个点。

指定圆上的第二个点：//在适当位置单击鼠标左键，指定圆上的第二个点。

指定圆上的第三个点：//在适当位置单击鼠标左键，指定圆上的第三个点。结果如图 1-13所示。

2. 圆弧的绘制

圆弧是圆的一部分，可通过以下 3 种方式调用圆弧命令。

1）命令行：ARC。

2）菜单：【绘图】→【圆弧】。

3）图标：【绘图】工具栏中单击图标◜。

与创建圆类似，创建圆弧的方法也有多种。下面介绍 3 种电气绘图中最常用的绘制圆弧的方法。

① 根据三点画圆弧。

与三点画圆方式类似，三点画圆弧常用于绘制经过某三个点的圆弧。

命令：ARC↙

指定圆弧的起点或[圆心(C)]：//在适当位置单击鼠标左键，指定圆弧的第一个点。

指定圆弧的第二个点或[圆心(C)/端点(E)]：//在适当位置单击鼠标左键，指定圆弧的第二个点。

指定圆弧的端点：//在适当位置单击鼠标左键，指定圆弧的端点。结果如图 1–14 所示。

② 根据圆心、起点、端点画圆弧。

命令：ARC↙

指定圆弧的起点或[圆心(C)]：//C↙

指定圆弧的圆心（C）：//适当位置单击鼠标左键，指定圆弧的圆心。

指定圆弧的起点：//适当位置单击鼠标左键，指定圆弧的起点。

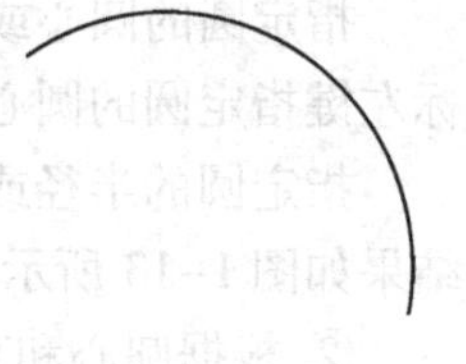

图 1–14　圆弧

指定圆弧的端点或[角度(A)/弦长(L)]：//在适当位置单击鼠标左键，指定圆弧的端点。结果如图 1–14 所示。

③ 根据起点、圆心、角度画圆弧。

命令：ARC↙

指定圆弧的起点或[圆心(C)]：//C↙

指定圆弧的圆心（C）：//适当位置单击鼠标左键，指定圆弧的圆心。

指定圆弧的起点：//适当位置单击鼠标左键，指定圆弧的起点。

指定圆弧的端点或[角度(A)/弦长(L)]：//A↙

指定包含角：//输入圆弧角度。结果如图 1–14 所示。

1.4.5　对象捕捉

1. 对象捕捉方式

对象捕捉是 AutoCAD 2010 中精确定位的方法，也是计算机绘图和手工绘图的重要区别之一。用户既可以从【对象捕捉】工具栏上选取对象捕捉工具，如图 1–15 所示，也可以用快捷菜单（〈Shift〉+ 鼠标右键）选取。对象捕捉名称和捕捉功能如表 1–2 所示。

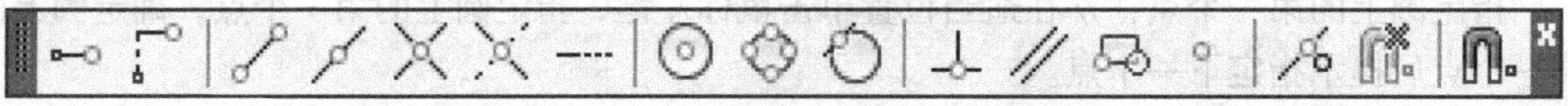

图 1–15　【对象捕捉】工具栏

表 1–2　对象捕捉列表

图　　标	命 令 缩 写	对象捕捉名称
	TT	临时追踪点
	FROM	捕捉自
	ENDP	捕捉到端点
	MID	捕捉到中点
	INT	捕捉到交点

（续）

图　　标	命 令 缩 写	对象捕捉名称
	APPINT	捕捉到外观交点
	EXT	捕捉到延长线
	CEN	捕捉到圆心
	QUA	捕捉到象限点
	TAN	捕捉到切点
	PER	捕捉到垂足
	PAR	捕捉到平行线
	INS	捕捉到插入点
	NOD	捕捉到节点
	NEA	捕捉到就近点
	NON	无捕捉
	OSNAP	对象捕捉设置

2. 自动捕捉

自动捕捉指的是，当用户把光标移到一个对象上时，系统会自动捕捉到对象上符合条件的几何特征点，显示出相应的捕捉标记，以及该捕捉的提示。在默认设置中，当用户输入对象捕捉，或打开运行对象捕捉时，系统会自动打开自动捕捉。用户可以通过【草图设置】中的【对象捕捉】选项卡进行设置，如图 1–16 所示。

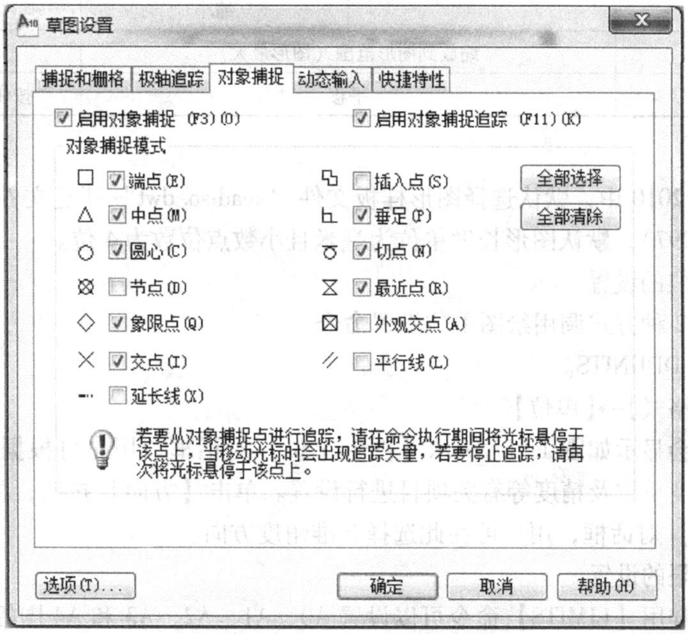

图 1–16　【对象捕捉】选项卡

1.4.6 图形显示控制和图形设置

1. 显示命令

显示命令是计算机绘图中频繁使用的命令，方便用户观察绘图区域，只对图形的观察起作用，不影响图形的实际位置和尺寸。

（1）实时平移命令

可通过以下 3 种方式调用实时平移命令。

1）命令行：PAN。

2）菜单：【视图】→【平移】→【实时】。

3）图标：（在【标准】工具栏中）。

选用上述任一种方法，光标都会变成一个手状图案，按住鼠标左键，拖动鼠标，当前视窗中的图形就会随着光标的移动而移动。

（2）缩放命令

缩放命令用来增加或减小观察图形的放大倍数，并不改变图形的绝对尺寸，只是改变视窗的缩放系数、图形的显示方向和显示位置。可通过以下 2 种方式调用缩放命令。

1）命令行：ZOOM↙，用户可根据命令行提示选择任一选项进行缩放。

2）菜单：【视图】→【缩放】，根据需要在弹出的【缩放】菜单中选择不同的缩放形式。

（3）鼠标滚轮操作

在 AutoCAD 2010 中，可以控制鼠标滚轮（或中键）的动作响应，如表 1–3 所示。

表 1–3 AutoCAD 控制鼠标滚轮的操作

序 号	滚轮功能（默认）		操 作
1	缩放	放大	向前转动滚轮
		缩小	向后转动滚轮
2	缩放到图形范围（图形最大）		双击滚轮
3	平移		按住滚轮并拖动鼠标

2. 图形设置

在 AutoCAD 2010 中，默认选择图形样板文件“acadiso. dwt”新建文件，其图形界限为 A3 图幅（420×297），默认图形长度单位为毫米且小数点位数为 4 位。

（1）绘图单位的设置

可通过以下 2 种方式调用绘图单位设置命令

1）命令行：DDUNITS。

2）菜单：【格式】→【单位】。

执行命令后会显示如图 1–17 所示【图形单位】对话框。用户可根据需要在该对话框中，对长度、角度单位及精度等有关项目进行设置。单击【方向】按钮，显示如图 1–18 所示的【方向控制】对话框，用户可在此选择基准角度方向。

（2）图形界限的设置

依据国家标准用【LIMITS】命令可以设置 A0、A1、A2、A3 和 A4 图幅的图形界限。

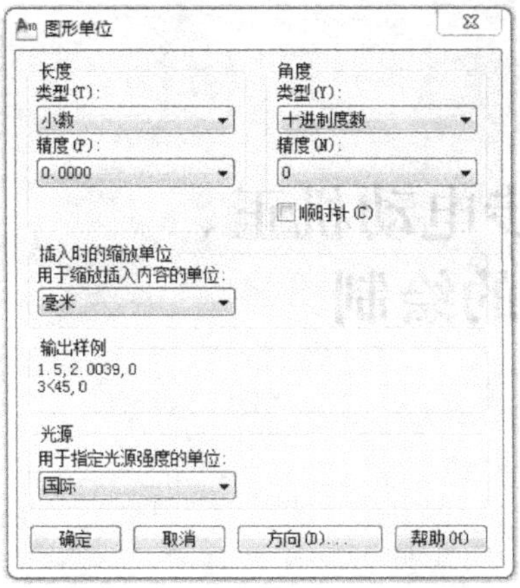

图 1-17 【图形单位】对话框

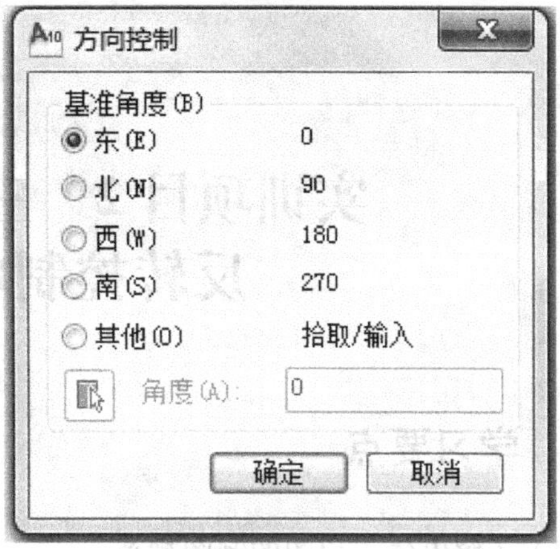

图 1-18 【方向控制】对话框

可通过以下 2 种方式调用图形界限设置命令。

1）命令：LIMITS。

2）菜单：【格式】→【图形界限】

执行【LIMITS】命令后，通过输入矩形左下角和右上角坐标的方式设置图形界限。

【例 1-6】 设置国家标准规定中 A4 图幅的图形界限。

命令：LIMITS↙

重新设置模型空间界限：指定左下角点或[开(ON)/关(OFF)] < 0.0000，0.0000 >：↙ //默认左下角点坐标。

指定右上角点 <420.0000，297.0000 >：297，210↙ //A4 图纸横放（x 值为 297，y 值为 210）。

1.5 提高练习

1. 利用直线命令绘制如图 1-19 所示熔断器。
2. 利用直线和圆命令绘制如图 1-20 所示平面图形。

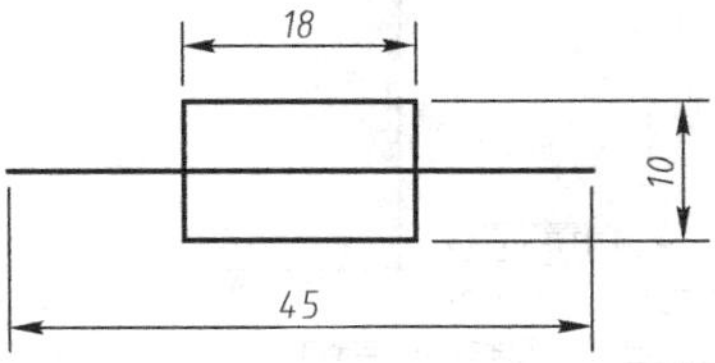

图 1-19 利用直线命令绘制熔断器

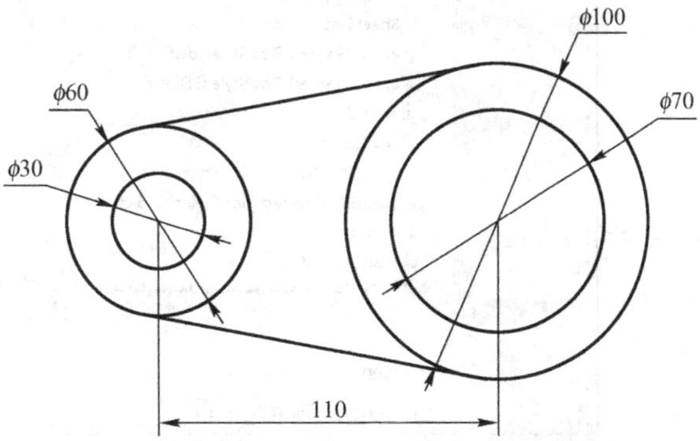

图 1-20 利用直线和圆命令绘制的平面图形

实训项目 2　三相异步电动机正、反转控制电路图的绘制

2.1　学习要点

1）了解电气工程图的制图规范。
2）掌握 Y 系列电动机的两种接线方法。
3）熟练应用对象捕捉进行绘图。
4）熟练掌握旋转、修剪等编辑命令的使用。

2.2　项目描述

1）通过三相异步电动机正、反转控制电路图的绘制了解电气工程图的制图规范。
2）通过三相异步电动机正、反转控制电路图的绘制掌握 Y 系列电动机的两种接线方法。

2.3　项目实施

任务：绘制如图 2–3 所示三相异步电动机正、反转控制电路图。

1）启动 AutoCAD 2010，新建一个二维图样，选择图形样板，如图 2–1 所示。

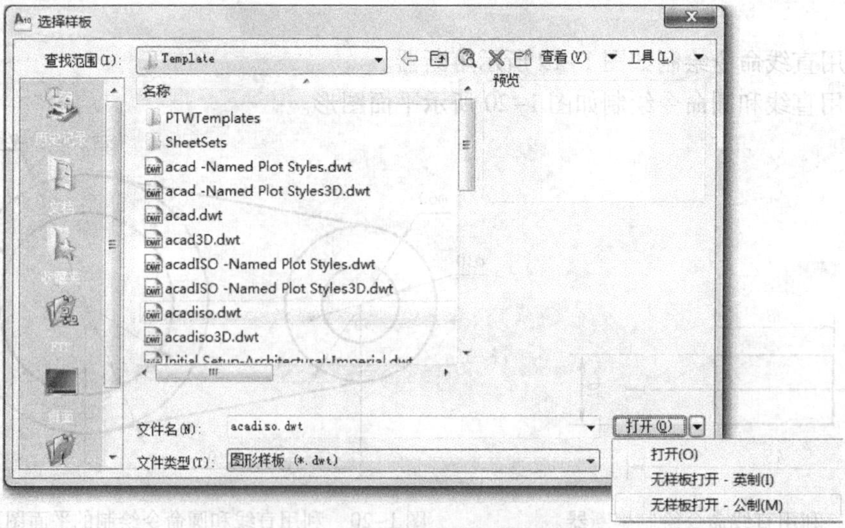

图 2–1　选择图形样板

2）进行主电路的绘制，如图 2–2 所示。

3）进行控制电路的绘制，完整的正、反转电路如图 2–3 所示。

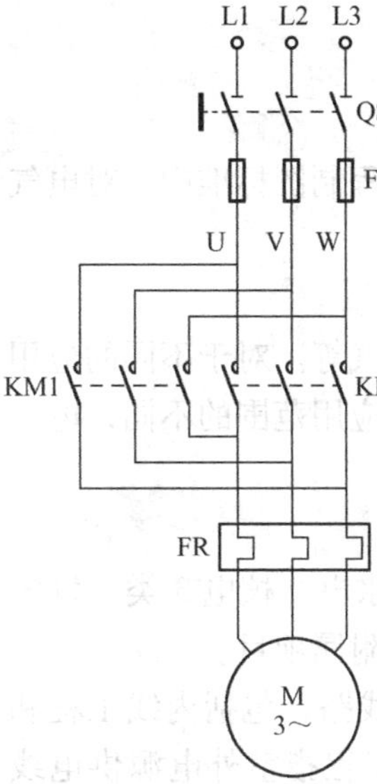

图 2–2　主电路的绘制

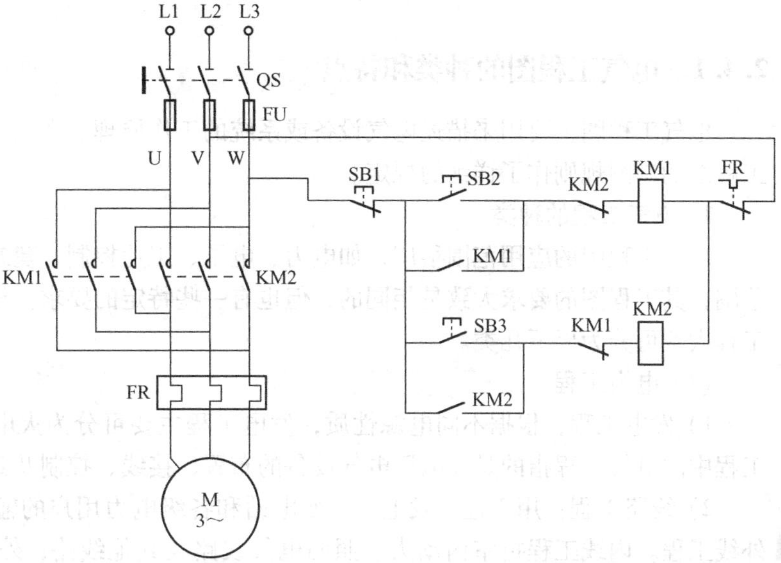

图 2–3　三相异步电动机的正、反转控制电路图

4）对绘制好的图形选择【保存】或【另存为】，修改文件名称，单击【保存】按钮，如图 2–4 所示。

图 2–4　【图形另存为】对话框

2.4 相关知识点

2.4.1 电气工程图的种类和特点

电气工程图主要用来描述电气设备或系统的工作原理。在国家工程制图标准中，对电气工程图的制图规则作了详细的规定。

1. 电气工程的种类

电气工程图的应用范围很广，如电力、电子、工业控制、建筑电气等。对于不同的应用范围，其工程图的要求大致是相同的，但也有一些特定的要求。根据应用范围的不同，电气工程大致可分为以下几类。

（1）电力工程

1）发电工程：根据不同电源性质，发电工程主要可分为火电、水电、核电 3 类。发电工程中的电气工程指的是发电厂电气设备的布置、接线、控制及其他附属项目。

2）线路工程：用于连接发电厂、变电站和各级电力用户的输电线路，包括内线工程和外线工程。内线工程指室内动力、照明电气线路及其他线路；外线工程指室外电源供电线路，包括架空电力线路、电缆电力线路等。

3）变电工程：升压变电站将发电站发出的电能升压，以减少远距离输电的电能损失；降压变电站将电网中的高压降为各级用户能使用的低电压。

（2）电子工程

电子工程主要是指应用于计算机、电话、广播、闭路电视和通信等众多领域的弱电信号线路和设备。

（3）建筑电气工程

建筑电气工程主要是指应用于工业与民用建筑领域的动力照明、电气设备、防雷接地等，包括各种动力设备、照明灯具、电器以及各种电气装置的保护接地、工作接地、防静电接地等。

（4）工业控制电气

工业控制电气主要是指用于机械、车辆及其他控制领域的电气设备，包括机床电气、汽车电气和其他控制电气。

2. 电气工程图的种类

为了清楚表示电气工程的功能、原理、安装和使用方法，需要用不同种类的电气图进行说明。电气工程图主要为用户阐述电气工程的工作原理和系统的构成，提供安装接线和使用维护的依据。根据表达形式和工程内容的不同，一般电气工程主要分为以下几类。

（1）电气系统图和框图

系统图是一种简图，由符号或带注释的框图绘制而成，用来概略表示系统、分系统、成套装置或设备的基本组成、相互关系及其主要特征，主要用于绘制一个系统的供电和电能输送关系，为进一步编制详细的技术文件提供依据，供操作和维修时参考。

系统图对布局有很高的要求，强调布局清晰，以便于识别过程和信息的流向。基本的流向应该是自左向右或者自上至下的，如图 2-5 所示为某对讲门禁系统框图。

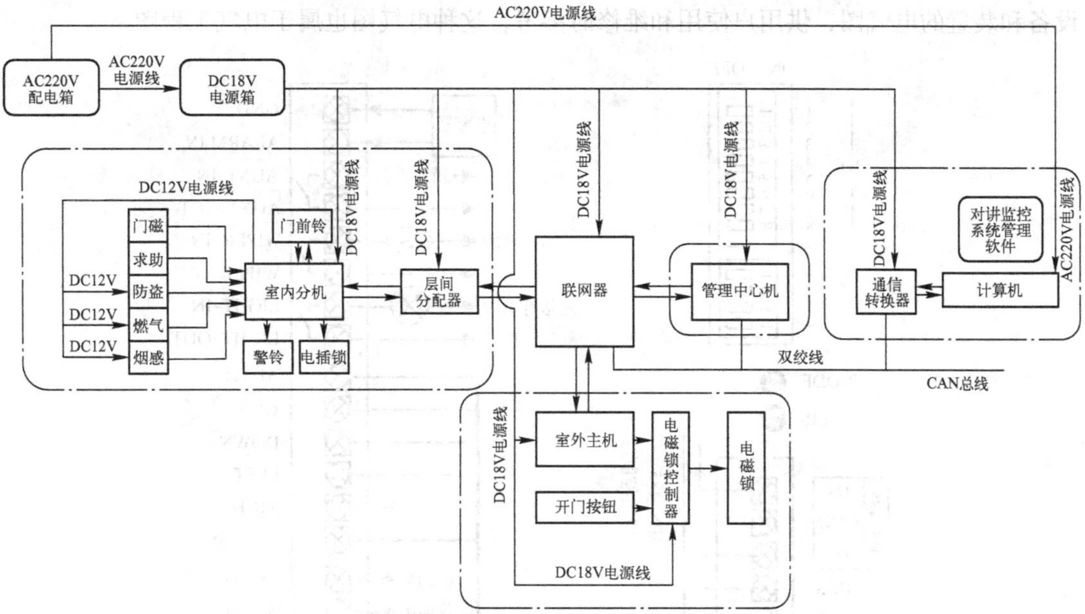

图 2-5　某对讲门禁系统框图

（2）电路图

电路图又称为电气工作原理图，主要用图形符号并按工作原理顺序排列绘制，详细表示电路、设备或成套装置的全部基本组成和连接关系。它是不考虑其实际位置的一种简图，目的是便于理解其工作原理，分析和计算电路特性，如图 2-3 所示为三相异步电动机的正、反转控制电路图，表示了系统的供电和控制关系。

（3）接线图

接线图表示的是成套装置、设备以及电气装置内部各元件之间及其与外部装置的连接关系，是用以进行接线和维护的一种简图，便于设备的安装、调试及维护。

接线图中的每个端子都必须注明端子代号，连接导线的两个端子必须在工程中统一编号。如图 2-6 所示为解码器接线图。

（4）电气工程平面图

电气工程平面图主要是表示某一电气工程中电气设备、装置和线路的平面布置，它一般是在建筑平面的基础上绘制出来的。常见的电气工程平面图有线路平面图、变电所平面图、照明平面图、弱电系统平面图、防雷及接地平面图等。

（5）其他电气图

1）设备布置图。主要用于表示各种电气设备的布置形式、安装方式及相互间的尺寸关系，通常由平面图、立体图、断面图、剖面图等组成。

2）设备元件和材料表。是把某一电气工程所需主要设备、元件、材料和有关的数据列成表格，表示其名称、符号、型号、规格、数量等。

3）大样图。大样图主要用于表示电气工程某一部件的结构，用于指导加工与安装，其中的部分大样图为国家标准图。

4）产品使用说明书用电气图。生产厂家往往随产品使用说明书附上电气工程中选用的设备和装置的电气图，供用户使用和维修时参考，这种电气图也属于电气工程图。

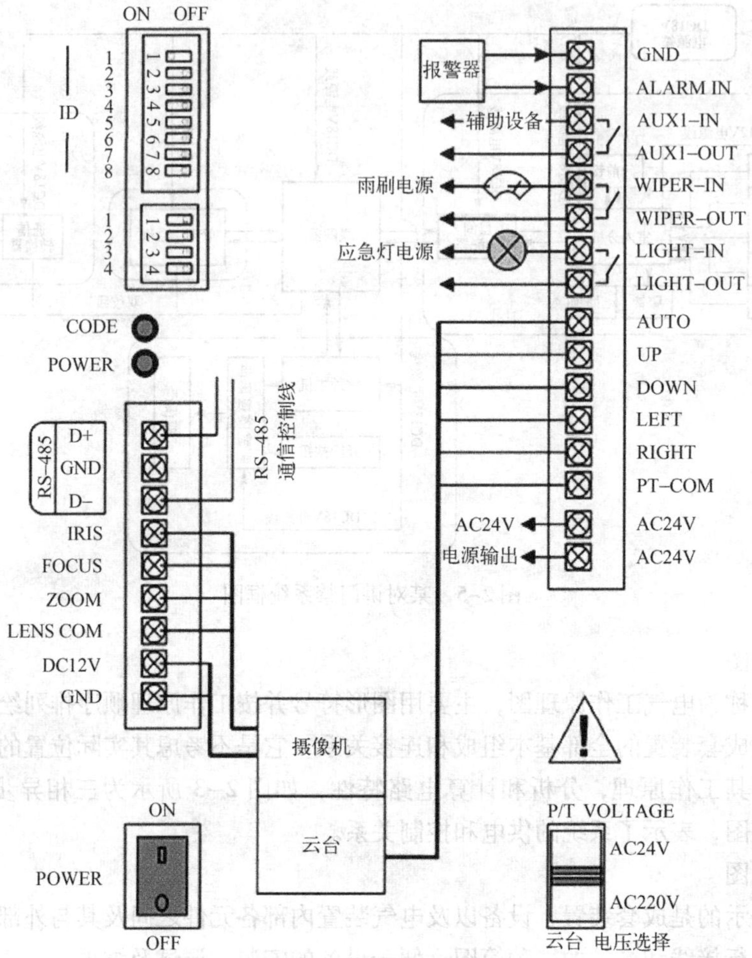

图 2-6 解码器接线图

3. 电气工程图的特点

电气工程图与其他工程图有着本质的区别，它主要用来表示电气与系统或装置的关系，具有独特的一面，主要有以下特点。

1）简洁是电气工程图的主要特点。电气图是用图形符号、连线或简化外形来表示系统或设备中各组成部分之间相互电气关系及其连接关系的一种简图。没有必要画出电气元器件的外形结构、具体位置和尺寸。

2）元件和连接线是电气工程图的主要内容。无论是电路图、系统图，还是接线图和平面图，都是以电气元件和连接线作为描述的主要内容。电气元件和连接线有多种不同的描述方式，从而构成了电气图的多样性。

3）图形、文字和项目代号是电气工程图的基本要素。一个电气系统或装置通常由许多部件、组件、功能模块构成，这些部件、组件或者功能模块都称为项目。项目一般由简单的符号表示，这些符号就是图形符号，通常每个图形符号都有相应的文字符号。在同一个图上为了区别相同的设备，需要进行设备编号，设备编号和文字符号一起构成项目代号。

4）电气工程图的两种基本布局方法是功能布局法和位置布局法。功能布局法指在绘图时，图中各元件的位置只考虑元件之间的功能关系，而不考虑元件的实际位置的一种布局法。电气工程图中的系统图、电路图采用的是这种方法。位置布局法是指电气工程图中的元件位置对应于元件的实际位置的一种布局方法。电气工程中的接线图、设备布置图采用的是这种方法。

5）电气工程图的表现形式具有多样性。不同的描述方法，如能量流、逻辑流、信息流和功能流等，形成了不同的电气工程图。系统图、电路图、框图、接线图就是描述能量流和信息流的电气工程图；逻辑图是描述逻辑流的电气工程图；程序框图、功能表图则主要描述功能流。

2.4.2 电气工程 CAD 制图规范

根据国家标准 GB/T18135－2008《电气工程 CAD 制图规则》的有关规定，图样必须有设计和施工等部门遵守的格式和规定。电气工程设计部门负责设计、绘制图样，施工单位按照图样组织工程施工，因此必须遵守统一的图样格式。

1. 图纸格式

（1）幅面

为了便于图样的装订和保存，必须对图样幅面作统一的规定，见表 2-1。表中规定了各种幅面尺寸，应优先选用，必要时允许加长。

表 2-1 图样幅面尺寸（单位：mm）

幅面代号	A0	A1	A2	A3	A4
$B \times L$	841×1189	594×841	420×594	297×420	210×297
a	25				
c	10			5	
e	20		10		

（2）格式

图框格式如图 2-7 所示，分为留装订边和不留装订边两种。

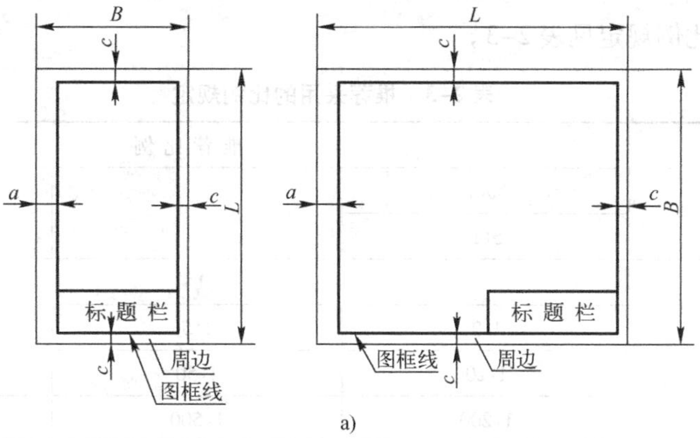

图 2-7 图框格式

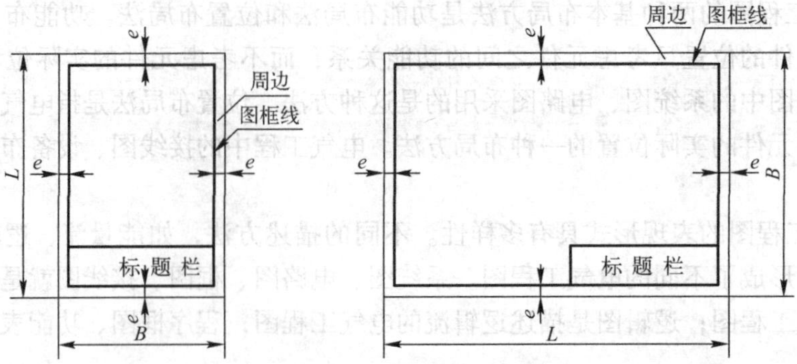

b)

图 2–7　图框格式（续）

a）留装订边的图框　b）不留装订边的图框

2. 文字

电气图中的文字，如汉字、字母和数字必须符合标准，一般汉字采用长仿宋体，字母和数字采用直体。字号一般采用 2. 5 号，也可以根据不同的场合使用更大的字号。

3. 图线

图线是绘制电气图所用的各种线条的统称，常用的图线见表 2–2。

表 2–2　图线形式与用途

图 线 名 称	图 线 形 式	图 线 用 途
粗实线	————	电气电路，一次线路
细实线	————	二次线路，一般线路
虚线	----------	屏蔽线，机械连线
点画线	—·—·—	控制线，信号线，图框线
双点画线	—··—··—	辅助围框线，36 V 以下线路

4. 比例

推荐采用的比例规定见表 2–3。

表 2–3　推荐采用的比例规定

类　别	推 荐 比 例		
放大比例	50:1		
	5:1		
原尺寸		1:1	
缩小比例	1:2	1:5	1:10
	1:20	1:50	1:100
	1:200	1:500	1:1000
	1:2000	1:5000	1:10000

2.4.3 图形对象的移动与复制

1. 移动

移动图形对象是使某一图形沿着基点移动一定距离，到达合适的位置。可通过以下 3 种方式调用移动命令。

1）命令行：MOVE。

2）菜单：【修改】→【移动】。

3）图标：【修改】工具栏中单击图标。

选用上述任一种方法，命令行提示：选择对象→按〈Enter〉键→命令行提示：指定基点或位移→选择基点→命令行提示：指定位移的第二个点或（用第一个点作位移）→输入移动的数值后按〈Enter〉键。

2. 旋转

旋转图形对象是指使图形对象旋转一定角度，使之符合用户的要求，旋转后的对象与原对象的距离取决于旋转的基点与被旋转对象的距离。可通过以下 3 种方式调用旋转命令。

1）命令行：ROTATE。

2）菜单：【修改】→【旋转】。

3）图标：【修改】工具栏中单击图标。

选用上述任一种方法，命令行提示：选择对象→按〈Enter〉键→命令行提示：指定基点→选定基点（旋转中心）→命令行提示：指定旋转角度或［参照（R）］：

① 若不选参照角度，直接输入旋转角→按〈Enter〉键。

② 若选参照角度，则输入 R→按〈Enter〉键→输入参照角度（在不知参照角度值的情况下，可选择被旋转对象中的两点）→按〈Enter〉键→输入新的角度（在不知旋转角度值的情况下，可确定对象旋转后的另一点）→按〈Enter〉键。

【例 2-1】 已知如图 2-8a 所示的图形，将其旋转为如图 2-8b 所示的图形，操作如下。

方法 1：启动【旋转】命令（可单击图标）→选择要旋转的对象后按〈Enter〉键→选择基点 A→输入角度 15°后按〈Enter〉键。

方法 2：启动【旋转】命令（可单击图标）→选择要旋转的对象后按〈Enter〉键→选择基点 A→输入 R（选择参照方式）→按〈Enter〉键→输入参照方向（本例中拾取 A、B 两点来确定参考角）→输入参照方向旋转后的新角度（本例中拾取 C 点来确定角度）。

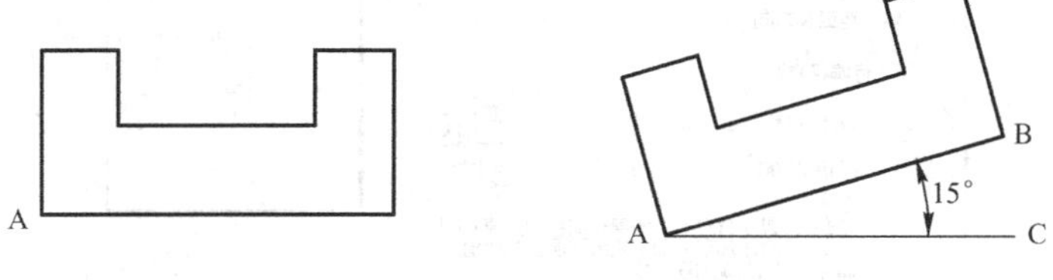

a)　　b)

图 2-8　图形旋转

3. 复制

可通过以下 3 种方式调用复制命令。

1）命令行：COPY。

2）菜单：【修改】→【复制】。

3）图标：【修改】工具栏中单击图标。

选用上述任一种方法，命令行提示：选择对象→选择需要复制的对象→按〈Enter〉键→命令行提示：指定基点或位移→确定基点→命令行提示：指定位移的第二个点或（用第一个点作位移）→确定位移的第二点（即对象复制后基点的位置）→按〈Enter〉键。

【例 2–2】 已知如图 2–9a 所示的图形，将其复制到图 2–9b 中且通过图 2–9b 的中心 A，操作如下。

启动【复制】命令→选择要复制的对象后按〈Enter〉键→捕捉基点（图 2–9a 的圆心）→指定位移的第二点即捕捉图 2–9b 中的 A 点→按〈Enter〉键。结果如图 2–9c 所示。

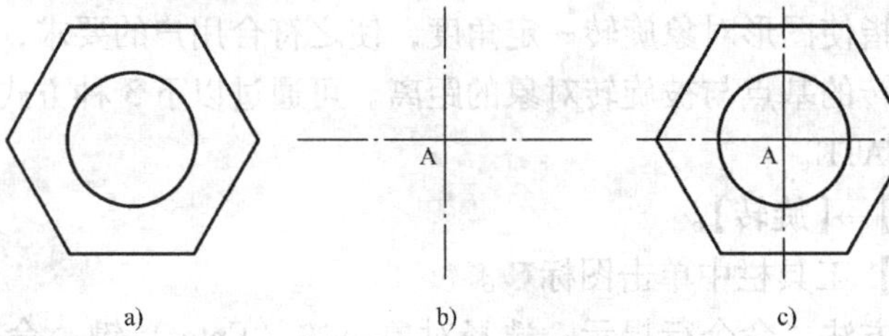

图 2–9　图形复制

4. 阵列

利用阵列工具可对选定对象做矩形或环形阵列式复制，可通过以下 3 种方式调用阵列命令。

1）命令行：ARRAY。

2）菜单：【修改】→【阵列】。

3）图标：【修改】工具栏中单击图标。

选用上述任一种方法，显示【阵列】对话框，如图 2–10 所示，用户可根据需要在对话框中选择阵列方式，并在对应项目中输入相关数值后，单击选择对象前面的选项按钮选择对象→按【确定】按钮。

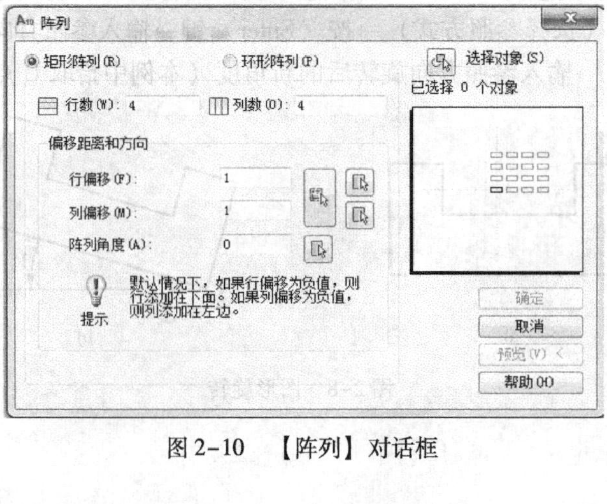

图 2–10　【阵列】对话框

若要进行环形阵列，则应在【阵列】对话框中选择【环形阵列】如图2-11所示，并在对应项目中输入相关数值（输入阵列项目的总数（包括原对象）、填充角度）→单击选择对象前面的选项按钮以选择对象→选择中心点（环形阵列的中心）→按【确定】按钮。

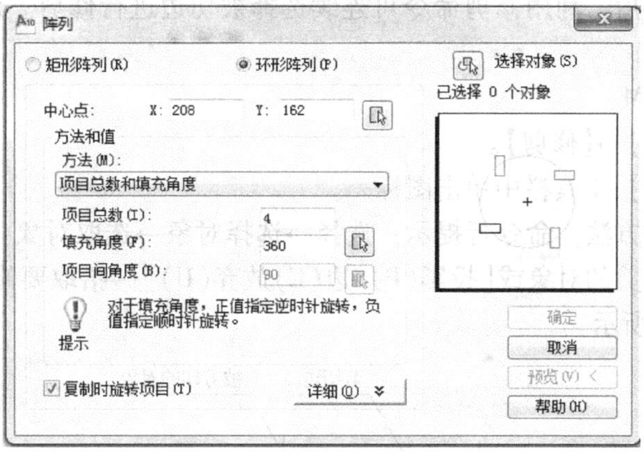

图2-11　选择【环形阵列】

5. 偏移

利用【偏移】命令可画出指定对象的偏移，生成源对象的等距曲线。直线的等距线为平行等长的线段。圆弧的等距线为同心圆弧，并保持圆心角相同。多段线（要连续画出）的等距线为多段线，其组成线段将自动调整，即其组成的直线段或圆弧将自动延伸或修剪，构成另一条多段线。可通过以下3种方式调用偏移命令。

1）命令行：OFFSET。

2）菜单：【修改】→【偏移】。

3）图标：【修改】工具栏中单击图标。

选用上述任一种方法，命令行提示：指定偏移距离或[通过(T)]<1.000>→输入偏移距离值→按〈Enter〉键→命令行提示：选择要偏移的对象或<退出>→选择要偏移的对象→命令行提示：指定点以确定偏移所在一侧→将光标移至所要偏移的方向单击左键→命令行提示：选择要偏移的对象或<退出>（若还要偏移可继续重复上述操作；若按〈Enter〉键，则结束编辑）。

【例2-3】已知如图2-12a所示的图形，用偏移命令将其编辑为图2-12b的形式（偏移距离为5 mm），操作如下。

启动【偏移】命令→输入偏移距离5→按〈Enter〉键→选择要偏移的对象（这里选中图2-12a中的图形）→将光标移至要偏移的方向→单击鼠标左键（重复4次）。

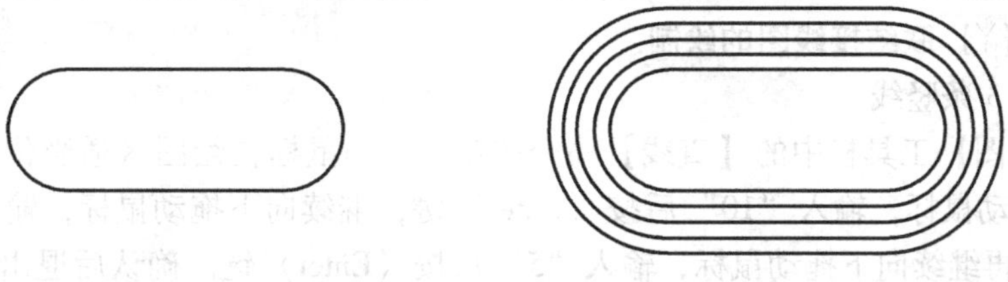

a)　　　　b)

图2-12　图形偏移

2.4.4 图形对象的修剪与删除

1. 修剪

在指定剪切边界后，利用修剪命令可连续选择被切边进行修剪。调用修剪命令的方法如下。

1）命令行：TRIM。

2）菜单：【修改】→【修剪】。

3）图标：【修剪】工具栏中单击图标。

选用上述任一种方法，命令行提示：选择→选择对象→选取对象→按〈Enter〉键→命令行提示：选择要修剪的对象或[投影(P)/边(E)放弃(U)]→拾取要修剪的对象→按〈Enter〉键。如图 2-13 所示。

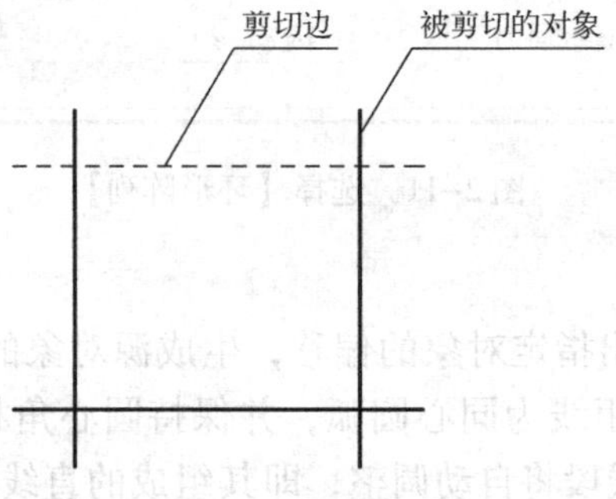

图 2-13　修剪命令的应用

2. 删除

利用删除命令可删除选中的对象。可通过以下 3 种方式调用删除命令。

1）命令行：ERASE。

2）菜单：【修改】→【删除】。

3）图标：【删除】工具栏中单击图标。

选用上述任一种方法，根据需要选择要删除的对象后按〈Enter〉键确认。

2.4.5 Y 系列电动机的两种接线方法

Y 系列电动机具有体积小、外形美观、节电等优点。它的接线方式有两种：一种是星形联结（Y），它的接线端子 W2、U2、V2 连接在一起，其余的 3 个接线端子 U1、V1、W1 接电源；另一种是三角形联结（△），它的接线端子 W2 和 U1 相连、U2 和 V1 相连、V2 和 W1 相连，然后分别与电源相连。下面介绍两种联结的接线示意图的绘制方法。

1. 星形（Y）联结接线图的绘制

（1）绘制 3 条竖线

单击【绘图】工具栏中的【直线】命令按钮，移动鼠标在绘图区适当位置单击以确定起点，向下拖动鼠标，输入“10”后按〈Enter〉键，继续向下拖动鼠标，输入“10”后按〈Enter〉键，再继续向下拖动鼠标，输入“5”后按〈Enter〉键。确认后退出直线绘制，如图 2-14a 所示。

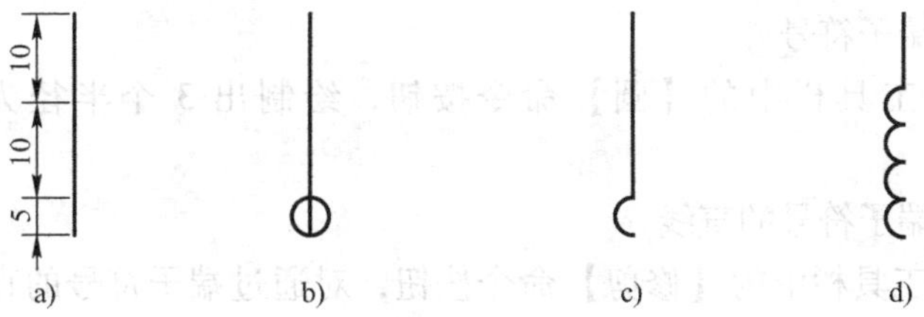

图 2-14　绘制星形联结接线图（一）

（2）绘制圆

单击【绘图】工具栏中的【圆】命令按钮，拖动鼠标拾取先前绘制的第 3 段竖线的中点，单击鼠标确定圆心，再拾取第 3 段竖线的端点，单击鼠标确定半径，从而绘制出圆形如图 2-14b 所示。

（3）将圆修剪成半圆

单击【修改】工具栏中的【修剪】命令按钮，选择对象为直线，选择要修剪的对象为圆，单击鼠标右键，在弹出的快捷菜单中选择【确认】完成修剪操作。按【删除】图标按钮将第 3 段竖线删除。如图 2-14c 所示。

（4）对半圆进行阵列

单击【修改】工具栏中的【阵列】命令按钮，系统弹出【阵列】对话框，在对话框中选择阵列类型为【矩形阵列】，在【行】输入框中输入“4”，在【列】输入框中输入“1”，在【行偏移】输入框中输入“-5”，在【列偏移】输入框中输入“1”，在【阵列角度】输入框中输入“0”，单击【选择对象】按钮，系统切换到图形界面，选中要阵列的半圆，如图 2-14c 所示，按〈Enter〉键确认。如图 2-14d 所示。

（5）旋转复制线圈图形符号

1）先用【直线】命令绘制出一段连接在线圈下面长度为“10”的竖线。

然后单击【修改】工具栏中的【旋转】图标按钮，选择旋转对象为线圈图形，单击鼠标左键确定旋转，捕捉到线圈图形下面长度为 10 的竖线的下端点，单击鼠标将其作为旋转基点，从键盘输入“C”，然后按〈Enter〉键，再输入旋转角度“120”，按〈Enter〉键。结果如图 2-15a 所示。

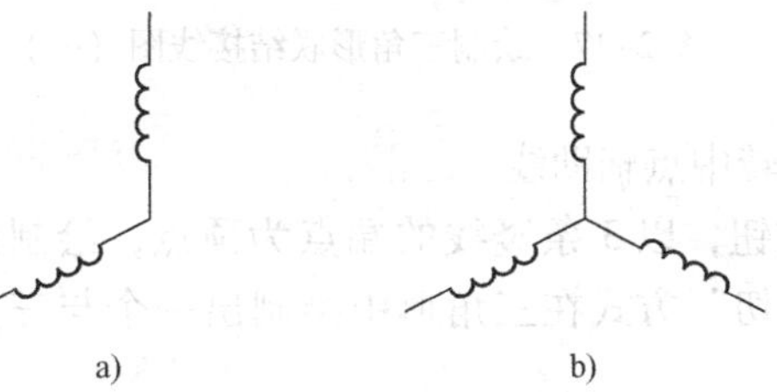

图 2-15　绘制星形联结接线图（二）

2）用同样的方法再旋转复制出一个线圈图形，如图 2-15b 所示。

（6）绘制连接线

单击【绘图】工具栏中的【直线】命令按钮，绘制出两条长为“58”的竖线，按〈Enter〉键确定。如图 2-16a 所示。

(7) 绘制接线端子符号

单击【绘图】工具栏中的【圆】命令按钮，绘制出 3 个半径为“1.5”的圆。如图 2-16b所示。

(8) 修剪通过端子符号的直线

单击【修改】工具栏中的【修剪】命令按钮，对通过端子符号的直线进行修剪。如图 2-16c 所示。

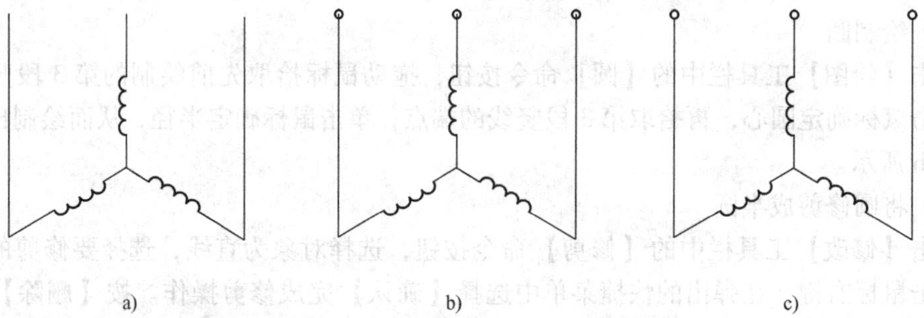

图 2-16 绘制星形联结接线图（三）

2. 三角形（△）联结接线图的绘制

(1) 复制星形联结接线图中的连接线和端子

利用【复制】命令，选择星形联结接线图中的连接线和端子作为复制对象，选择其中的端点为复制参考点，移动鼠标至适当位置按〈Enter〉键确认。如图 2-17a 所示。

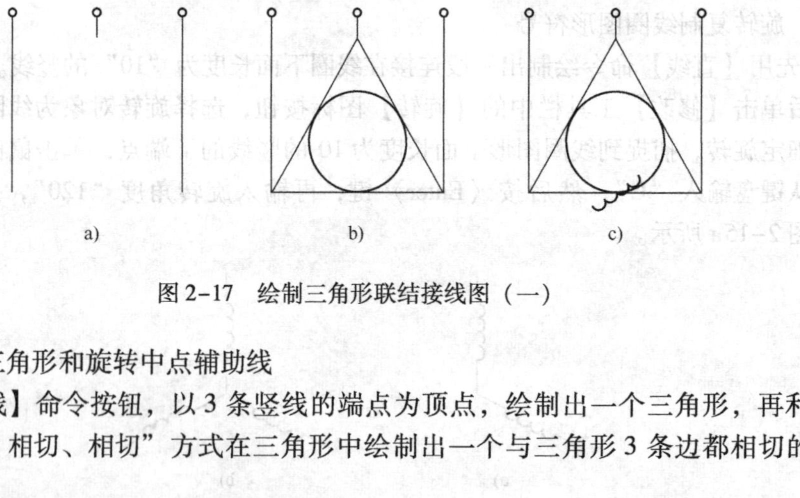

图 2-17 绘制三角形联结接线图（一）

(2) 绘制三角形和旋转中点辅助线

利用【直线】命令按钮，以 3 条竖线的端点为顶点，绘制出一个三角形，再利用圆命令中的“相切、相切、相切”方式在三角形中绘制出一个与三角形 3 条边都相切的圆。如图 2-17b 所示。

(3) 复制线圈图形

利用【复制】命令，选择线圈图形为复制对象，选择 3 个半圆的端点为复制参考点，移动鼠标至三角形水平边的中点上单击鼠标确认。如图 2-17c 所示。

(4) 旋转线圈图形

利用【旋转】命令，选择旋转对象为线圈图形，选择第 3 个半圆的端点作为旋转基点，输入“330”然后按〈Enter〉键，如图 2-18a 所示。

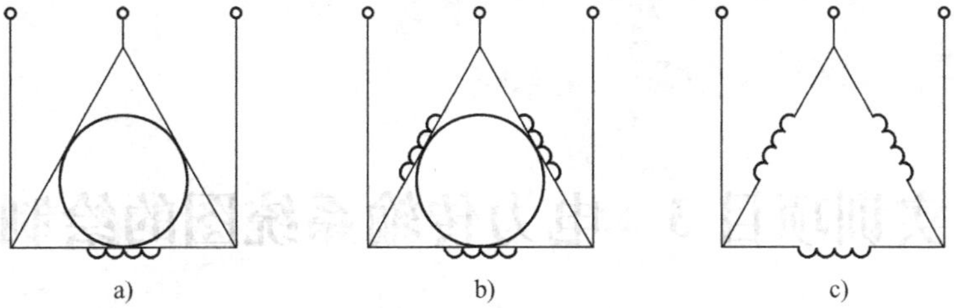

图 2-18　绘制三角形联结接线图（二）

（5）旋转复制线圈图形

1）利用【旋转】命令，选择旋转对象为线圈图形，选择圆心点作为旋转基点，从键盘输入“C”后按〈Enter〉键，再输入“120”后按〈Enter〉键。

2）用同样的方法旋转复制出第 3 个线圈。选择旋转对象为线圈图形，选择圆心点作为旋转基点，输入“C”后按〈Enter〉键，再输入“240”后按〈Enter〉键，如图 2-18b 所示。

（6）修剪通过线圈的直线

利用【修剪】命令，将通过 3 个线圈的直线修剪，再用【删除】命令将辅助圆删除。如图 2-18c 所示。

2.5　提高练习

1. 绘制带有辅助绕组的接线电路图，如图 2-19 所示。

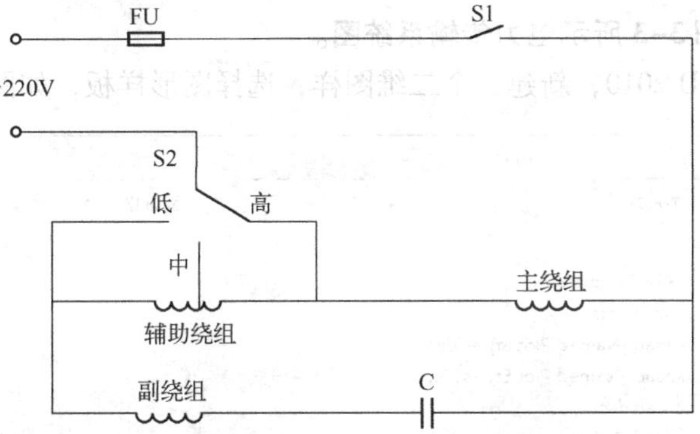

图 2-19　带有辅助绕组的接线电路图

2. 绘制两个开关控制一盏灯及 N 个开关控制一盏灯的电路图，如图 2-20 和图 2-21 所示。

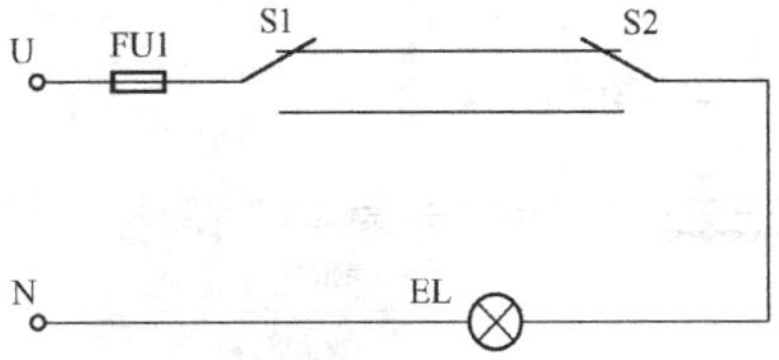

图 2-20　两个开关控制一盏灯

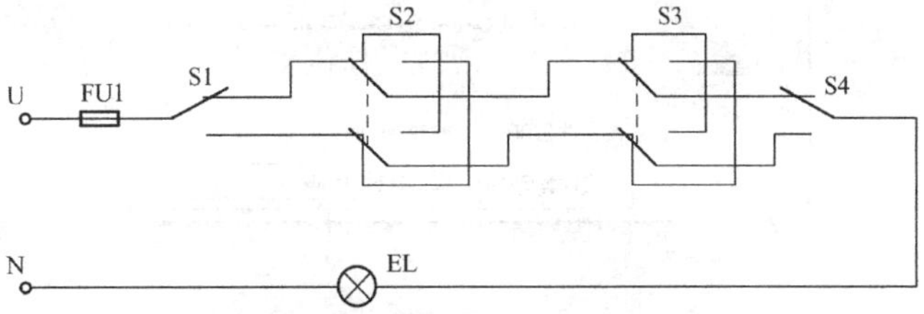

图 2-21　N 个开关控制一盏灯

实训项目3　电力传输系统图的绘制

3.1　学习要点

1）了解输配电系统。
2）掌握电力电气基本符号的绘制。
3）掌握用 AutoCAD 进行多段线的绘制与图案填充。
4）掌握 AutoCAD 文本标注。

3.2　项目描述

1）通过项目实施了解电力传输的基本流程。
2）通过项目实施掌握电力传输系统图的绘制。

3.3　项目实施

任务：绘制如图 3-3 所示电力传输系统图。

1）启动 AutoCAD 2010，新建一个二维图样，选择图形样板，如图 3-1 所示。

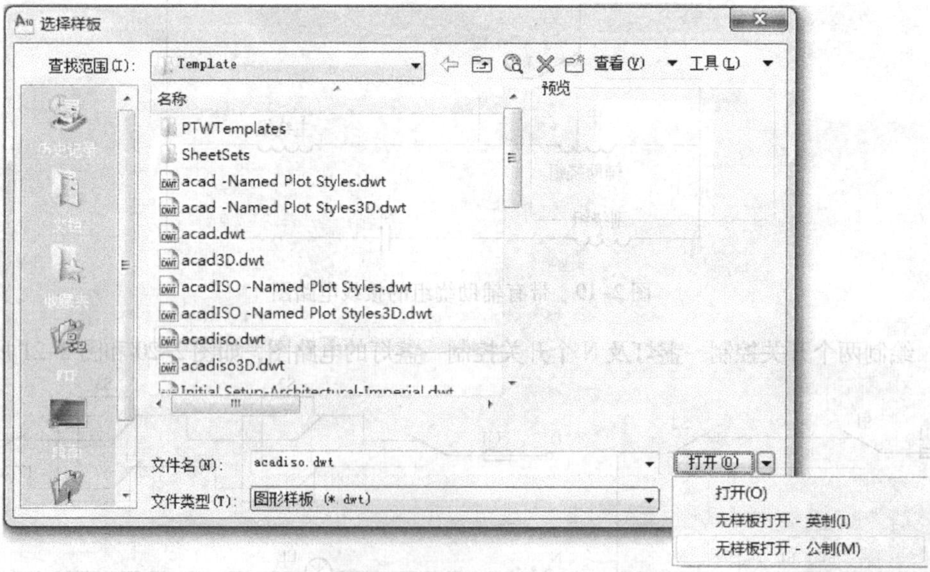

图 3-1　选择图形样板

2）根据功能模块进行布局，再按照发电、输电、变电、配电和用电等顺序绘制电力传输系统布局图，如图 3-2 所示。

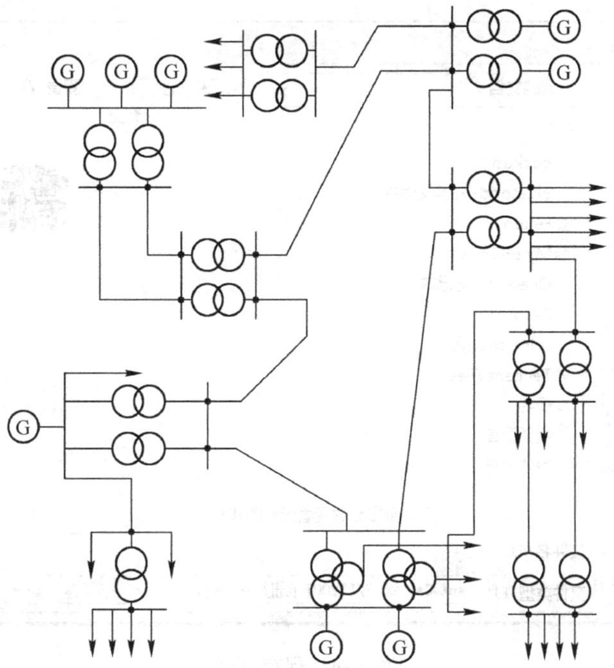

图 3-2　电力传输系统布局图

3）进行文字的标注，如图 3-3 所示。

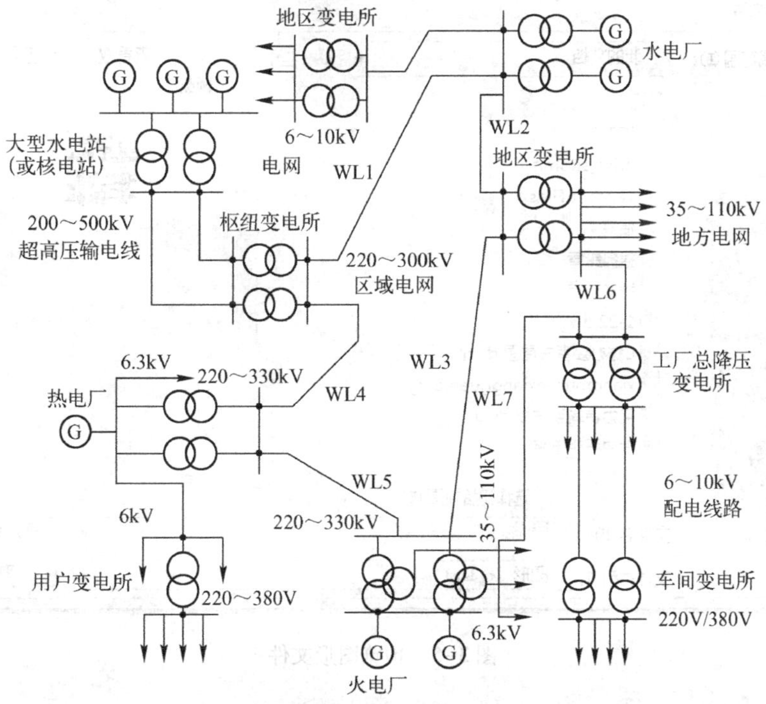

图 3-3　电力传输系统图文字标注

4）对绘制好的图形文件选择【保存】或【另存为】，修改文件名称，单击【保存】按钮，如图 3–4 所示。

图 3–4　保存图形

5）对保存的图形进行预览，如图 3–5 所示。

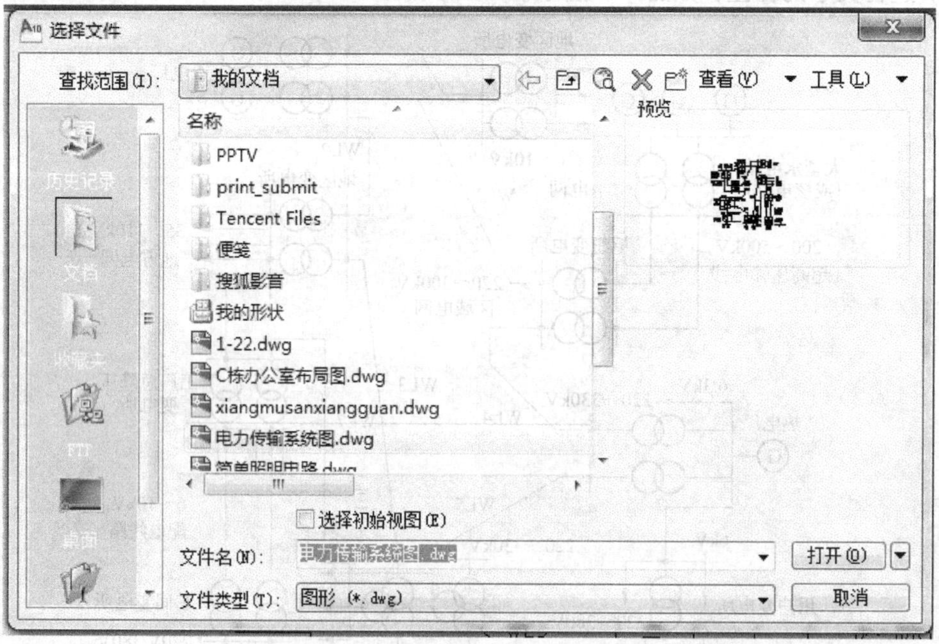

图 3–5　预览图形文件

3.4 相关知识点

3.4.1 电力输配电系统

各发电厂中的发电机基本都是三相交流发电机。目前我国生产的三相交流发电机的电压等级有 400 V/230 V、3.15 kV、6.3 kV、10.5 kV、13.8 kV、15.75 kV、18 kV 等多种。

发电厂与用电地区和用户之间有较远的距离，而且用电设备电压等级与发电厂的电压等级之间有很大差别。例如家用电器设备、照明设备的额定电压为 220 V 单相电压，而三相交流异步电动机的线电压为 380 V。这样就存在远距离高压输电以及一次和二次变电的问题，发电、输配电过程可用图 3-6 表示。

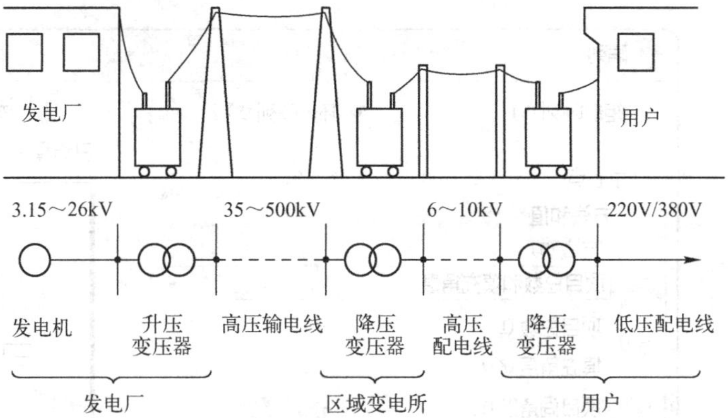

图 3-6 发电、输配电过程示意图

变电与配电是电力系统的核心环节。变电所的任务是接受电能、变换电压和分配电能，是联系发电厂和用户的中间环节；而配电所只担负接受电能和分配电能的任务。

通常电能由发电机产生，发电机把机械能转换为电能，输入发电机的机械能都是由一次能源转换而来。由各种电压的电力线路将一些发电厂、变电所和电力用户联系起来的发电、变电、配电和用电的整体统称为电力系统。

3.4.2 电力电气基本符号的绘制

电力电气工程图由导线、双绕组变压器、三相绕组变压器等符号构成，下面主要介绍导线符号和三相绕组变压器符号的绘制。

1. 导线符号的绘制

1）绘制 4 条平行线。利用【直线】命令按钮绘制一条长度为 200 mm 的水平线，如图 3-7a所示。再利用【偏移】命令分别向上、下两个方向作距离为 30 mm 的水平线，如图 3-7b 所示。

2）添加文字。利用【文字】工具为导线添加文字说明，如图 3-7c 所示。

2. 三相绕组变压器符号的绘制

1）绘制圆。利用【圆】命令按钮绘制一个圆心在（100，100）、半径为 10 mm 的圆，

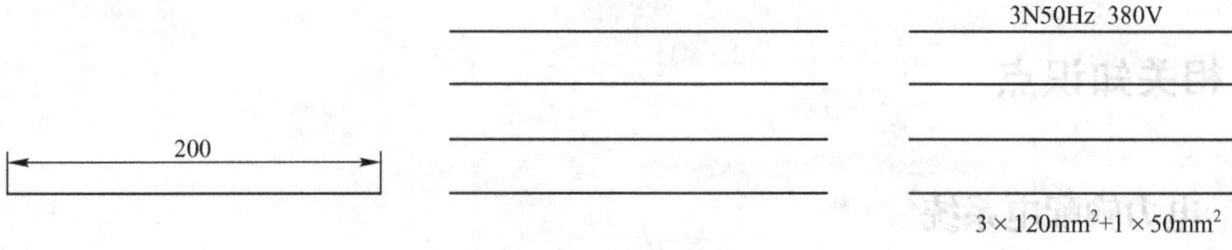

a)　　　b)　　　c)

图 3-7　导线符号的绘制

a）长度为 200 mm 的水平线　b）对水平线进行偏移　c）三相导线符号

如图 3-8 所示。

2）绘制阵列圆。调用【阵列】命令，如图 3-9 所示设置阵列参数，选择图 3-8 中的圆为阵列对象，结果如图 3-10a 所示。

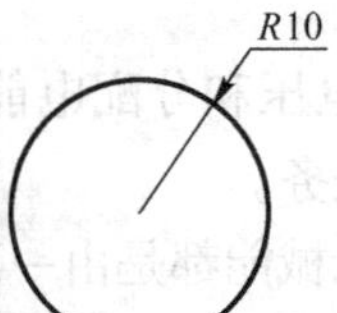

图 3-8　半径为 10 mm 的圆

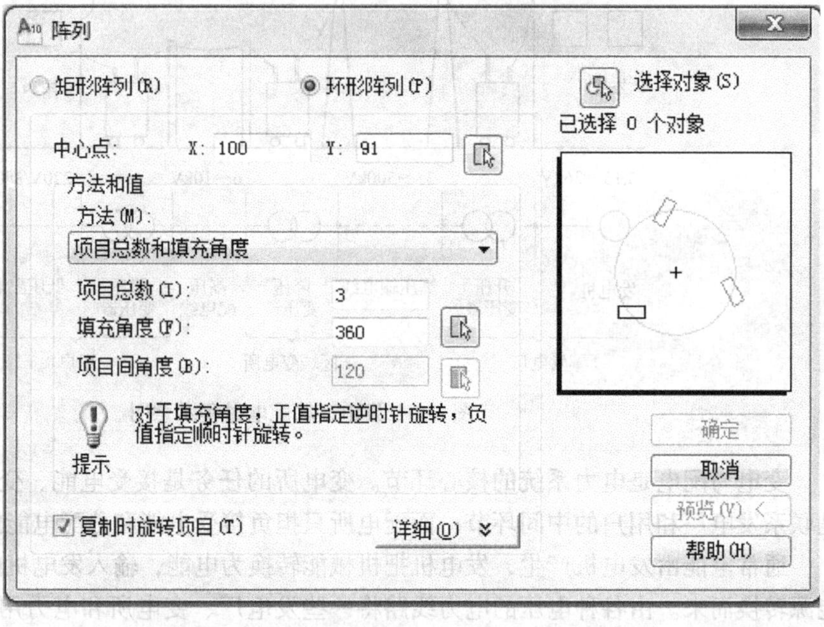

图 3-9　【阵列】对话框

3）绘制三相引线。调用【直线】命令，捕捉第一个圆与竖直线交点作为直线的起点，直线长度为 15 mm。再调用【复制】命令完成另外两条引线的绘制，三相绕组变压器的符号如图 3-10b 所示。

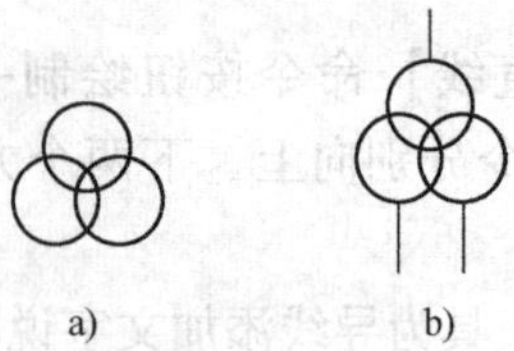

a)　　　b)

图 3-10　三相绕组变压器符号绘制

a）阵列效果图 b）三相绕组变压器符号

3.4.3 构造线与多段线的绘制

1. 构造线的绘制

构造线是一种双向无限延伸的直线，主要用于作角平分线，建筑绘图中用于画透视图，在机械图形绘制中常用作绘图辅助线。可通过以下 3 种方式调用构造线命令。

1）命令行：XLINE。

2）菜单：【绘图】→【构造线】。

3）图标：【绘图】工具栏中单击图标。

【例 3-1】 如图 3-11 所示，作∠A 的角平分线。

采用上述任何一种方法，命令行提示：指定点或[水平(H)/垂直(V)/角度(A)/二等分(B)/偏移(O)]→输入“b”→按〈Enter〉键→命令行提示：指定角的顶点→确定角的顶点(A)→命令行提示：指定角的起点→确定角的起点(B)→命令行提示：指定角的端点→确定角的端点(C)。

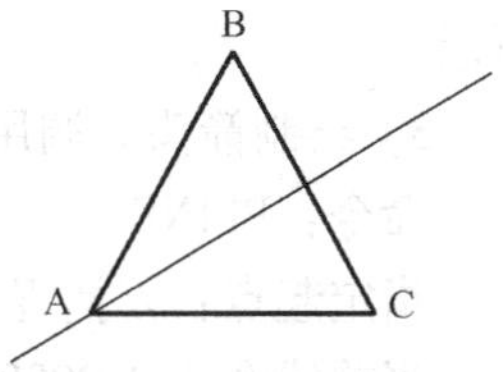

图 3-11 【构造线】命令绘制角平分线

2. 多段线的绘制

多段线是一个对象，可包含许多直线和圆弧，同一条线可以有不同的宽度，可以用来绘制带箭头的直线。可通过以下 3 种方式调用多段线命令。

1）命令行：PLINE。

2）菜单：【绘图】→【多段线】。

3）图标：【绘图】工具栏中单击图标。

采用上述任何一种方法，命令行提示：指定起点→输入起点坐标→按〈Enter〉键→命令行提示：[圆弧(A)/闭合(C)/半宽(H)/长度(L)/放弃(U)/宽度(W)]→输入“W”→按〈Enter〉键→命令行提示：指定起点宽度 < 0.0 >→输入起点线宽度→按〈Enter〉键→命令行提示：输入终点线宽度→输入终点线宽度（此时终点线宽度默认为起点线宽度，若线宽度一致，可直接按〈Enter〉键）→命令行提示：指定下一点或[圆弧(A)/闭合(C)/半宽(H)/长度(L)/放弃(U)/宽度(W)]→输入终点坐标按〈Enter〉键。

注意：

① 若要画圆弧，则要在输入终点坐标前输入“ARC”（或“A”），执行该命令后，每输入一个终点的坐标，都会画出一个与前一个圆弧相切的圆。

② 若要画一段直线与圆弧相切，则要输入字母“L”按〈Enter〉键后，再输入直线的终点坐标。

③ 在执行多段线命令过程中，输入字母“U”按〈Enter〉键后，会把刚画的一段或几段线取消。

④ 在执行多段线命令过程中，输入字母“CL”按〈Enter〉键后，会在多段线最后一段的终点和第一段的起点间连接一段直线，将多段线封闭。

【例 3-2】 避雷器符号的绘制。

1）绘制矩形。利用 AutoCAD 2010 绘制矩形，可通过以下 3 种方式调用矩形命令。

① 命令行：RECTANG。

② 菜单：【绘图】→【矩形】。

③ 图标：【绘图】工具栏中单击图标▭。

采用上述任何一种方法，命令行提示：

指定第一个角点或[倒角(C)/标高(E)/圆角(F)/厚度(T)/宽度(W)]：//在绘图区域任意单击一点。

指定另一角点或[面积(A)/尺寸(D)/旋转(R)]：//输入@5，10→按〈Enter〉键→得到一个矩形，如图3-12a所示。

2）绘制直线。利用【直线】命令以矩形上边的中点为起点绘制一条长度为8 mm的竖线，用同样的方法以矩形下边的中点为起点绘制一条长度为8 mm的竖线，如图3-12b所示。

3）绘制箭头。调用【多段线】命令。

命令：PLINE

指定起点：//捕捉矩形上边线的中点

当前线宽为0.0000

指定下一点或[圆弧(A)/半宽(H)/长度(L)/放弃(U)/宽度(W)]：//2（打开极轴，鼠标垂直向下导向）

指定下一点或[圆弧(A)/闭合(C)/半宽(H)/长度(L)/放弃(U)/宽度(W)]：//W

指定起点宽度 <0.0000>：//2

指定端点宽度 <2.0000>：//0

结果如图3-12c所示。

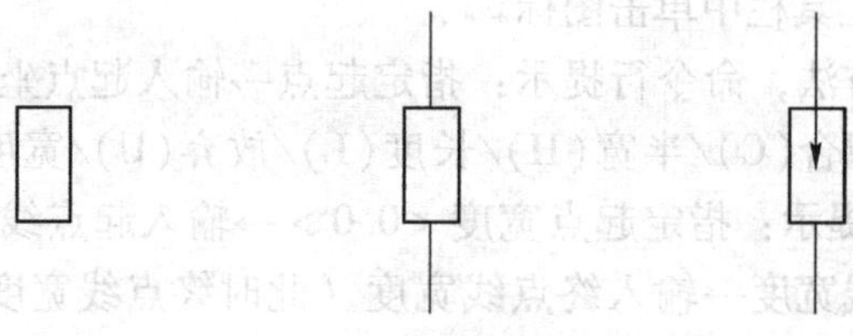

a)　　b)　　c)

图3-12　避雷器符号的绘制

a）绘制矩形　b）绘制直线　c）避雷器符号

3.4.4　图案填充

绘制图形时，有时需要使用某种图形来充满某个指定区域，此过程称为图案填充。在电气工程图中，经常要使用这种图案填充方式来表现效果。例如配电箱的绘制、暗装开关的绘制和暗装插座的绘制等。可通过以下3种方式调用图案填充命令。

1）命令行：BHATCH。

2）菜单：【绘图】→【图案填充】。

3）图标：【绘图】工具栏中单击图标▦。

如图3-13a所示为一任意多边形，现对其进行如图3-13b所示的图案填充，操作方法如下。

a) b)

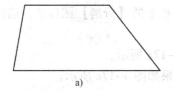

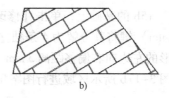

图 3-13　图案填充

a）多边形图　b）多边形图案填充

采用上述任何一种方法调用【图案填充】命令，都会弹出如图 3-14 所示的对话框，对其进行相关设置，包括图案的选择、角度和比例等。选择如图 3-13a 所示的多边形为边界，按两次〈Enter〉键后即可得到图 3-13b 所示的效果。

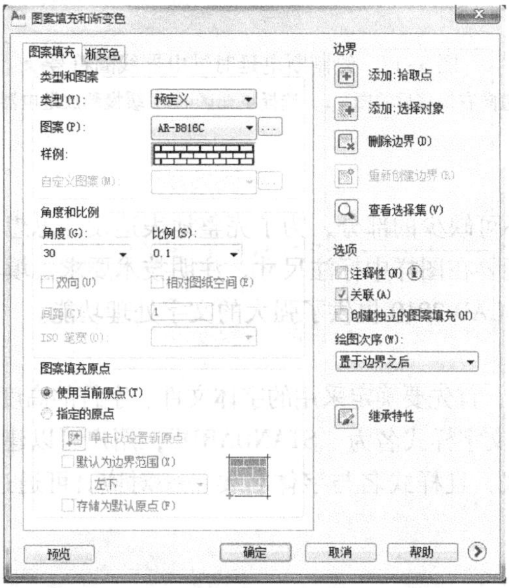

图 3-14　【图案填充和渐变色】对话框

【例 3-3】几种继电器线圈符号的绘制。

1）绘制一个长为 15 mm、宽为 8 mm 的矩形，如图 3-15a 所示。

2）以矩形的上、下边的中点为起点，绘制两条长度为 8 mm 的竖线，如图 3-15b 所示。

3）对矩形上边的竖线分别向左、向右偏移，偏移距离为 5 mm，如图 3-16a 所示。

4）删除上、下边位于中间的两条线段，如图 3-16b 所示。

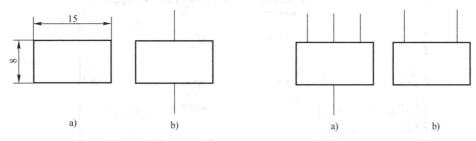

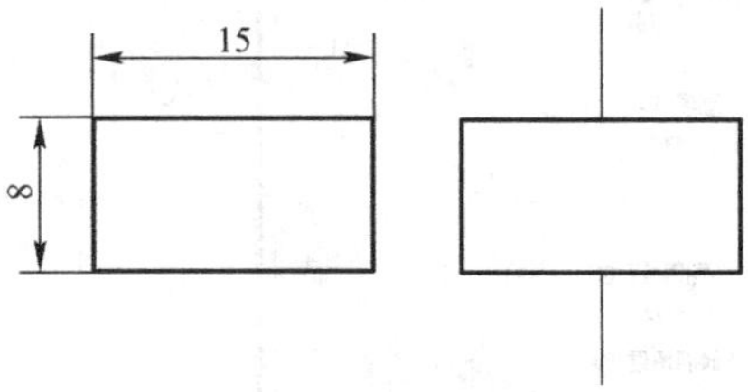

a) b)

图 3-15　绘制继电器线圈符号（一）

a）绘制矩形　b）继电器线圈符号（一）

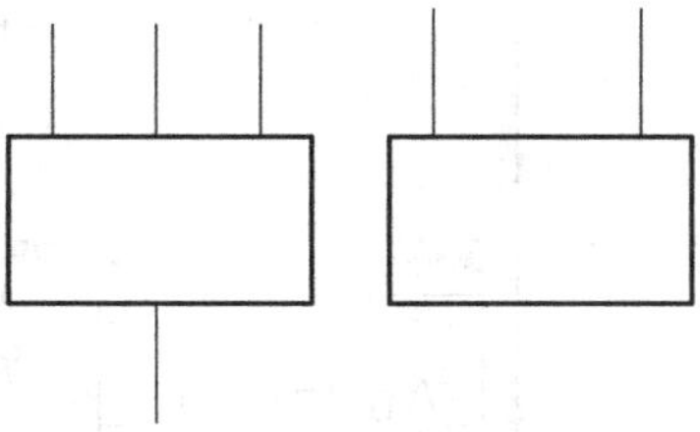

a) b)

图 3-16　绘制继电器线圈符号（二）

a）偏移后的图形　b）继电器线圈符号（二）

5）在图 3-15b 的基础上，单击【修改】工具栏上的【分解】图标，选择矩形为分解对象，按〈Enter〉键将其分解为 4 条独立的线段。

6）将矩形的左边向右偏移距离 3 mm，如图 3-17a 所示。

7）对如图 3-17b 所示区域进行图案填充，结果如图 3-17c 所示。

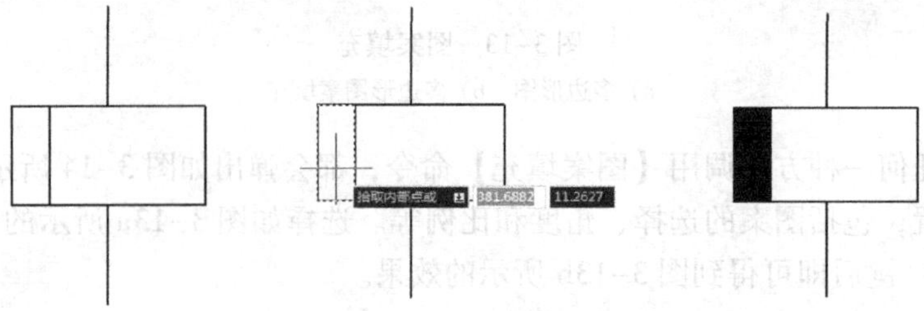

a)　　b)　　c)

图 3-17　绘制断电延时继电器线圈符号

a）左边向右偏移后的图　b）选择填充区　c）缓慢释放继电器的线圈

3.4.5　文本标注

文字是工程图样中不可缺少的部分，为了完整地表达设计思想，除了正确地用图形表达物体的形状、结构外，还要在图样中标注尺寸、注明技术要求、填写标题栏等，这些内容都要标注文字或数字。AutoCAD 2010 提供了强大的文字处理功能。

1. 建立文字样式

在图形中标注文字时，首先要确定采用的字体文件、字符的高度比及放置方式，这些参数的组合称为样式。默认的文字样式名为“STANDARD”，用户可以建立多个文字样式，但只能选择其中一个为当前样式，且样式名与字体名要一一对应。可通过以下 3 种方式调用文字样式。

1）命令行：STYLE。

2）菜单：【格式】→【文字样式】。

3）图标：【样式】工具栏中单击图标。

采用上述任何一种方法，显示如图 3-18 所示的【文字样式】对话框。单击【新建】

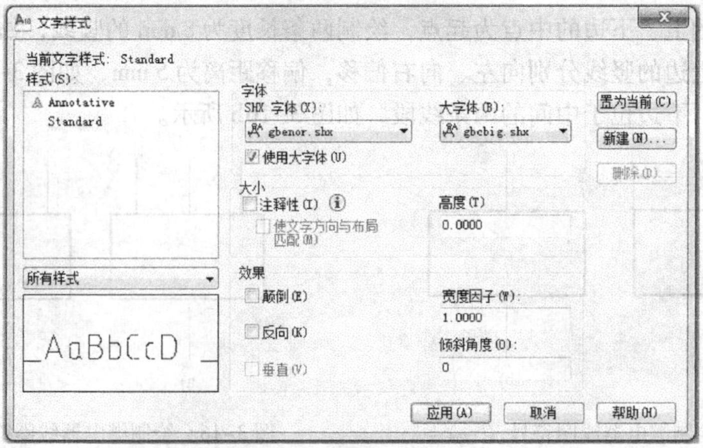

图 3-18　【文字样式】对话框

按钮显示如图 3-19 所示的【新建文字样式】对话框，输入名称，单击【确定】按钮便建立了一个新的文字样式名。然后在【字体名】下拉列表中选择字体名称，如图 3-20 所示，确定文字高度、宽度因子，单击【应用】按钮，再单击【关闭】按钮。

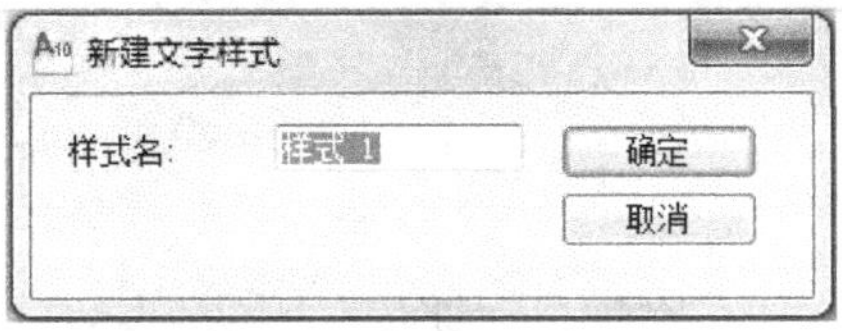

图 3-19 【新建文字样式】对话框

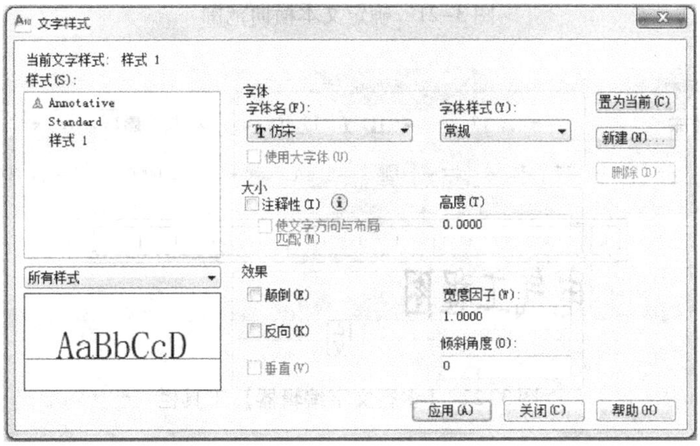

图 3-20 【文字样式】对话框属性设置

2. 特殊字符

在图形中标注文字时，除了可以输入汉字、英文字符、数字和常用符号外，AutoCAD 2010 还提供了控制码及部分特殊字符，见表 3-1。

表 3-1 控制码及特殊字符

代　码	定　义	输入实例	输出结果
%%u	文字下画线开关	%%u123	<u>123</u>
%%d	书写“度”的符号	123%%d	123°
%%p	书写“正负公差”的符号	%%p123	±123
%%c	书写“圆直径”的符号	%%c123	ϕ123

3. 多行文字标注与编辑

此编辑器可以方便地输入文字，同时还可以使用不同的字体和字体样式，并能识别和替换大小写。可通过以下 3 种方式调用多行文字。

1）命令行：MTEXT。

2）菜单：【绘图】→【文字】→【多行文字】。

3）图标：【绘图】工具栏中单击图标 **A**。

在建立文字样式后采用上述任何一种方法，命令行提示：

指定第一角点时，将光标移至要标注文本的起点单击左键→命令行提示：指定对角点

[高度(H)/对正(J)/行距(L)/旋转(R)/样式(S)/宽度(W)]：→将光标往右下角移动，确定文本横向范围（如图3-21所示）→单击鼠标左键则会显示如图3-22所示的【多行文字编辑器】工具栏。在文本区输入文本后，单击【确定】按钮。

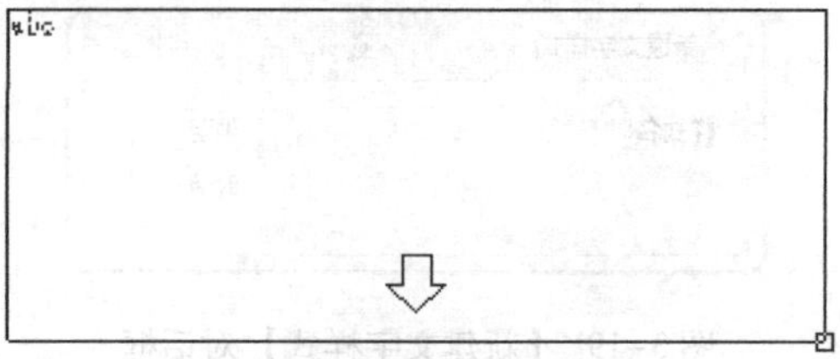

图3-21 确定文本横向范围

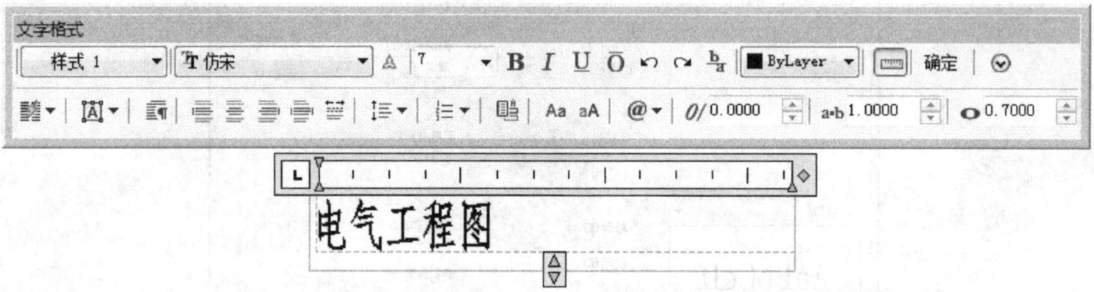

图3-22 【多行文字编辑器】工具栏

3.5 提高练习

1. 绘制如图3-23所示C6132型卧式车床电气控制线路图。

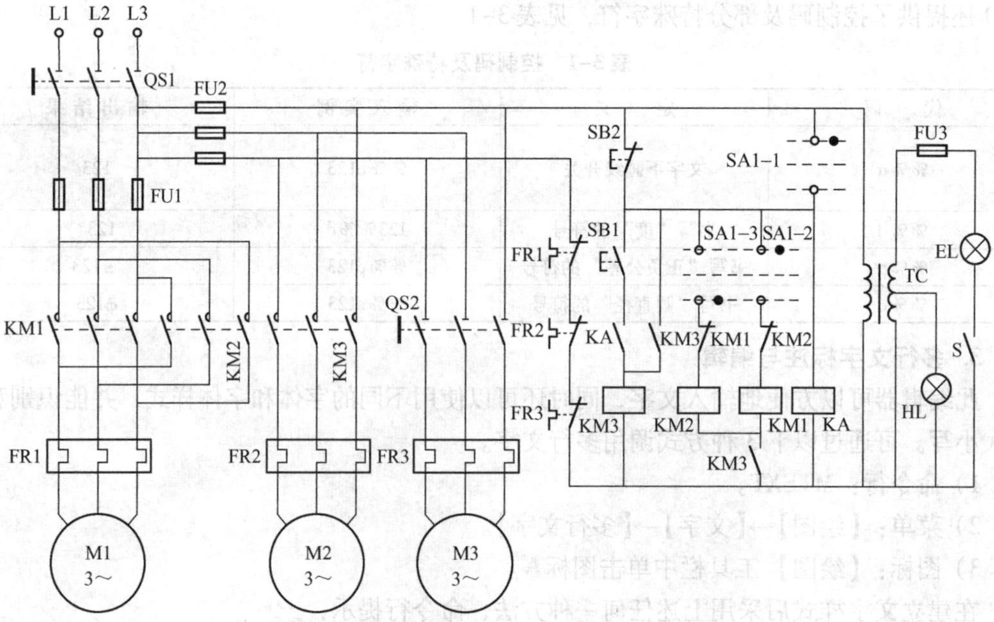

图3-23 C6132型卧式车床电气控制线路图

2. 绘制如图 3-24 所示某小型发电厂电气主接线图。

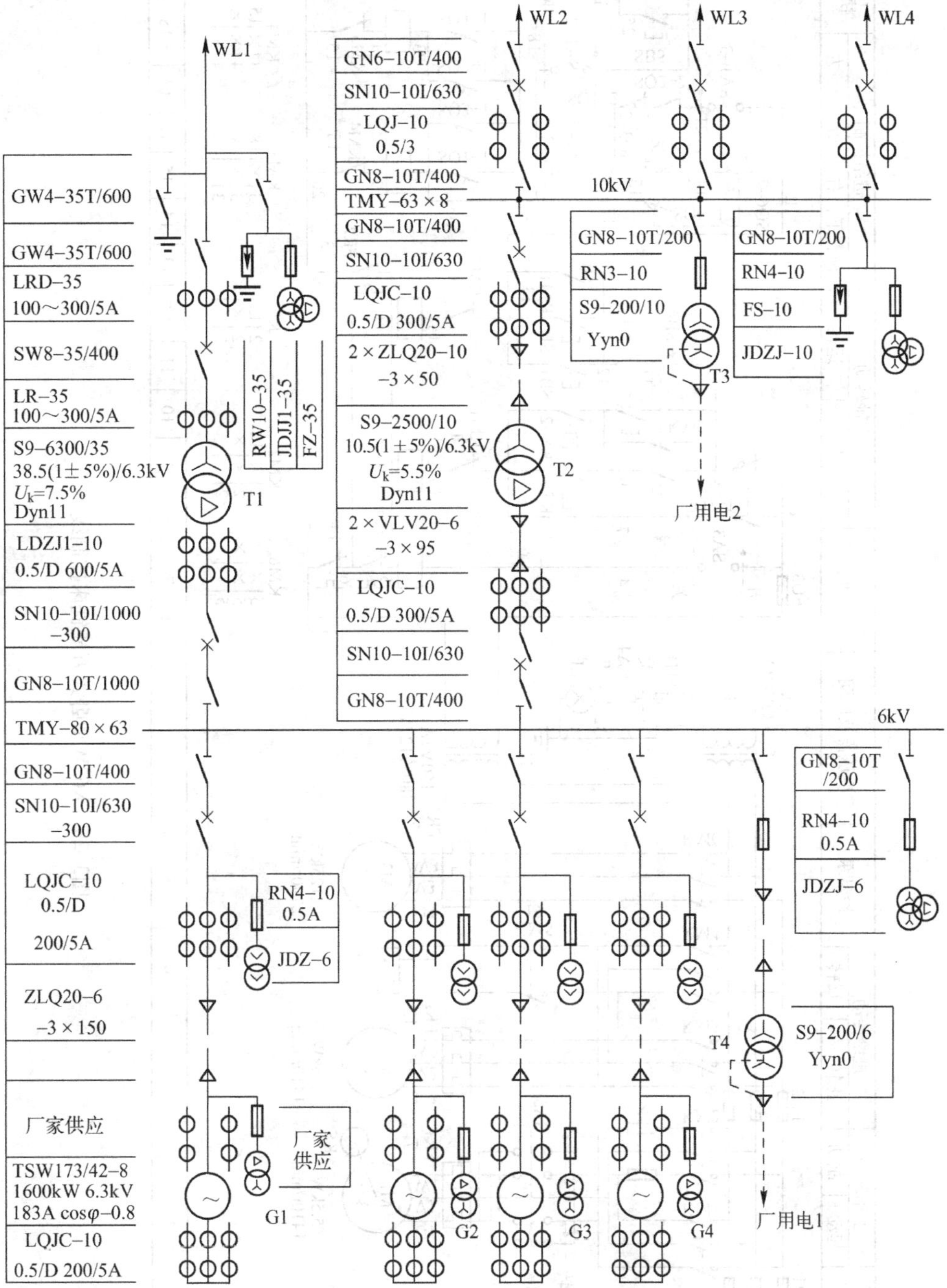

图 3-24　某小型发电厂电气主接线图

3. 绘制如图 3-25 所示 X62W 型卧式万能铣床控制线路图。

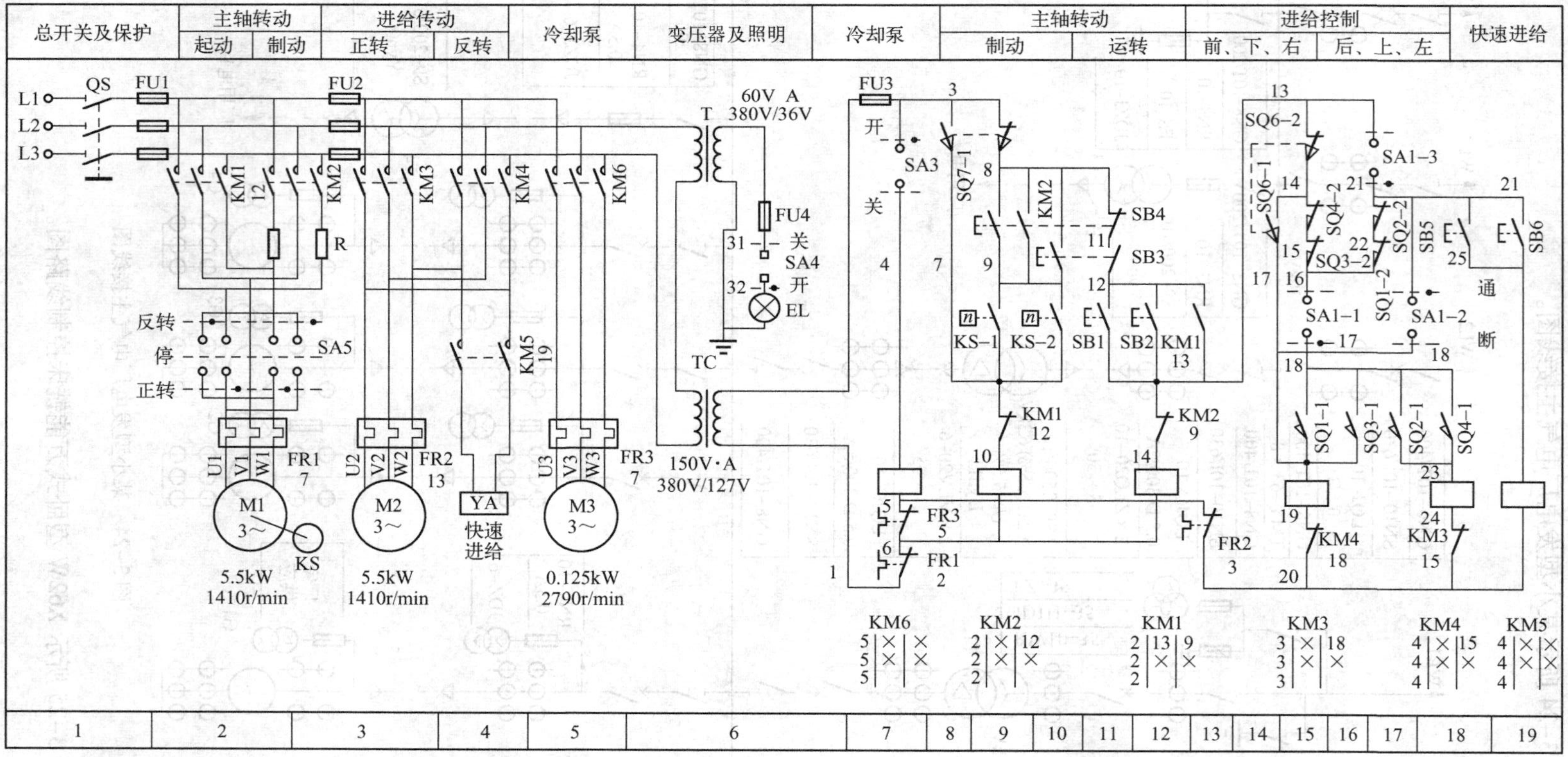

总开关及保护
主轴转动
起动
制动
进给传动
正转
反转
冷却泵
变压器及照明
冷却泵
主轴转动
制动
运转
进给控制
前、下、右
后、上、左
快速进给
L1
L2
L3
QS
FU1
FU2
KM1
12
KM2
KM3
KM4
KM6
R
反转
停
正转
SA5
KM5
19
U1 V1 W1
FR1
7
U2 V2 W2
FR2
13
U3 V3 W3
FR3
7
M1
3～
KS
5.5kW
1410r/min
M2
3～
5.5kW
1410r/min
YA
快速进给
M3
3～
0.125kW
2790r/min
T
60V A
380V/36V
FU4
31
关
SA4
32
开
EL
TC
150V·A
380V/127V
FU3
开
SA3
关
3
4
7
SQ7-1
8
9
KM2
SB4
11
SB3
12
KS-1
KS-2
SB1
SB2
KM1
13
KM1
12
KM2
9
10
14
5
FR3
5
6
FR1
2
1
FR2
3
13
SQ6-2
SA1-3
14
SQ6-1
SQ4-2
21
SQ2-2
SB5
SB6
25
21
15
SQ3-2
22
17
16
SA1-1
SQ1-2
SA1-2
通
断
17
18
18
SQ1-1
SQ3-1
SQ2-1
SQ4-1
23
19
KM4
18
24
KM3
15
20
KM6
KM2
KM1
KM3
KM4
KM5
1 2 3 4 5 6 7 8 9 10 11 12 13 14 15 16 17 18 19

图3-25 X62W型卧式万能铣床控制线路图

实训项目 4　用变频器控制的可变速机加工电路图的绘制

4.1　学习要点

1）了解变频器控制的可变速机加工电路的工作原理。
2）熟练掌握镜像、延伸和修改命令的使用。
3）熟练应用 AutoCAD 2010 图层工具。

4.2　项目描述

1）通过用变频器控制的可变速机加工电路图的绘制了解其电路工作原理。
2）通过用变频器控制的可变速机加工电路图的绘制掌握 AutoCAD 2010 图层的使用。

4.3　项目实施

任务：绘制如图 4-6 所示用变频器控制的可变速机加工电路图。

1）启动 AutoCAD 2010，新建一个二维图样，选择图形样板，如图 4-1 所示。

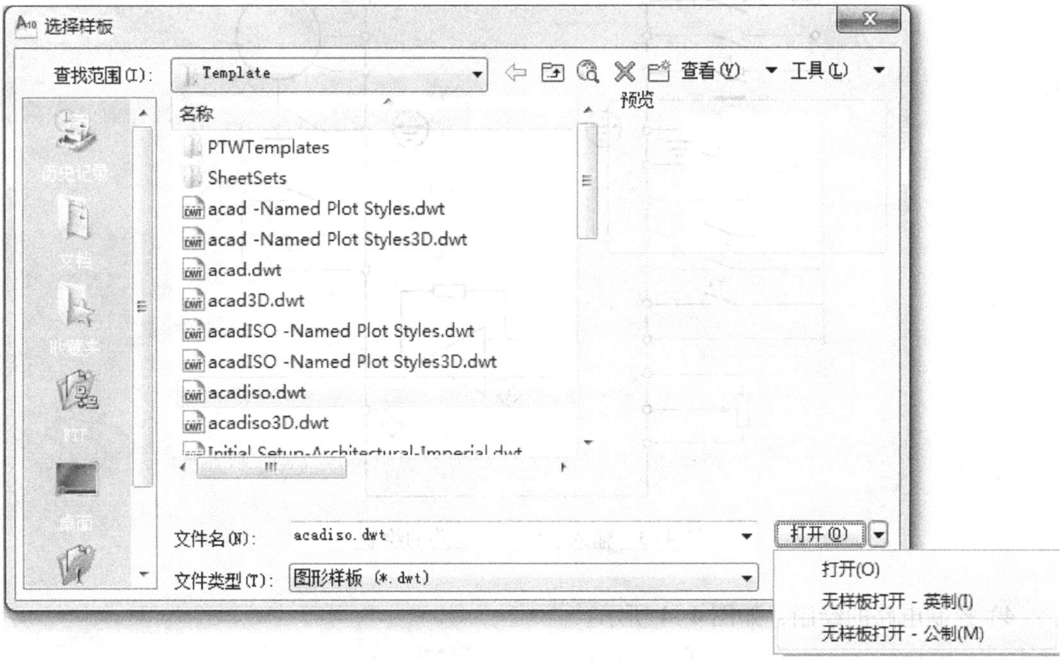

图 4-1　选择图形样板

2）新建图层，如图 4-2 所示。

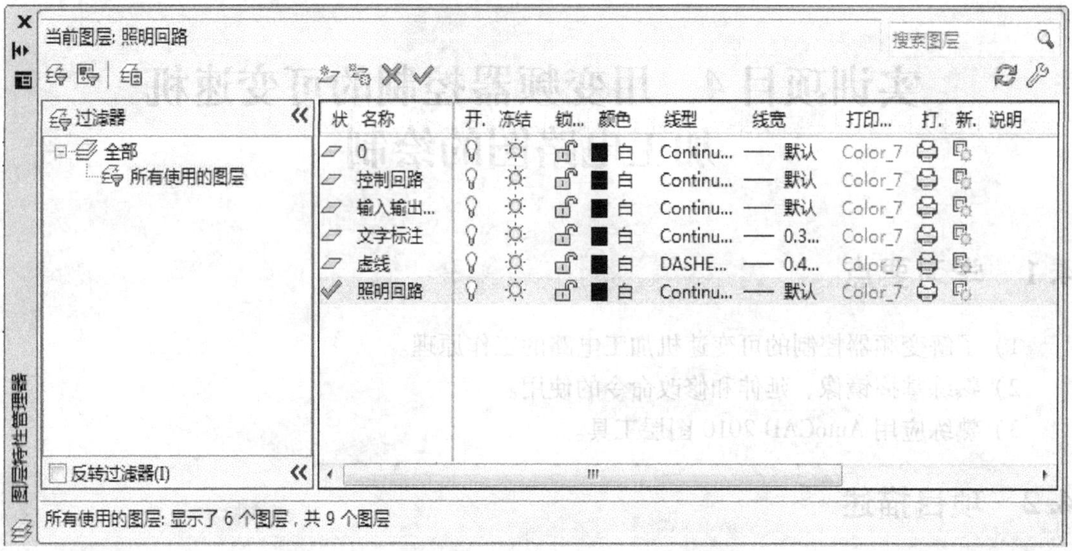

图 4-2　新建图层

3）输入、输出主电路的绘制，如图 4-3 所示。

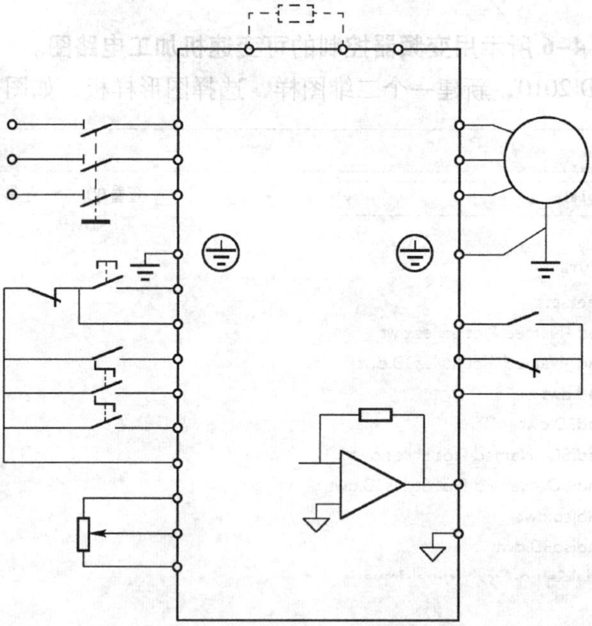

图 4-3　输入、输出主电路的绘制

4）控制电路的绘制，如图 4-4 所示。

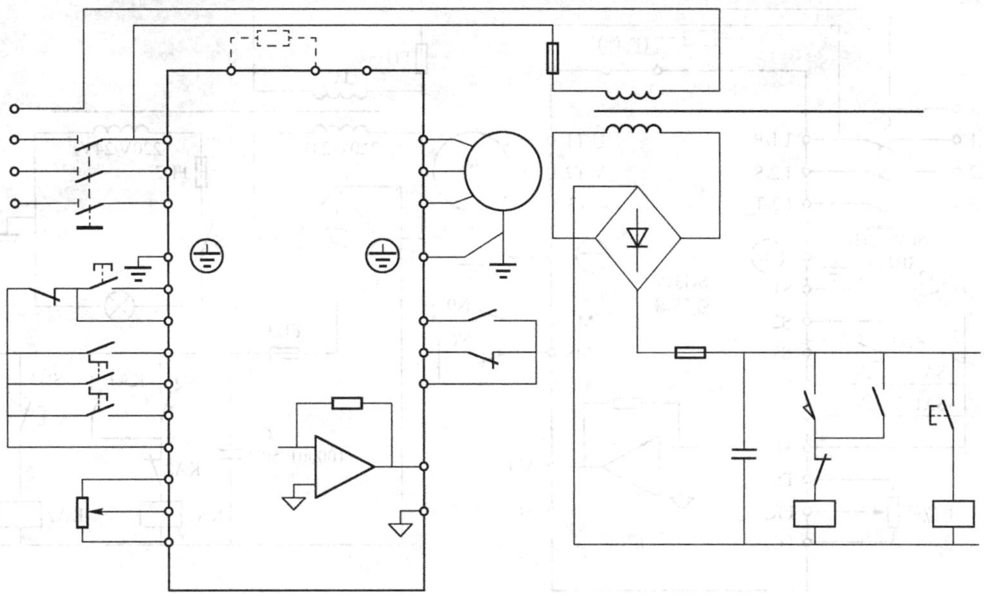

图 4-4　控制电路的绘制

5）照明电路的绘制，如图 4-5 所示。

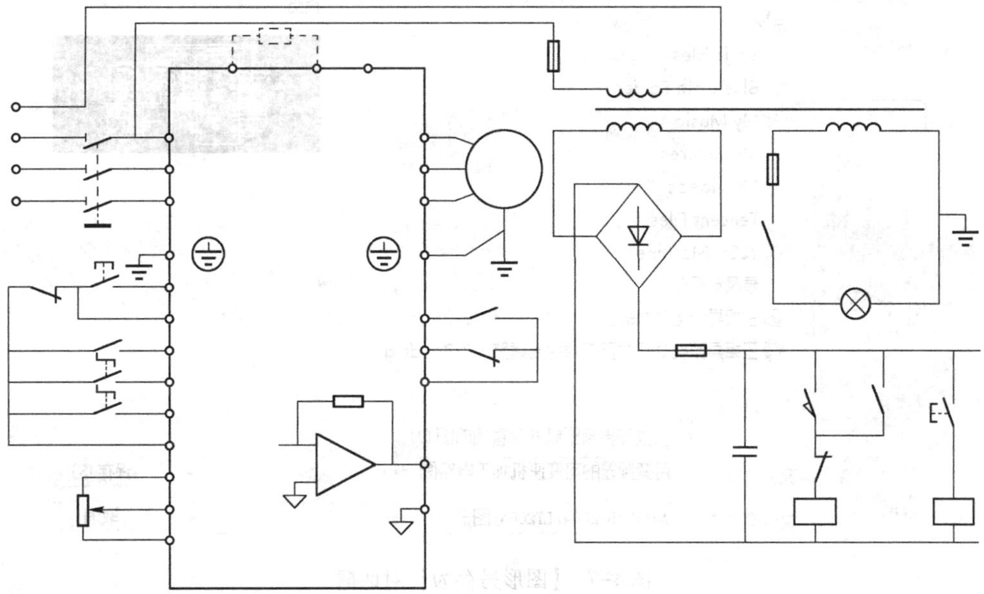

图 4-5　照明电路的绘制

6）最后进行文字的标注，如图 4-6 所示。

7）对绘制好的图形选择【保存】或【另存为】，修改文件名称，单击【保存】按钮，如图 4-7所示。

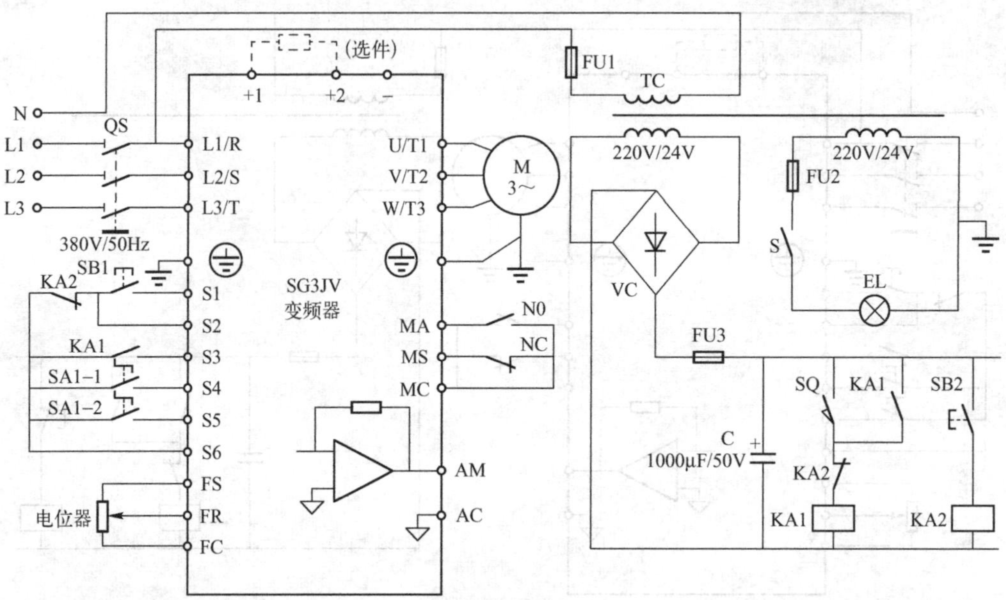

图 4–6 文字标注

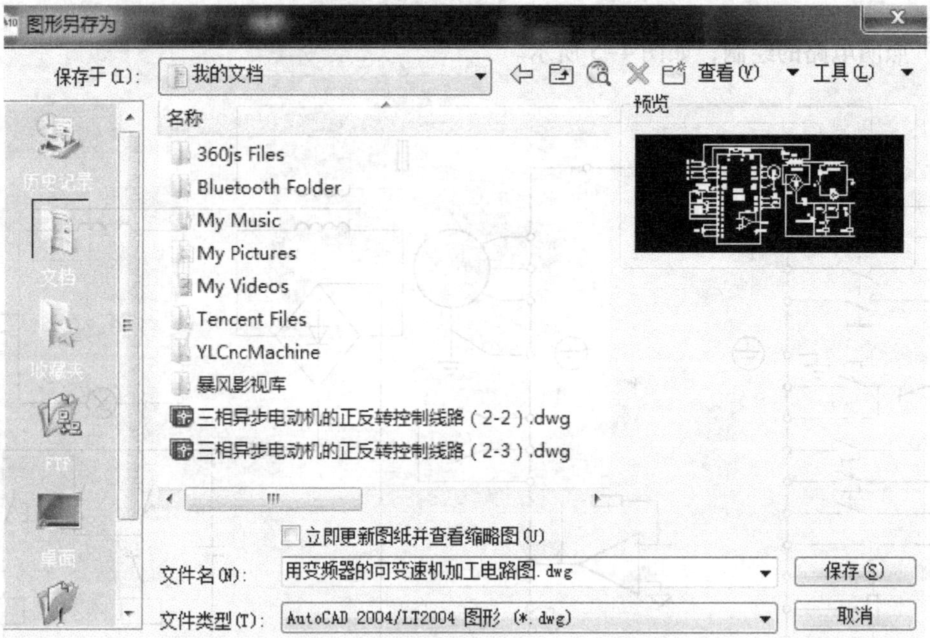

图 4–7 【图形另存为】对话框

4.4 相关知识点

4.4.1 变频器控制的可变速机加工电路的工作原理

1. 仪表车倒顺车电路工作原理

如图 4–8 所示的仪表车倒顺车电路图，由主电路、控制电路和照明电路 3 部分组成。由于加工需要正反转运行，所以主电路中接有 KM1 正转接触器和 KM2 反转接触器，可实现在任何情况下都能进行正、反转起动操作。为了避免正、反转接触器同时吸合造成短路故障，在控制电路中对正、反转接触器 KM1 和 KM2 进行了互锁连接。为了在攻螺纹或套丝时能自动倒车返回，在仪表车的刀架上装有一个可转动的碰撞块，在机身上装有一个行程开关，旋转碰撞块，可实现与行程开关碰撞的“能”或“否”，这个功能对产品的攻螺纹和套丝加工很有用。

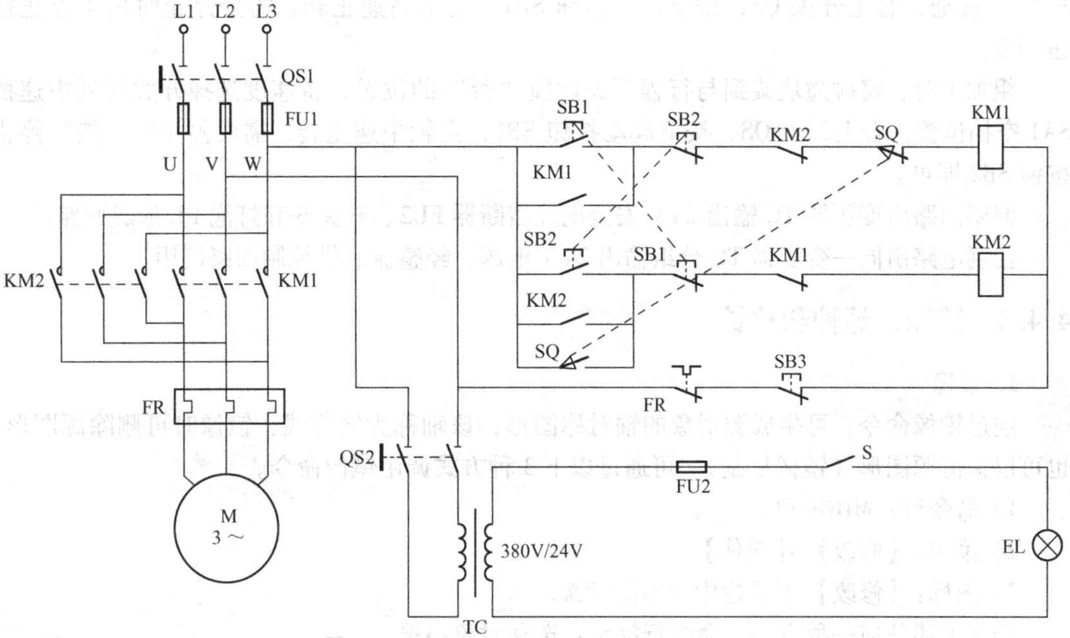

图 4-8　仪表车倒顺车电路图

当产品需要攻螺纹或套丝加工时，将碰撞块旋转到与行程开关碰撞“能”的位置。合上隔离开关 QS1，按下正转起动按钮 SB1，正转接触器 KM1 线圈得电吸合并自锁，电动机 M 正转，当碰撞块碰到行程开关 SQ 时，行程开关常闭触头断开，正转接触器 KM1 线圈断电释放，电动机 M 立即停止运行。同时行程开关常开触头闭合，反转接触器 KM2 线圈得电吸合并自锁，电动机 M 立即反转运行。需要停止时按下停止按钮 SB3，电动机 M 停止运行。

不需要攻螺纹或套丝加工时，将碰撞块旋转到与行程开关碰撞“否”的位置，合上隔离开关 QS1，按下正转起动按钮 SB1，电动机 M 正转，按下反转起动按钮 SB2，电动机 M 反转，按下停止按钮 SB3，电动机 M 停止运行。

2. 变频器控制的可变速机加工电路工作原理

如图 4-6 所示的用变频器控制的可变速机加工电路图，由输入/输出主电路、功能端子电路、变频器接线电路、照明电路、控制电路等组成。

变频器控制的可变速机加工机床的前身即为仪表车，它是在仪表车的基础上加上变频器控制的电路，可实现高、中、低速度的控制，在精加工时用高速档，粗加工时用中速档，攻螺纹或套丝时用低速档，这三档速度可以在变频器参数中进行设置。这 3 档调速功能大大提高了机械加工的实用性并保证了产品质量的可靠。

变频器控制的可变速机加工机床的刀架上装有可旋转碰撞块，机身上装有行程开关，旋转碰撞块的位置，可实现与行程开关的碰撞“能”或“否”。需要进行攻螺纹或套丝加工时，将碰撞块旋转到与行程开关碰撞“能”的位置，将速度选择开关转到低速档 SA1－1 接通，合上开关 QS，按下起动按钮 SB1，主轴低速正转，当碰到行程开关 SQ 时，主轴立即反转，需要停止时按下 SB2 停止按钮，主轴停止转动。

精加工时，将碰撞块旋到与行程开关碰撞“否”的位置，将速度选择开关转到高速档 SA1－2 接通，合上开关 QS，按下起动按钮 SB1，主轴高速正转，需要停止时按下停止按钮 SB2。

粗加工时，将碰撞块旋到与行程开关碰撞“否”的位置，将速度选择开关转到中速档 SA1 空档位置，合上开关 QS，按下起动按钮 SB1，主轴中速正转，需要停止时，按下停止按钮 SB2 即可。

照明回路由变压器 TC 输出 24 V 安全电经熔断器 FU2、开关 S 和灯泡 EL 形成回路。

控制电路由同一变压器 TC 分组输出 24 V 电源，经整流后供控制回路使用。

4.4.2　镜像、延伸和拉长

1. 镜像

通过镜像命令，可生成源对象的轴对称图形，该轴称为镜像线，镜像时可删除源图形，也可以保留源图形（镜像复制）。可通过以下 3 种方式调用镜像命令。

1）命令行：MIRROR。

2）菜单：【修改】→【镜像】。

3）图标：【修改】工具栏中单击图标。

选用上述任何一种方法，命令行提示：选择对象→选择要镜像的对象→按〈Enter〉键→命令行提示：确定镜像线第一点→用户确定镜像线第一点→命令行提示：确定镜像线第二点→用户确定镜像线第二点→命令行提示：是否删除源对象？[是(Y)/否(N)/<N>]→（若不删除源图形则直接按〈Enter〉键，若要删除源图形，应输入字母“Y”后再按〈Enter〉键）。如图 4-9 所示。

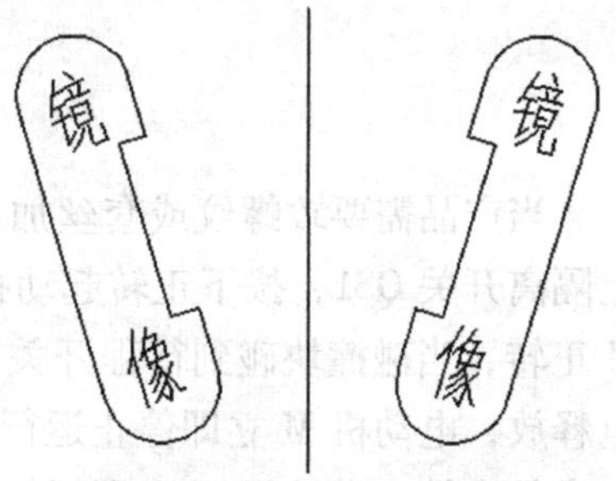

图 4-9 【镜像】命令的应用

2. 延伸

在指定边界线后，可连续选择要延伸的对象，延伸到与边界线相交。可通过以下 3 种方式调用延伸命令。

1）命令行：EXTEND。

2）菜单：【修改】→【延伸】。

3）图标：【修改】工具栏中单击图标。

选用上述任何一种方法，命令行提示：选择边界的边→选择边界边（图 4-10a 中被选中的对象显示为蚂蚁线，如图 4-10b 所示）→按〈Enter〉键→命令行提示：选择要延伸的对象或[投影(P)/边(E)/放弃(U)]→选择延伸对象（如图 4-10c 中分别用拾取靶拾取垂线的上、下两端）→按〈Enter〉键，结果如图 4-10d 所示。

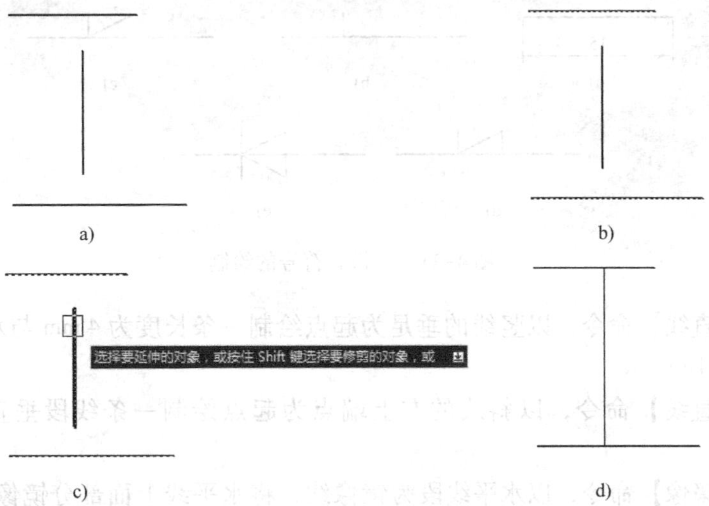

图 4-10 【延伸】命令的应用

3. 拉长

通过拉长命令，可以延长或缩短直线段、圆弧段（圆弧用圆心角控制）。可通过以下 2 种方式调用拉长命令。

1）命令行：LENGTHEN。

2）菜单：【修改】→【拉长】。

选用上述任何一种方法，命令行提示：

选择对象或[增量(DE)百分数(P)全部(T)/动态(Dy)]：//此时可根据需要选项进行操作（注意：拾取靶的位置应移到要延长的方向一端）。各选项的运用如下。

① 延长定值：输入“DE”→按〈Enter〉键→输入所要延长的数值→按〈Enter〉键→用拾取靶拾取要延长的对象→按〈Enter〉键。

② 延长或缩短后为源对象的百分数：输入“P”→按〈Enter〉键→输入所要延长或缩短的百分数→按〈Enter〉键→用拾取靶拾取要延长（缩短）的对象→按〈Enter〉键。

③ 延长或缩短后为一个定值：输入“T”→按〈Enter〉键→输入对象延长或缩短后的数值→按〈Enter〉键→用拾取靶拾取对象。

④ 直接延长（缩短）：输入“DY”→按〈Enter〉键→用拾取靶拾取要延长（缩短）的对象→移动光标到对象所要延长（缩短）的位置→单击鼠标左键→按〈Enter〉键。

4.4.3 二极管与晶体管图形符号的绘制

二极管和晶体管是构成电子电路图的重要元器件，下面介绍二极管和晶体管图形符号的绘制方法。

1. 二极管符号的绘制

1）调用【直线】命令，采用相对或者绝对坐标输入方式，绘制一条长度为 15 mm 的线段，如图 4-11a 所示。

2）调用【直线】命令，在距离线段左端点 10 mm 处绘制一条长度为 2 mm 的竖线，如图 4-11b所示。

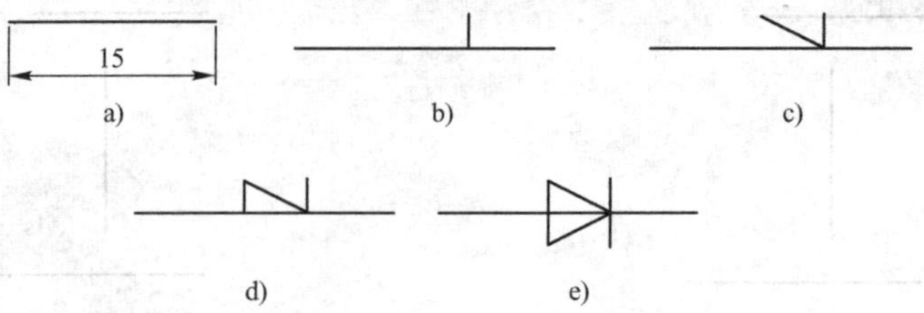

图 4-11　二极管符号的绘制

3）调用【直线】命令，以竖线的垂足为起点绘制一条长度为 4 mm 与水平线成 150°的斜线，如图 4-11c 所示。

4）调用【直线】命令，以斜线的左上端点为起点绘制一条线段垂直于水平线，如图 4-11d所示。

5）调用【镜像】命令，以水平线段为镜像线，将水平线上面部分镜像，结果如图 4-11e 所示，即为二极管的图形符号。

2. 晶体管符号的绘制

1）调用【直线】命令，采用相对或者绝对坐标输入方式，绘制一条长度为 10 mm 的线段，如图 4-12a 所示。

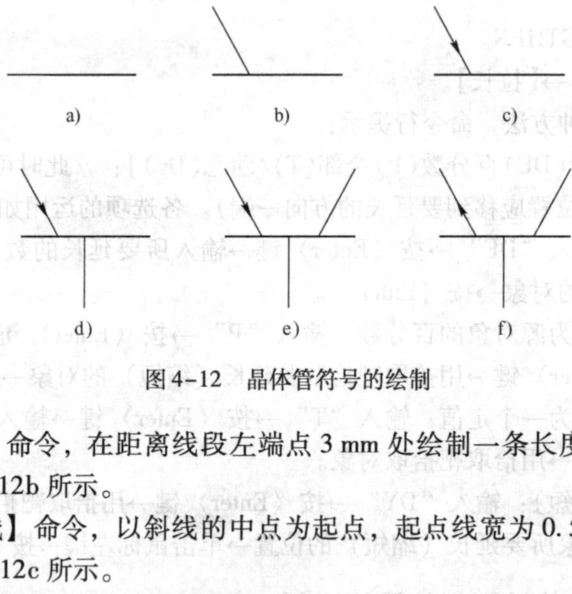

图 4-12　晶体管符号的绘制

2）调用【直线】命令，在距离线段左端点 3 mm 处绘制一条长度为 6 mm 与水平线成 120°的斜线，如图 4-12b 所示。

3）调用【多段线】命令，以斜线的中点为起点，起点线宽为 0.5 mm，端点线宽为 0，绘制出箭头，如图 4-12c 所示。

4）调用【直线】命令，以水平线段的中点为起点向下绘制一条线段垂直于水平线，长度为 5 mm，如图 4-12d 所示。

5）调用【镜像】命令，以竖直线段为镜像线，将左边的斜线镜像，结果如图 4-12e 所示，即为 PNP 型晶体管的图形符号。如图 4-12f 所示为 NPN 型晶体管图形符号。

4.4.4 图层

无论用户进行何种产品设计，在逻辑上都要涉及“层”的概念。例如，一幢大楼的设计图可包括建筑结构、电气、给排水等专业图形信息。即使是在同一张图纸上画一个零件的图形，也有线型（粗实线、点画线、虚线等）、颜色的不同，用户在设计时，可以把不同的图形（或线型、颜色）分别绘在不同的图层上，这样可以单独对需要修改的图层进行修改，不影响其他的图层。图层具有以下主要特点。

1）图层可以想象为没有厚度的透明的薄片，实体（各种图线）就画在它的上面。

2）为了便于管理，每一个图层都有一个层名，由汉字、字母、数字及字符任意组合而成（不超过31个字符），其中“0”层是AutoCAD自动定义的，且不可删除，用户可以定义新图层。

3）每个图层容纳的实体数量不限。

4）同一图层上的实体处于同一种状态（如可见或不可见）。

5）不同的图层可以设置相同或不同的线型、颜色和状态。

6）各图层具有相同的坐标系、绘图界限和显示时的缩放倍数（即位于某一图层的某一点准确地对应于其他图层上的同一点）。

7）要将一个对象绘制在一个特定的图层上，首先应将该图层设置为当前层，所绘制的任何对象都放置在当前层上（当前层只有一个）。

1. 图层设置

可通过以下3种方式调用新建图层命令。

1）命令行：LAYER。

2）菜单：【格式】→【图层】。

3）图标：【对象特性】工具栏中单击图标。

采用上述任何一种方法，显示【图层特性管理器】对话框，如图4–13所示。单击【新建图层】图标或按〈Alt + N〉组合键，便建立了一个图层。每单击图标一次，就会自动建立一个图层。

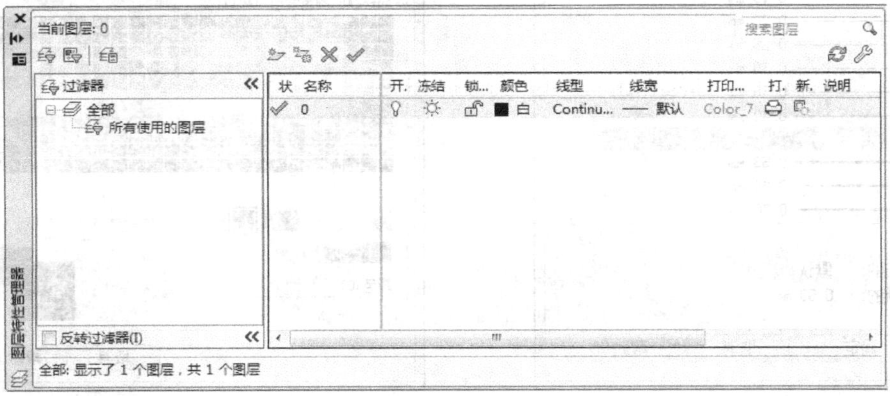

图4–13 【图层特性管理器】对话框

2. 设置线型、线宽、颜色

（1）设置线型

1）命令行：LINETYPE。

2）菜单：【格式】→【线型】。

3）在【图层特性管理器】对话框中，单击【线型】选项下的“Continuous”。

采用上述任何一种方法，显示【选择线型】对话框，如图4–14所示。若所需要的线型没有列出，则单击【选择线型】对话框中的【加载】按钮，显示【加载或重载线型】对话框，如图 4-15 所示，用户可从中选择所需要的线型。

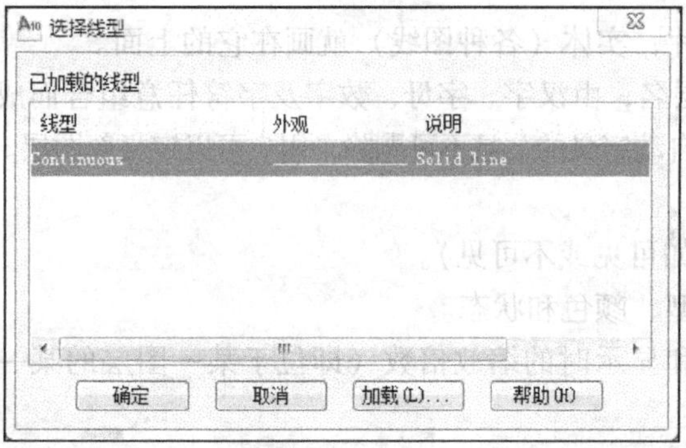

图 4-14 【选择线型】对话框

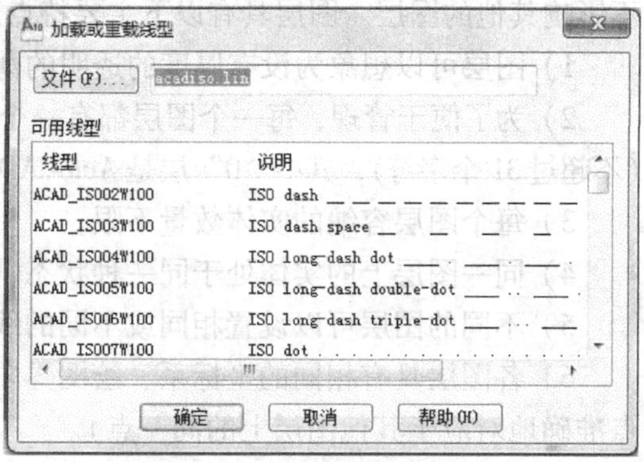

图 4-15 【加载或重载线型】对话框

（2）设置线宽

单击【图层特性管理器】对话框中【线宽】选项下的图线，会显示【线宽】对话框，如图 4-16 所示，用户可在此选择所需要的线宽。

（3）设置颜色

在【图层特性管理器】对话框中，单击【颜色】选项下的小色块，则会显示【选择颜色】对话框，如图 4-17 所示，系统共提供了 256 种颜色供用户选择。

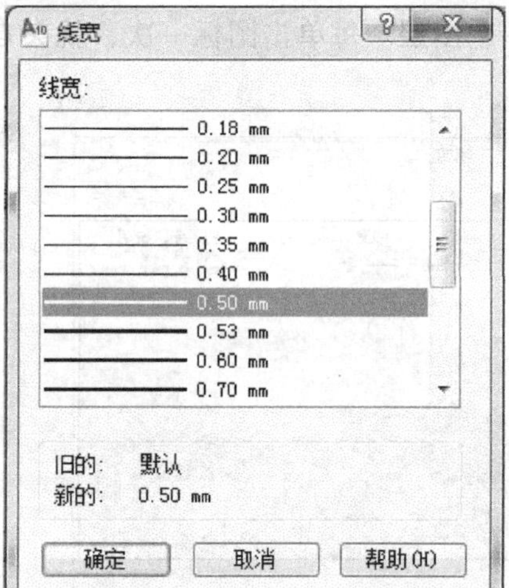

图 4-16 【线宽】对话框

图 4-17 【选择颜色】对话框

3. 图层管理

（1）【打开/关闭】图层的图标为

当【打开/关闭】图层的开关关闭时（呈灰黑色），在该层的图形对象不显示，也不能被打印或绘图输出，但图形对象在重新生成时要计算。

操作方法：单击图标。

（2）【冻结/解冻】所选层的图标为

当图层被冻结时（呈灰黑色雪花状），该层的图形对象的图形数据被冻结，不能显示，也不能绘图输出，在图形重新生成时也不计算。

操作方法：单击图标。

(3)【锁定/开锁】的图标为

当图层被锁定时，该层的图形对象被锁定。锁定的图形能显示，但不能编辑。

操作方法：单击锁形图标（默认为开锁状态）。

(4) 设置当前层

用绘图命令绘制的对象都产生在当前层上，当前层只有一个。若要把某一层定为当前层，则可通过如下途径实现。

方法 1：先选中该层，然后单击【置为当前层】图标或按〈Alt + C〉键后单击【确定】按钮。

方法 2：单击【对象特性】工具栏中的层列表按钮（黑色倒三角图标），便显示当前文件中所建的全部层，如图 4-18 所示，单击所需的层名即可。

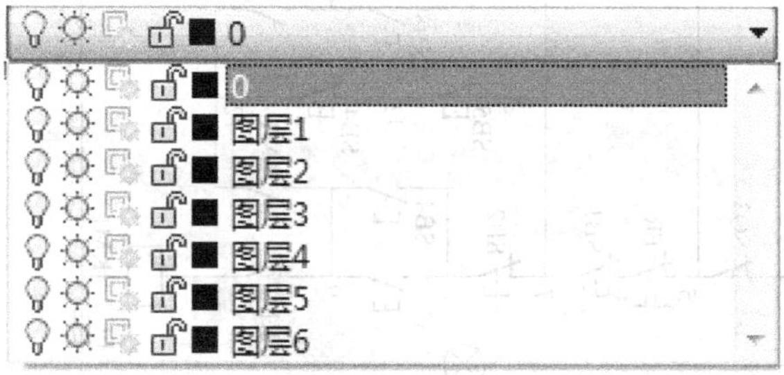

图 4-18　图层下拉列表

4.5　提高练习

1. 绘制如图 4-19 所示水位监测电路图。

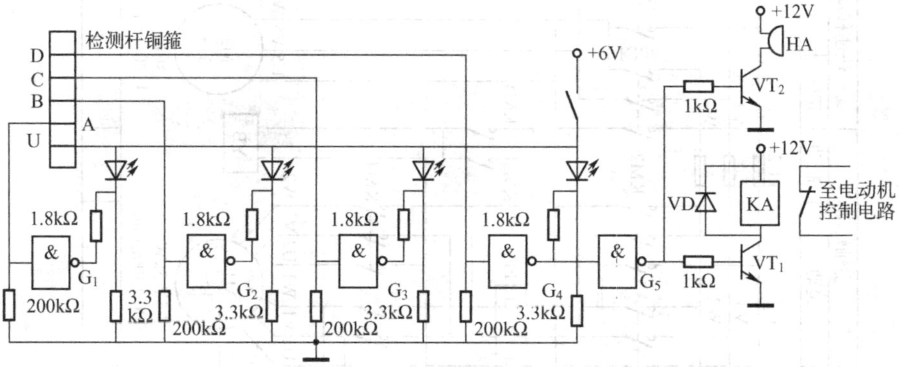

图 4-19　水位监测电路图

2. 绘制如图 4-20 所示的 T68 型卧式镗床电气控制线路图。

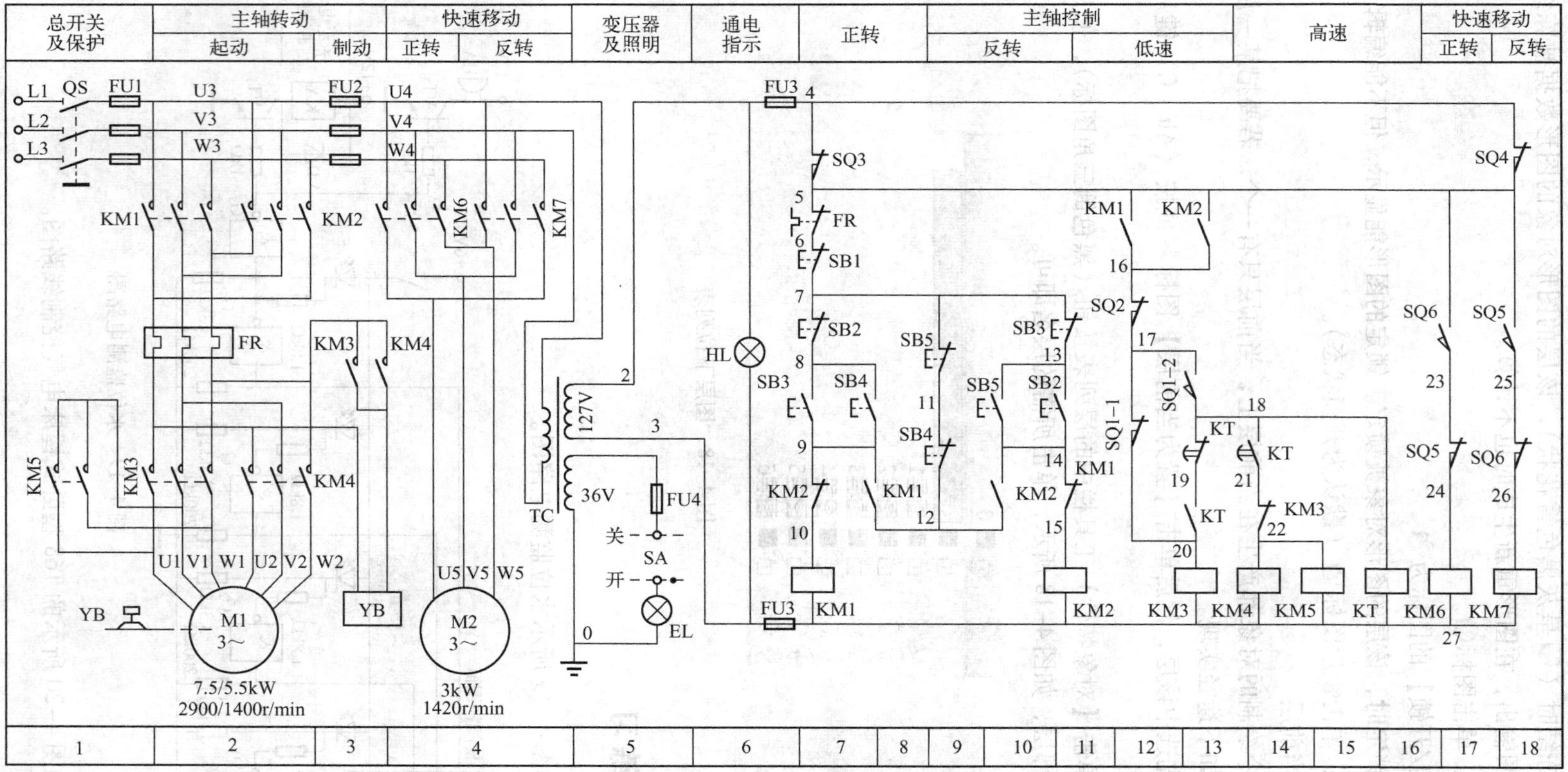

总开关及保护
主轴转动
起动
制动
快速移动
正转
反转
变压器及照明
通电指示
正转
主轴控制
反转
低速
高速
快速移动
正转
反转
L1 L2 L3 QS FU1 U3 V3 W3 FU2 U4 V4 W4
KM1 KM2 KM6 KM7
FR KM3 KM4
KM5 KM3 KM4
U1 V1 W1 U2 V2 W2
YB
M1 3～
7.5/5.5kW
2900/1400r/min
YB
U5 V5 W5
M2 3～
3kW
1420r/min
TC 127V 36V
2 3 0
FU4
关
SA
开
EL
HL
FU3 4
SQ3 5 FR 6 SB1 7 SB2 8 SB3 9 KM2 10
SB4 KM1 12
SB5 11 SB4
SB5 SB2 14 KM2 15
SB3 13 KM1
KM1 KM2 16 SQ2 17
SQ1-2 SQ1-1 18
KT 19 KT 20
KT 21 KM3 22
SQ4 SQ6 SQ5 23 25 SQ5 SQ6 24 26 27
FU3 KM1 KM2 KM3 KM4 KM5 KT KM6 KM7
1 2 3 4 5 6 7 8 9 10 11 12 13 14 15 16 17 18

图4-20　T68型卧式镗床电气控制线路图

实训项目5　建筑照明平面图的绘制

5.1　学习要点

1）掌握电气图块的做法和插入方法。
2）了解建筑电气通用规范。
3）了解供配电系统的设计要求和原则。

5.2　项目描述

1）通过建筑照明平面图的绘制，掌握电气图块的做法和插入方法。
2）通过建筑照明平面图的绘制，了解建筑电气通用规范和供配电系统的设计要求和原则。

5.3　项目实施

任务：绘制如图5-35所示建筑照明平面图。

1）启动AutoCAD 2010，新建一个二维图样，选择图形样板，并保存。如图5-1所示。

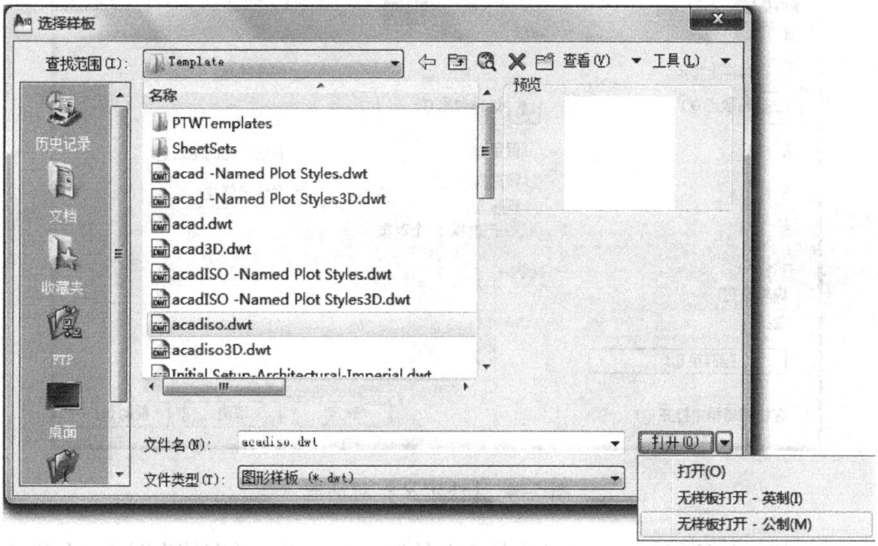

图5-1　选择图形样板

2）新建3个图层：“定位轴线”层，设置线型为“CENTER2”，线宽选择“默认”；“建筑平面图”层，设置线型为“Continuous”，线宽选择“默认”；“导线”层，设置线型为“Continuous”，线宽选择 0.3；将“0”层设置为当前图层。如图 5-2 所示。

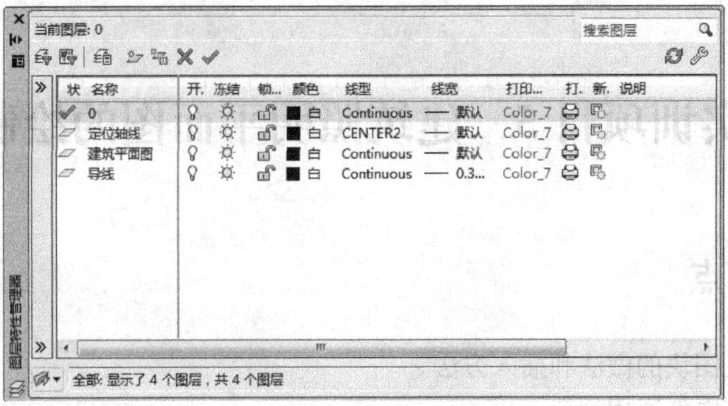

图 5-2　图层设置

3）在“0”层中使用直线、圆、偏移、修剪、删除等命令绘制单向插座。如图 5-3 所示。

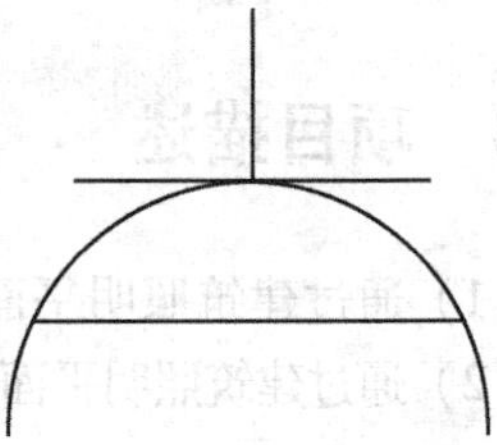

图 5-3　单向插座

4）单击【插入】选项卡【块】面板中的【创建】按钮，或者在命令行中输入“BLOCK”命令，在弹出的【块定义】对话框中输入块名称“单向插座”，指定图中任一点为基准点，选择单向插座为块定义对象，设置【块单位】为【毫米】，将绘制好的单向插座，存储为图块，以便调用。如图 5-4所示。

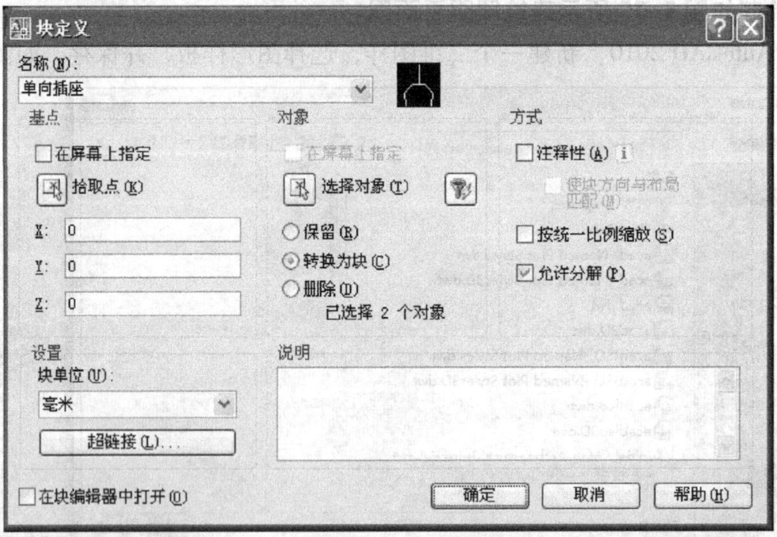

图 5-4　【块定义】对话框

5）在“0”层中使用复制、图案填充等命令绘制暗装插座，并存储为图块。如图 5-5 所示。

6）在“0”层中使用圆、直线、图案填充等命令绘制单极开关，并存储为图块。如图 5-6 所示。

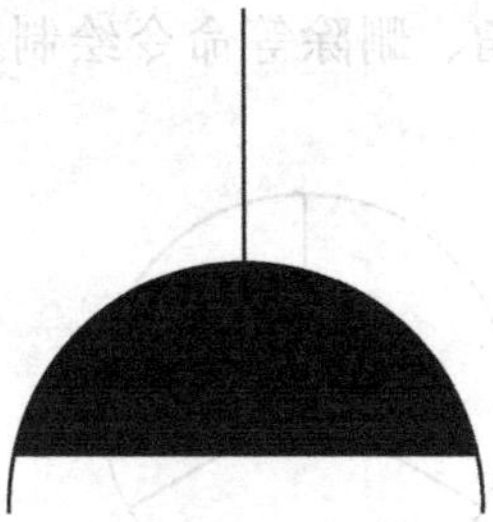

图 5-5　暗装插座

图 5-6　单极开关

7）在单极开关基础上使用复制、偏移等命令绘制双极开关，并存储为图块。如图 5-7 所示。

8）在单极开关基础上使用修改、文字等命令绘制单极限时开关，并存储为图块。如图 5-8 所示。

图 5-7　双极开关

图 5-8　单极限时开关

9）在“0”层中使用圆、直线、多行文字等命令绘制白炽灯和防爆荧光灯，并存储为图块。分别如图 5-9、图 5-10 所示。

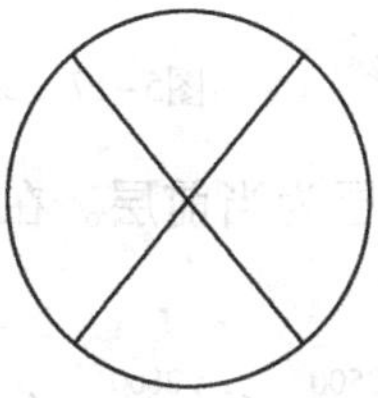

图 5-9　白炽灯

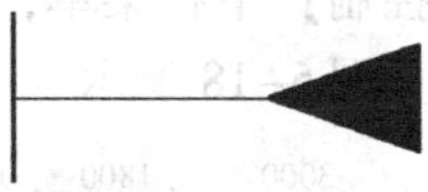

图 5-10　防爆荧光灯

10）在“0”层中使用直线、阵列、图案填充等命令绘制壁灯灯座，并存储为图块。如图 5-11 所示。

11）在“0”层中使用直线、圆、图案填充等命令绘制球形灯和壁灯，并存储为图块。分别如图 5-12、图 5-13 所示。

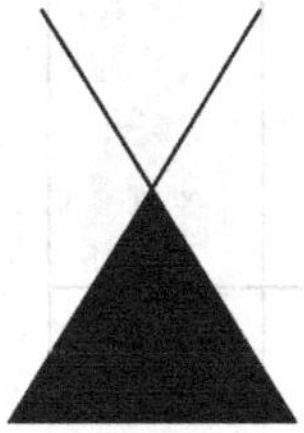

图 5-11　壁灯灯座

图 5-12　球形灯

12）在“0”层中使用直线、圆弧、镜像、圆角、删除等命令绘制风扇，并存储为图块。如图5-14所示。

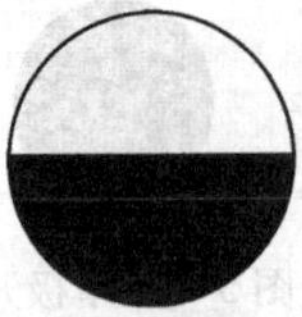

图5-13　壁灯

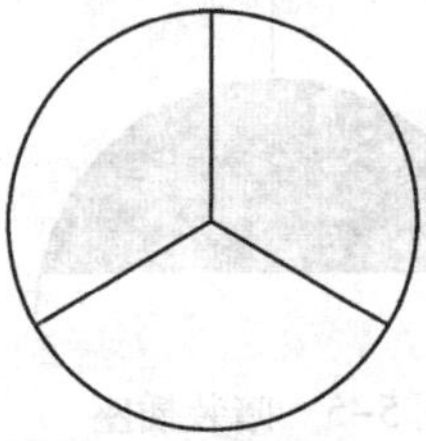

图5-14　风扇

13）在“0”层中使用直线、圆、阵列等命令绘制排风扇，并存储为图块。如图5-15所示。

14）在“0”层中使用直线、复制等命令绘制3根导线连接符号，并存储为图块。如图5-16所示。

15）在“0”层中使用直线、圆、图案填充、多线段等命令绘制垂直通过配线符号，并存储为图块。如图5-17所示。

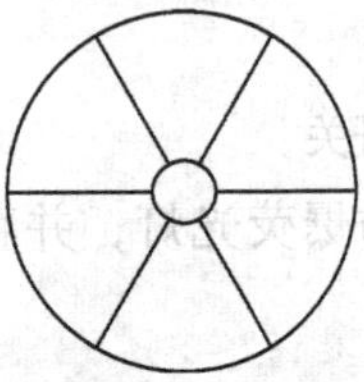

图5-15　排风扇

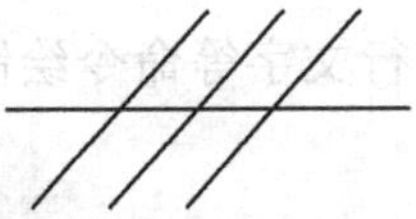

图5-16　3根导线连接符号

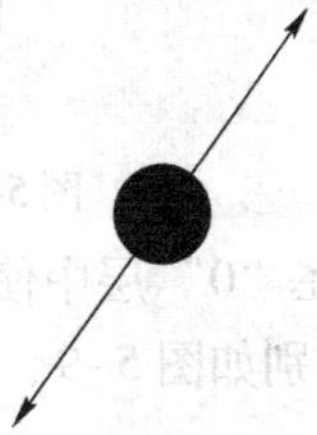

图5-17　垂直通过配线

16）单击【图层控制】下拉菜单，设置“定位轴线”层为当前层。在此层中绘制定位轴线，完成后的效果如图5-18所示。

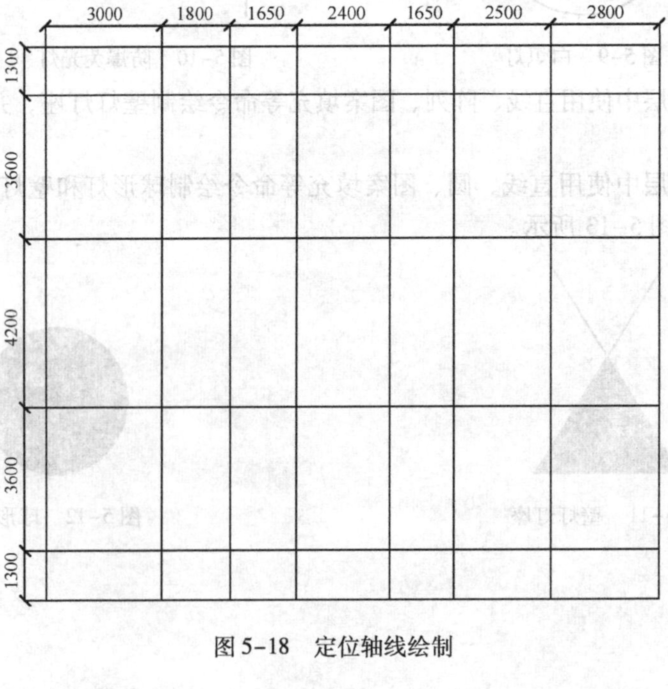

图5-18　定位轴线绘制

17）单击【图层控制】下拉菜单，设置“建筑平面图”层为当前层。在此层中利用多线命令绘制墙体、门窗，墙体的厚度按实际厚度绘制，较厚的墙体（承重墙）采用的厚度为240，阳台、非承重墙等采用的厚度为120，对于门窗类采用的厚度为80。步骤如下。

① 执行多线命令，绘制多线，设置多线比例为240，无对正，样式为“STANDARD”，其位置效果如图5-19所示。

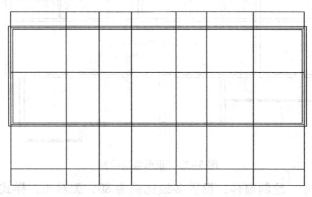

图5-19　多线绘制

② 执行多线命令，绘制周边多线，设置多线比例为240，无对正，样式为“STANDARD”，如图5-20所示。

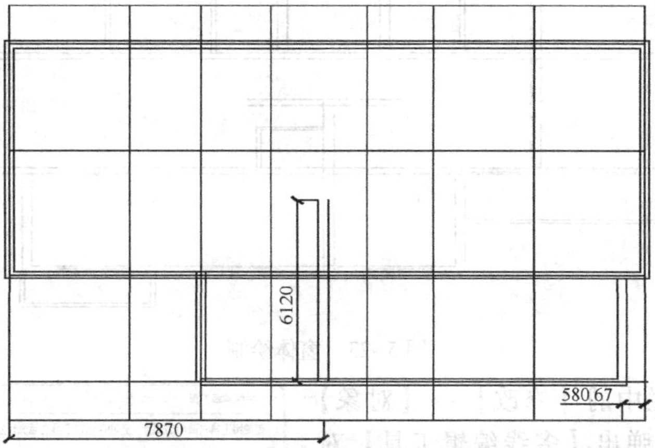

图5-20　周边多线绘制

③ 执行多线命令，绘制内部多线，完成承重墙，设置多线比例为240，无对正，样式为“STANDARD”，如图5-21所示（关闭“定位轴线”层）。

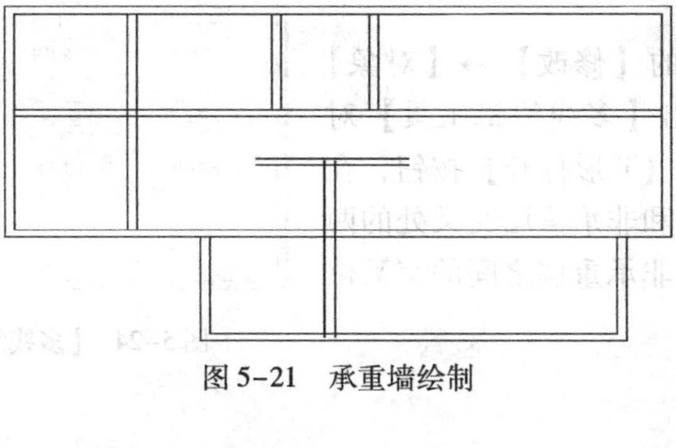

图5-21　承重墙绘制

④ 执行多线命令，绘制内部多线，完成非承重墙，设置多线比例为120，无对正，样式为“STANDARD”，如图5-22所示（关闭“定位轴线”层）。

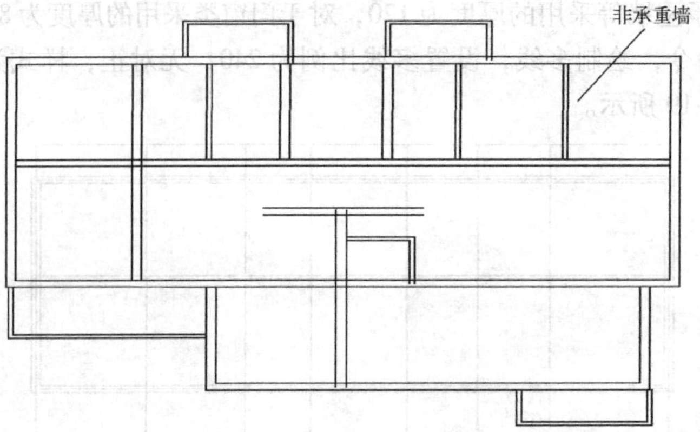

图5-22　非承重墙绘制

⑤ 执行多线命令，绘制窗体，设置多线比例为80，无对正，样式为“STANDARD”，如图5-23所示（关闭“定位轴线”层）。

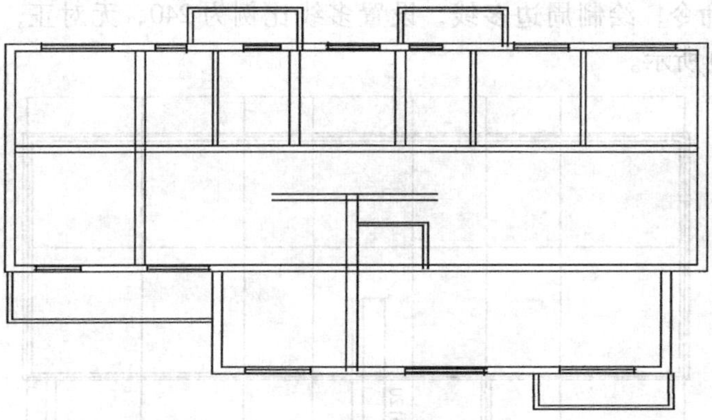

图5-23　窗体绘制

⑥ 执行菜单栏中的【修改】→【对象】→【多线】命令，弹出【多线编辑工具】对话框，如图5-24所示。单击对话框中的【T形打开】按钮，在图中捕捉图形中承重墙交叉处的两条多线，编辑承重墙之间的交叉位置。如图5-25所示。

⑦ 执行菜单栏中的【修改】→【对象】→【多线】命令，弹出【多线编辑工具】对话框，单击对话框中的【T形打开】按钮，在图中捕捉图形中承重墙和非承重墙交叉处的两条多线，编辑承重墙与非承重墙之间的交叉位置。如图5-26所示。

图5-24　【多线编辑工具】对话框

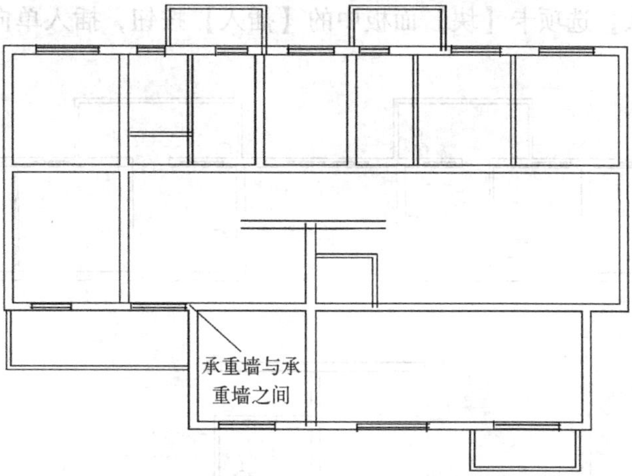

图 5-25　编辑承重墙之间的交叉位置

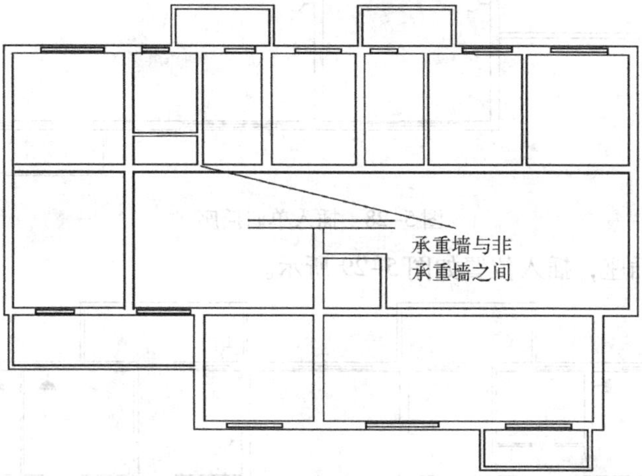

图 5-26　编辑承重墙与非承重墙之间的交叉位置

⑧ 执行菜单栏中的【常用】→【绘图】→【直线】命令，在图中绘制出过道和门的轮廓，并利用修剪命令修剪图中多余的轮廓线，修剪出图中的门洞，完成后的效果如图 5-27 所示。

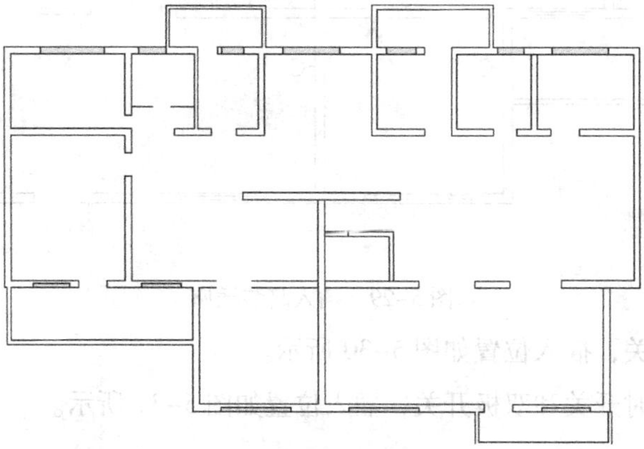

图 5-27　修剪门洞

18）单击【插入】选项卡【块】面板中的【插入】按钮，插入单向插座，插入位置如图 5-28 所示。

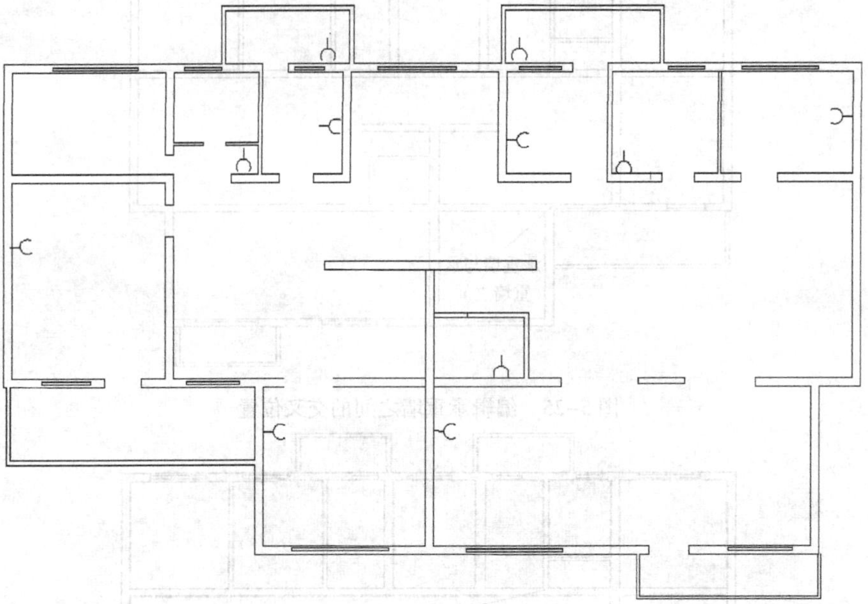

图 5-28　插入单向插座

19）插入暗装插座，插入位置如图 5-29 所示。

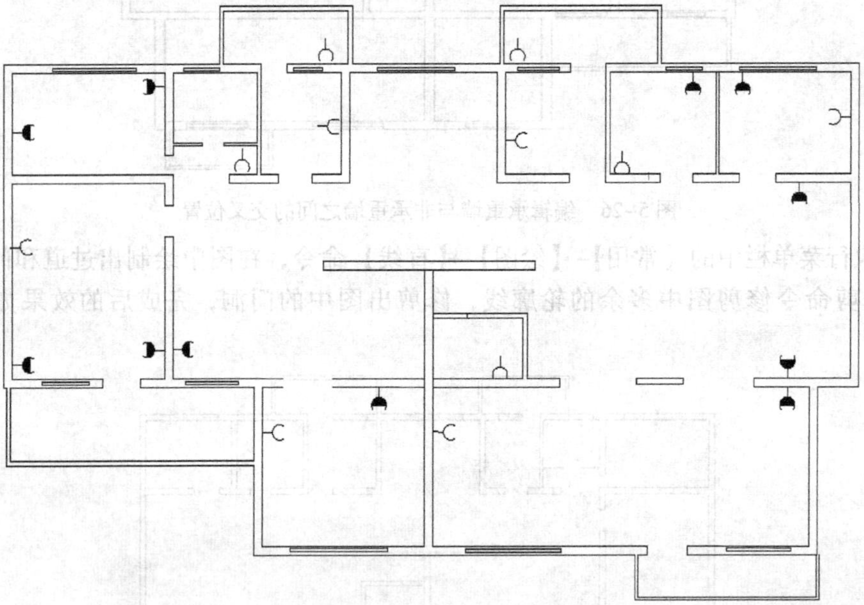

图 5-29　插入暗装插座

20）插入单极开关，插入位置如图 5-30 所示。

21）插入单极限时开关和双极开关，插入位置如图 5-31 所示。

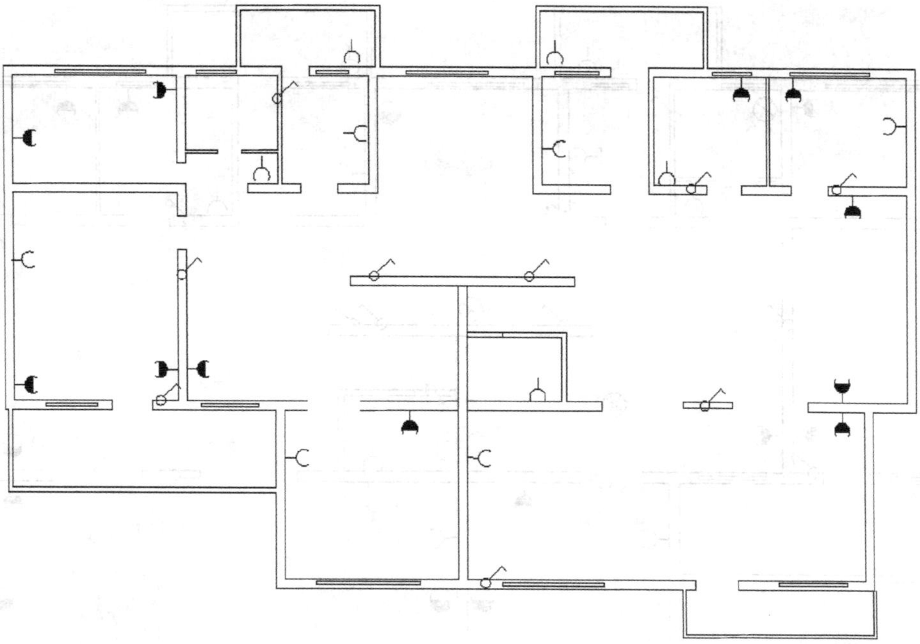

图 5-30　插入单极开关

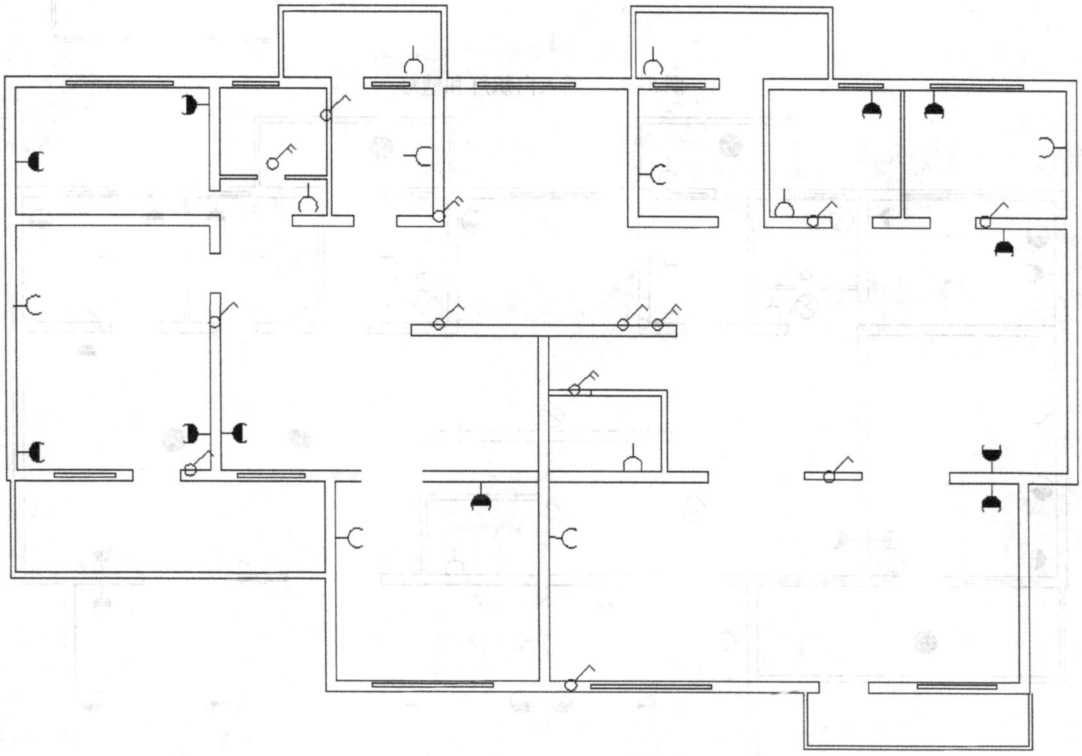

图 5-31　插入单极限时开关和双极开关

22）插入白炽灯和壁灯，插入位置如图 5-32 所示。

23）插入防爆荧光灯和球形灯，插入位置如图 5-33 所示。

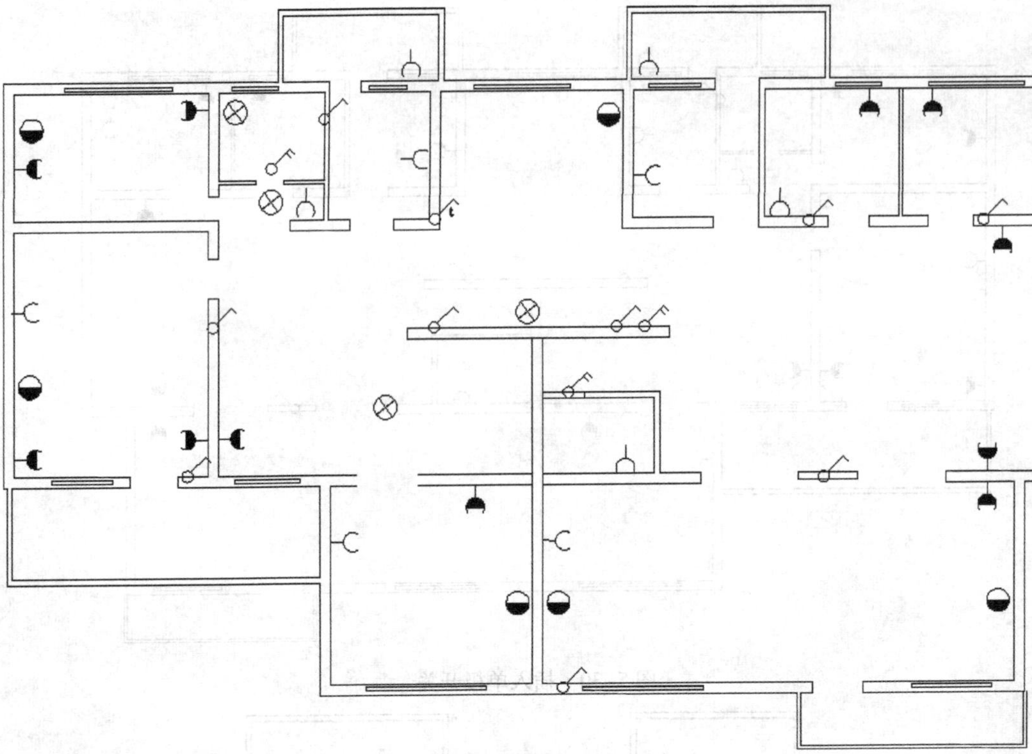

图 5-32　插入白炽灯和壁灯

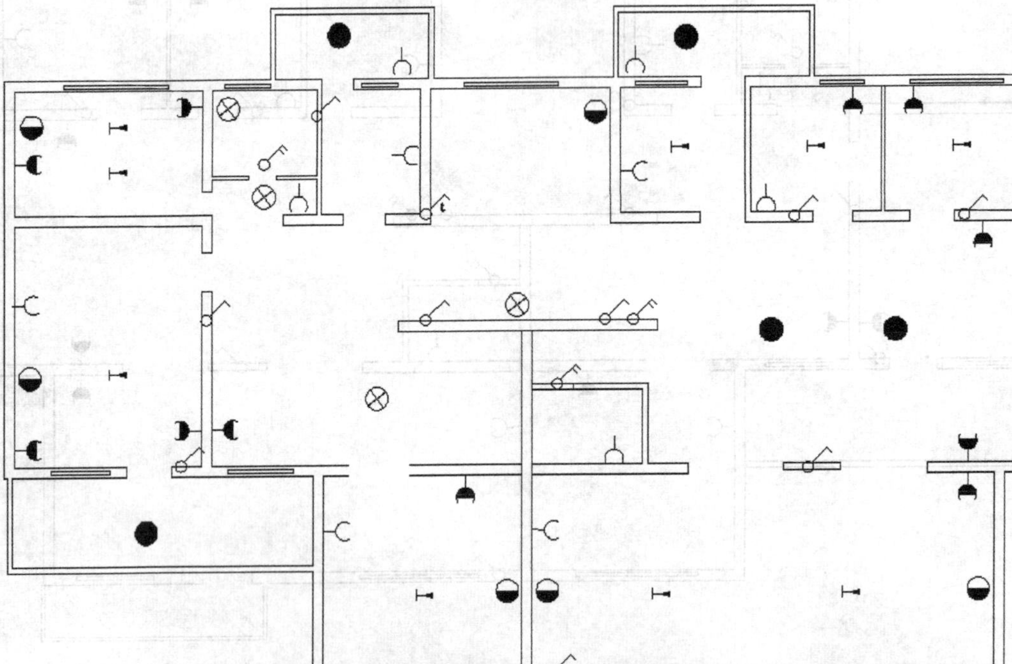

图 5-33　插入防爆荧光灯和球形灯

24）插入风扇、排风扇、壁灯灯座，插入位置如图 5-34 所示。至此完成电气元件的插入。

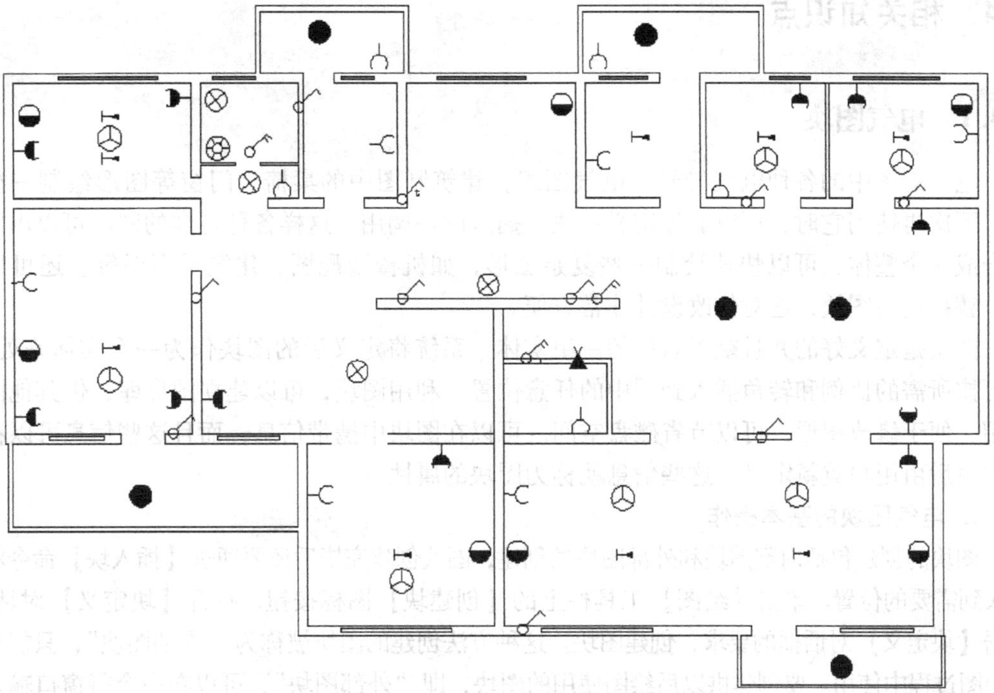

图 5-34　插入风扇、排风扇、壁灯灯座

25）单击【图层控制】下拉菜单，设置“导线”层为当前层。用直线命令绘制导线，连接图中各元器件之间的导线，完成后的效果图如图 5-35 所示。

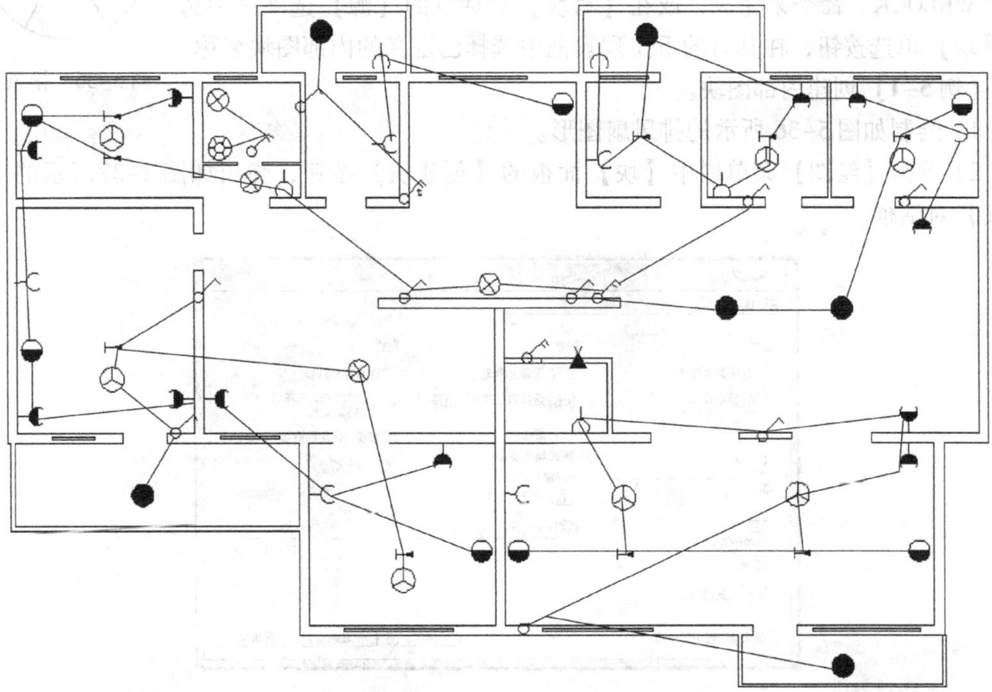

图 5-35　连接导线图

5.4 相关知识点

5.4.1 电气图块

电气制图中的各种电气符号、电气图组，建筑制图中的桌椅、门窗等图形绘制一次即可，下次再使用它时，可以通过定义图块，插入图块调用。这样各种各样的图形可以由图块结合成一个整体，可以快速绘制一些复杂图形，如机械装配图、建筑平面图等。还可以删除、替换这些图块，这对修改设计非常方便。

图块是定义好的并且赋予名称的一组实体，系统将定义后的图块作为一个实体来处理，并可按所需的比例和转角插入到图中的任意位置。利用图块，可以建立图形库，供其他图形使用，便于修改图形，可以节省磁盘空间。可以在图块中携带信息，而且这些信息可以在插入图块后由用户重新定义，这些信息就称为图块的属性。

1. 电气图块的基本操作

图块的创建包括内部图块和外部图块的创建，图块创建完毕后还要通过【插入块】命令将块插入到需要的位置。单击【绘图】工具栏上的【创建块】图标按钮，打开【块定义】对话框，根据【块定义】对话框的要求，创建图块。这种方法创建的图块被称为“内部图块”，只能在本次绘图过程中使用。要创建供以后绘图使用的图块，即“外部图块”，可以在命令行窗口输入命令“WBLOCK”，将所创建的图块以图形文件的形式保存在计算机中，作为供外部引用的外部图块。这样的图形文件与其他图形文件一样可以打开、编辑和插入。如果想要将内部图块保存在计算机中供其他图形调用，也可用“WBLOCK”命令来完成，或在【写块】对话框的【源】选项区中选中【块】单选按钮，在其后的下拉列表框中选择已定义的内部图块名称。

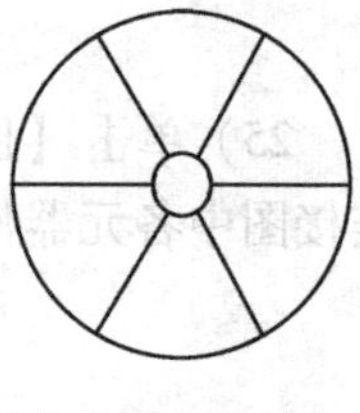

图 5-36　排风扇

【例 5-1】创建内部图块。

1）绘制如图 5-36 所示的排风扇图形。

2）单击【绘图】菜单栏中【块】面板的【创建块】按钮，弹出如图 5-37所示的【块定义】对话框。

图 5-37 【块定义】对话框

3）在如图 5-37 所示的对话框中，输入【名称】为“排风扇”；单击【选择对象】按钮，选择如图 5-36 所示的排风扇；单击【拾取点】按钮，选择排风扇的顶点为拾取点，此时的对话框如图 5-38 所示。

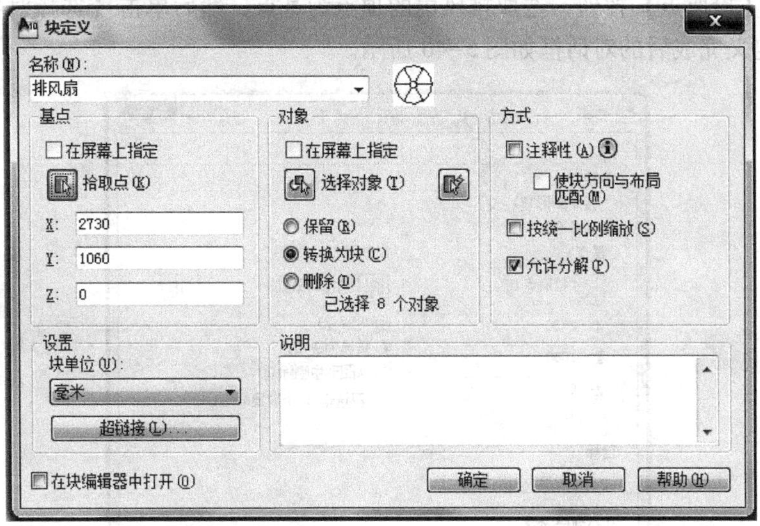

图 5-38 【块定义】对话框

4）单击【确定】按钮，即可定义内部图块。块定义后，在排风扇上单击，可以选中整个图形，说明块的定义已经成功。

【例 5-2】创建外部图块。

1）在命令行中输入命令“WBLOCK”或“W”，并按〈Enter〉键，弹出如图 5-39 所示的【写块】对话框。

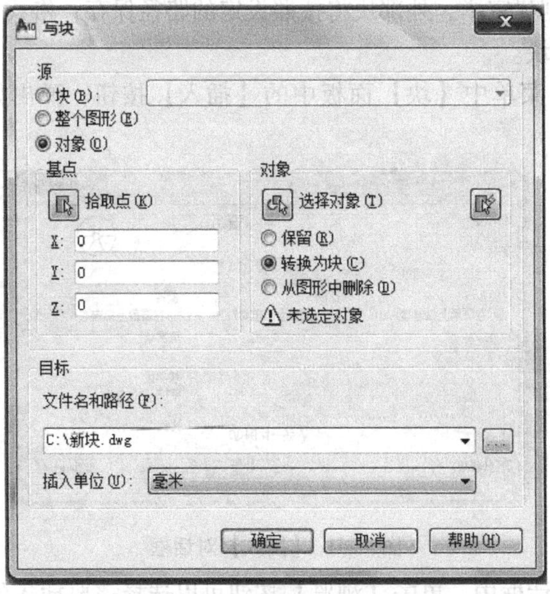

图 5-39 【写块】对话框

2）在【源】选项区中选择【对象】单选按钮，然后选择如图 5-36 所示的排风扇。如果选择“块”单选按钮，则以内部块为源对象创建外部块，如果选择“整个图形”单选按钮，则将整个图形创建为外部块。

3）单击【拾取点】按钮，选取排风扇的顶点为基点，然后单击【选择对象】按钮，选择排风扇，定义完成后的对话框如图 5-40 所示。

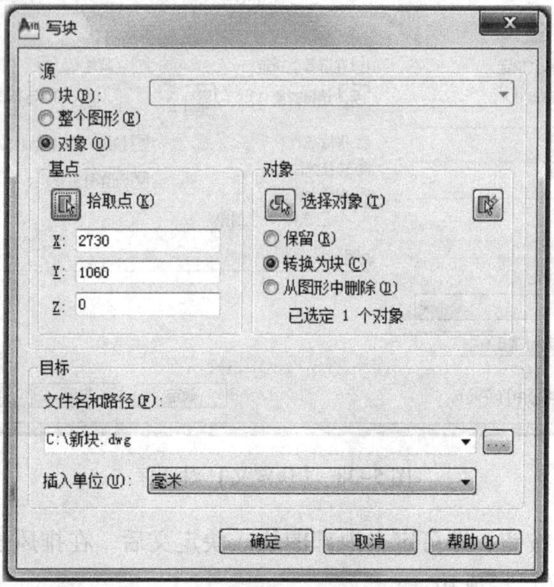

图 5-40　定义完成后的【写块】对话框

4）可以在【文件名和路径】中修改文件名和文件的保存位置，然后单击【确定】按钮，此时会弹出【写块预览】对话框，此对话框一闪就消失。

此时整个外部块创建完毕，外部块将按照设定的路径保存，格式为 . dwg 格式。

【例 5-3】 插入图块。

1）单击【插入】菜单中【块】面板中的【插入】按钮，弹出如图 5-41 所示的【插入】对话框。

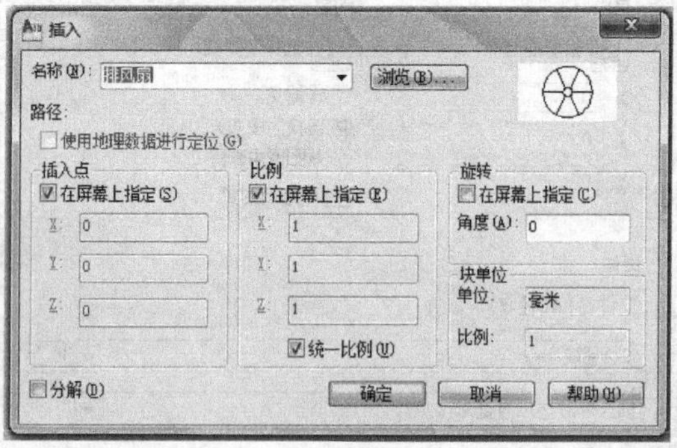

图 5-41　【插入】对话框

2）在【插入】对话框中，单击【浏览】按钮可以选择需要插入的图块，在此选择排风扇图块。

3）在【插入】对话框中，可以设定插入的比例、旋转角度以及块单位等，设置完成后，单击【确定】按钮，在图形需要的位置处插入图块。

2. 电气图块的属性操作

在 AutoCAD 2010 中，除了可以创建普通图块外，还可以创建具有附加属性的块。属性的值可以是可变的，也可以是不可变的。在插入一个带有属性的块时，AutoCAD 2010 会提醒输入可变的属性值。

（1）定义图块属性

在 AutoCAD 2010 中绘制电气图时，轴线编号是最常用的一个图块，但轴线的编号是可变的，这时可以创建带有属性的块，具体的步骤如下。

1）在图形中绘制轴线和轴线圈，如图 5-42 所示。

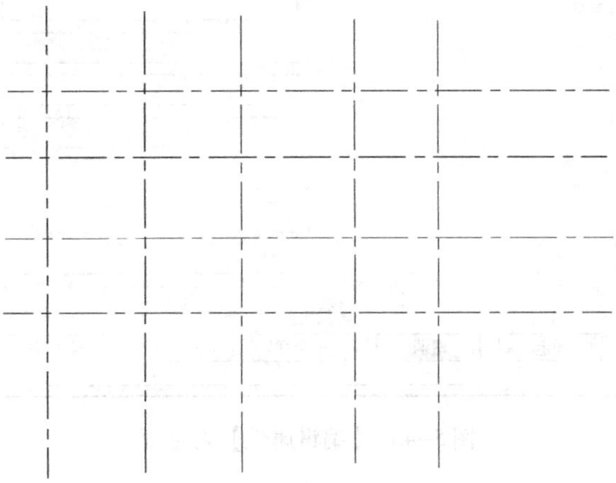

图 5-42　绘制轴线和轴线圈

2）单击【绘图】选项卡【块】面板中的【定义属性】按钮，弹出如图 5-43 所示的【属性定义】对话框，定义完成后的效果如图 5-44 所示。

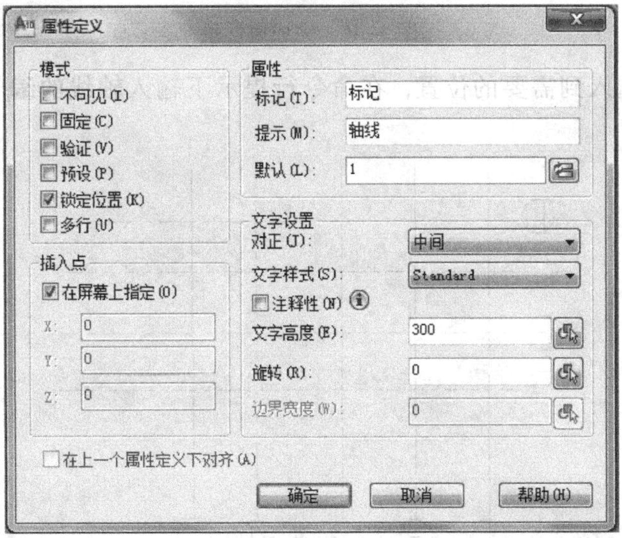

图 5-43　【属性定义】对话框

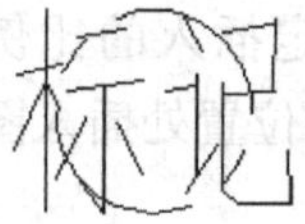

图 5-44　完成属性定义

3）用前面所述的定义块的方法定义块，所不同的是在块参数输入完后，会弹出如图 5-45 所示的【编辑属性】对话框，可以修改默认值，然后单击【确定】按钮即可，属性块建立完成后如图 5-46 所示。

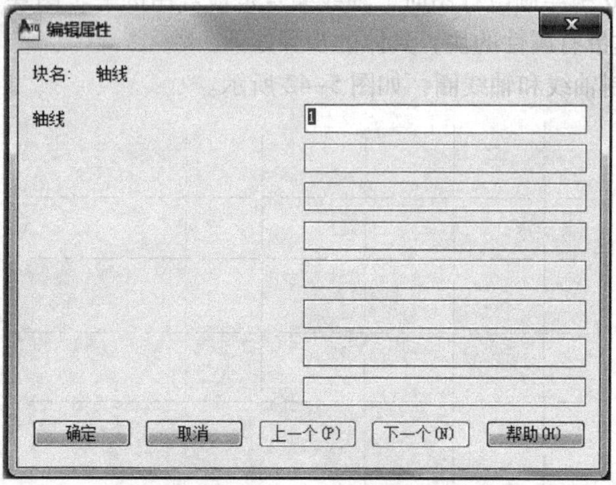

图 5-45　【编辑属性】对话框

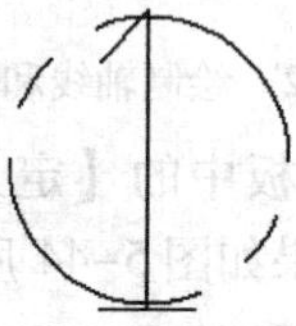

图 5-46　完成属性块

4）将属性块插入到需要的位置，在命令行提示下输入轴线的编号，结果如图 5-47 所示。

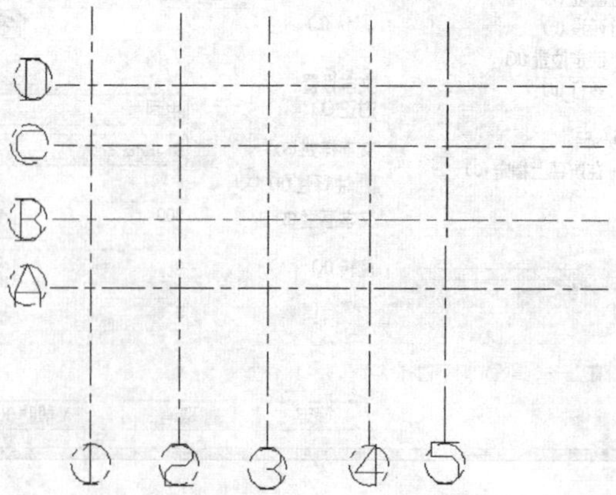

图 5-47　完成轴线编号

（2）编辑图块属性

编辑图块属性的方法主要有以下两种。

1）在命令行中输入“EATTEDIT”或“DDEDIT”命令。

2）在要修改的块上双击鼠标。

执行上述命令后会弹出如图 5-48 所示的【增强属性编辑器】对话框，在【属性】选项卡下可以修改图中的标记值。

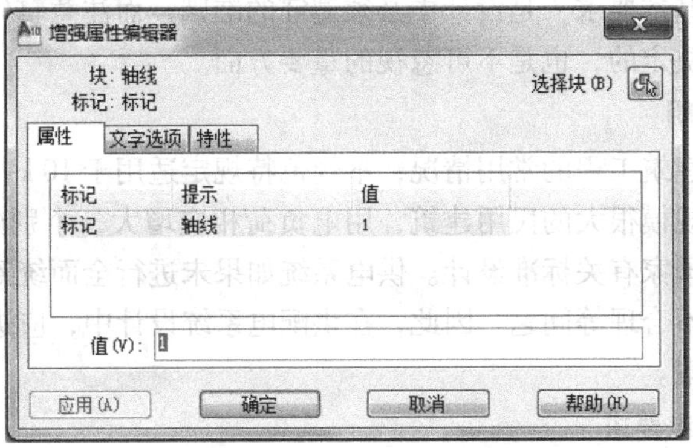

图 5-48【增强属性编辑器】对话框

在如图 5-49 所示的【文字选项】选项卡中可以设置文字的样式等，在如图 5-50 所示的【特性】选项卡中可以更改线型、颜色等。

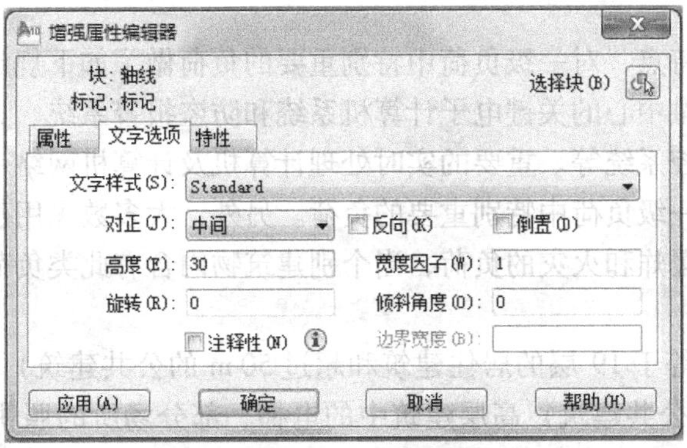

图 5-49 【文字选项】选项卡

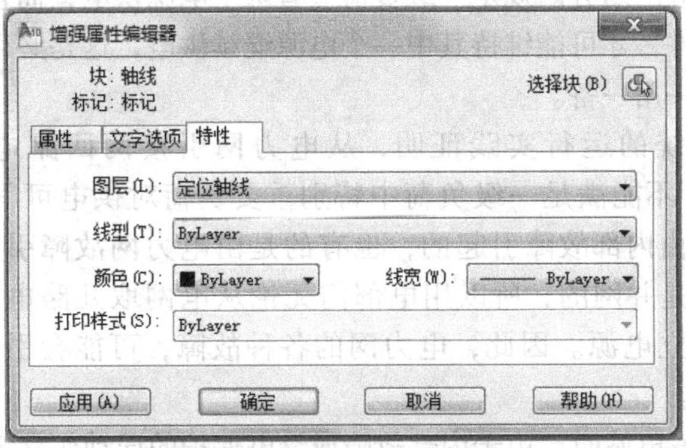

图 5-50 【特性】选项卡

5.4.2 民用建筑电气通用规范

民用建筑电气已成为现代建筑的一个重要组成部分，社会对建筑电气工程技术人员的需求也越来越多。民用建筑电气设计不仅涉及很多领域的专业技术问题，而且要体现国家的基本方针和政策。针对不同的工程项目，保证电气设施运行满足安全可靠、经济合理、技术先进、维护管理方便等基本要求，是设计中必须遵守的准则；而注意整体美观，则是由民用建筑设计的固有特性所决定的，也是不可忽视的重要方面。

1. 供配电系统说明

为适应一般民用建筑工程的常用情况，本规范特规定适用于 10 kV 及以下电压等级的供配电系统。对于一些规模很大的民用建筑，用电负荷相应增大，个别建筑物内部设有 35 kV 等级的变电所，应按国家有关标准设计。供电系统如果未进行全面统筹规划，将会产生能耗大、资金浪费及配置不合理等问题。因此，在供配电系统设计中，应进行全面规划，确定合理可行的供电系统方案。

2. 负荷分级及供电要求

根据电力负荷因事故中断供电造成的损失或影响的程度，区分其对供电可靠性的要求，进行负荷分级。损失或影响越大，对供电可靠性的要求越高。电力负荷分级的意义在于正确地反映它对供电可靠性要求的界限，以便根据负荷等级采取相应的供电方式，提高投资的经济效益和社会效益。

根据民用建筑的特点，对一级负荷中特别重要的负荷做了如下规定。一级负荷中特别重要的负荷包括大型金融中心的关键电子计算机系统和防盗报警系统、大型国际比赛场馆的计时和记分系统以及监控系统等。重要的实时处理计算机及计算机网络一旦中断供电将会丢失重要数据，因此列为一级负荷中特别重要的负荷。另外，大多数民用建筑中通常不含有当中断供电将发生中毒、爆炸和火灾的负荷，当个别建筑物内含有此类负荷时，应列为一级负荷中特别重要的负荷。

对于一类（大于等于 19 层的居住建筑和超过 50 m 的公共建筑）和二类（10 ~ 18 层居住建筑和低于 50 m 的公共建筑）高层建筑中的电梯、部分场所的照明、生活用水泵等用电负荷，如果中断供电将影响全楼的公共秩序和安全，对用电可靠性的要求明显提高，因此对其符合的级别做了相应的划分。规定一级负荷应有两个电源供电，而且不能同时损坏。因为只有满足这个基本条件，才可能维持其中一个电源继续供电，这是必须满足的要求。两个电源宜同时工作，也可一用一备。

近年来，供电系统的运行实践证明，从电力网引接两回路电源进线加备用自投（BZT）的供电方式，不能满足一级负荷中特别重要负荷对供电可靠性及连续性的要求，有的全部停电事故是由内部故障引起的，也有的是由电力网故障引起的。由于地区大量电网在主网电压上部是并网的，所以用电部门无论从电网取几路电源进线，也无法得到严格意义上的两个独立电源。因此，电力网的各种故障，可能会引起全部电源进线同时失电，造成停电事故。

当电网设有自备发电站时，由于内部故障或继电保护的误动作交织在一起，可能造成自备电站电源和电网均不能向负荷供电的事故。因此，正常与电网并列运行的自备电站，一般不宜作为应急电源使用。对一级负荷中特别重要的负荷，需要由与电网不并列的、独立的应急电源供电。禁止应急电源与工作电源并列运行，目的在于防止工作电源故障时可能拖垮应急电源。

多年来供电系统实际运行表明，电气故障是无法限制在某个范围内的，电力企业难以确保供电不中断。因此，应急电源应是与电网在电气上独立的各种电源，例如蓄电池、柴油发电机等。为了保证对一级负荷中特别重要负荷供电的可靠性，须严格界定负荷等级，并严禁将其他负荷接入应急电源系统。

对二级负荷的供电方式。由于二级负荷停电影响较大，因此宜由两回线路供电，供电变压器也宜选两台（两台变压器可不在同一变电所）。只有当负荷较小或地区供电条件困难时，才允许由一回 6 kV 及以上的专用架空线或电缆供电。当线路自上一级配电所用电缆引出时，必须采用两根电缆组成的电缆线路，每根电缆应能承受二级负荷的 100%，且互为热备用。

3. 电源及供配电系统

供配电线路宜深入负荷中心，将配电所、变电所及变压器靠近负荷中心的位置，可降低电能损耗，提高电压质量，节省线材，这是配电系统设计时的一条重要原则。

长期的运行经验表明，用电单位在一个电源检修事故的同时，另一电源又发生事故的情况极少，且这种事故多数是由于误操作造成的，因此可通过加强维护管理，健全必要的规章制度来解决。

电力系统所属大型电厂，其单位功率的投资少，发电成本低，而用电单位一般的自备中小型电厂则相反，故只有在条文规定的情况下，才宜设置自备电源。

两回路电源线路采用同级电压，可以互相备用，提高设备利用率，如能满足一级和二级负荷用电要求时，也可以采用不同电压供电。

如果供电系统接线复杂，配电层次过多，不仅管理不便，操作繁复，而且由于串联元件过多，因元件故障和操作错误而产生事故的可能也随之增加，所以复杂的供电系统可靠性并不一定高。配电级数过多，继电保护整定时限的级数也随之增多，而电力系统容许继电保护的时限级数对 10 kV 来说正常情况下也只限于两级，如配电级数出现三级，则中间一级势必要与下一级或上一级之间无选择性。

配电系统采用放射式，则供电可靠性高，便于管理，但线路和开关柜数量增多，而对于供电可靠性要求较低者可采用树干式，线路数量少，可节约投资。负荷较大的高层建筑，多含二级和一级负荷，可用分区树干式或环式，以减少配电电缆线路和开关柜数量，从而相应的少占电缆竖井和高压配电室的面积。

4. 应急电源

应急电源与正常电源之间必须采取可靠措施防止并列运行，目的在于保证应急电源的专用性，防止正常电源系统故障时应急电源向正常电源系统负荷送电而失去作用。例如，应急电源原动机的起动命令必须由正常电源主开关的辅助接点发出，而不是由继电器的接点发出，因为继电器有可能误动作而造成与正常电源误并网。

应急电源类型的选择应根据一级负荷中特别重要负荷容量、允许中断供电的时间以及要求的电源为交流或直流等条件来进行。

由于蓄电池装置供电稳定、可靠、切换时间短，因此对于允许停电时间为毫秒级、容量不大且可采用直流电源的特别重要负荷，可由蓄电池装置作为应急电源。如果特别重要负荷要求交流电源供电，且容量不大的，可采用 UPS 静止型不间断供电装置（通常使用与计算机等电容性负载）。

对于应急照明负荷，可采用 EPS 应急电源（通常适用于电感及阻性负载）供电。

如果特别重要负荷中有需驱动的电动机负荷，起动电流冲击较大，但允许停电时间为 30 s 以内的，可采用快速自起动的柴油发电机组，这是考虑它的自启动时间一般为 10 s 左右。对于带有自动投入装置的独立于正常电源的专门馈电线路，考虑其自投装置的动作时间，适用于允许中断供电时间大于电源切换时间的供电。

5. 电压选择和电能质量

各种用电设备对电压偏差都有一定要求。如果电压偏差超过允许值，将导致电动机达不到额定输出功率，增加运行费用，甚至性能变差、降低使用寿命。照明器端电压的电压偏差超过允许值时，将使照明器的寿命降低或光通量降低。为使用电设备正常运行，同时延长其使用寿命，设计供配电系统时，应验算用电设备的电压偏差。

5.5 提高练习

1. 绘制如图 5-51 所示配电干线平面图。

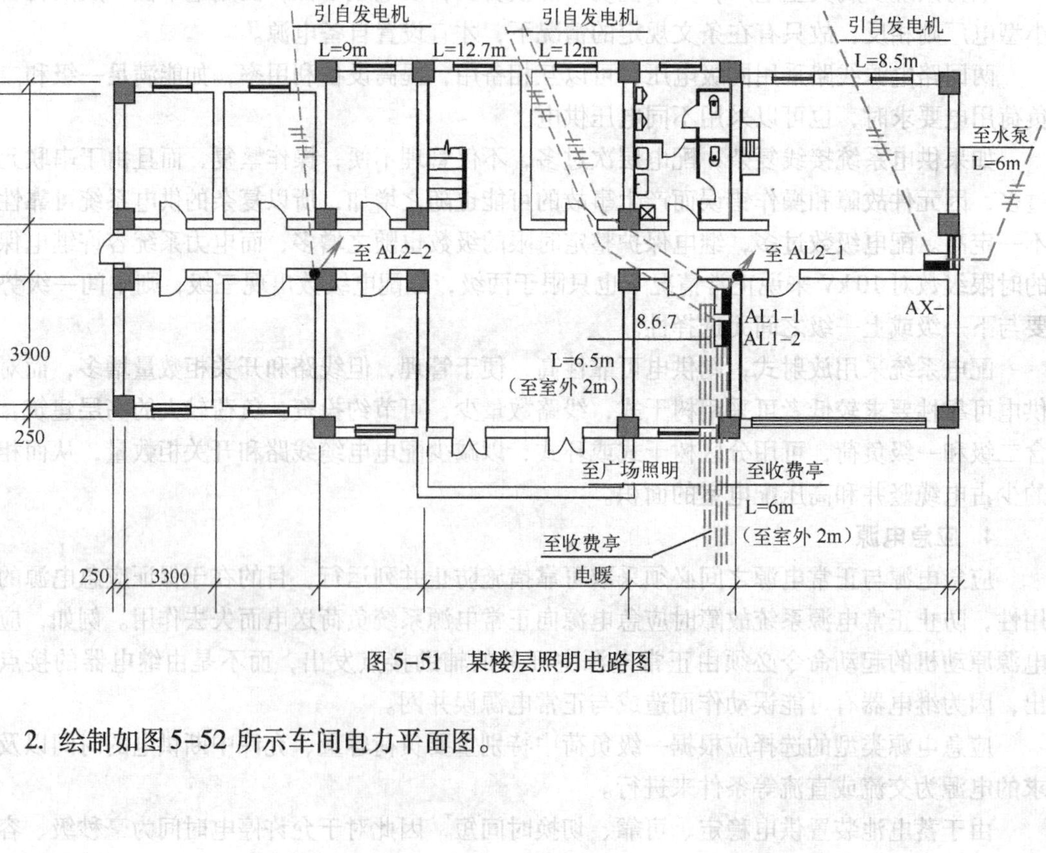

图 5-51 某楼层照明电路图

2. 绘制如图 5-52 所示车间电力平面图。

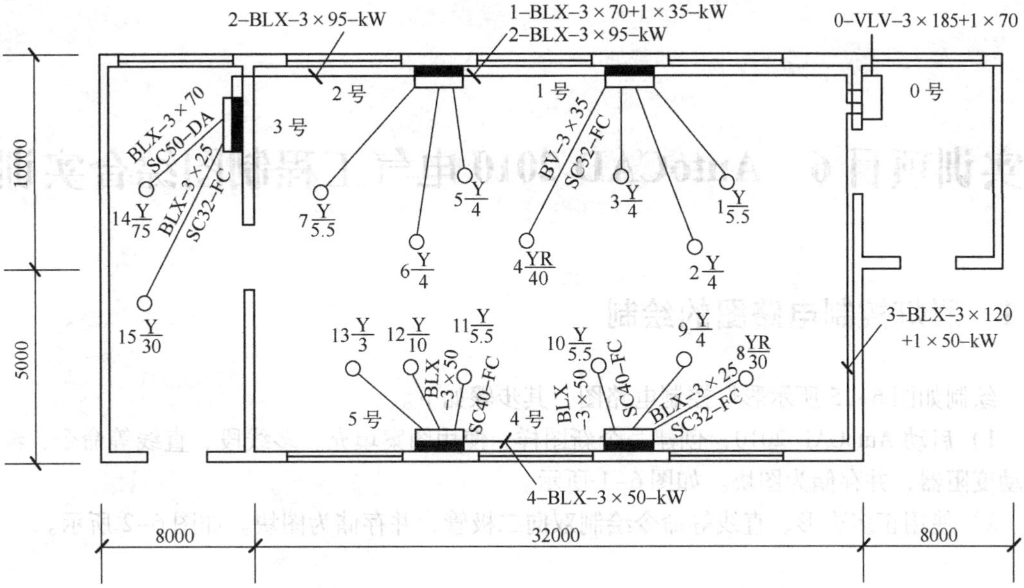

图 5–52　某车间电力平面图

实训项目6　AutoCAD 2010电气工程制图综合实训

6.1　彩灯控制电路图的绘制

绘制如图6-15所示彩灯控制电路图，其步骤如下。

1）启动AutoCAD 2010，创建一个新图样，使用图案填充、多线段、直线等命令，绘制滑动变阻器，并存储为图块。如图6-1所示。

2）使用正多边形、直线等命令绘制双向二极管，并存储为图块。如图6-2所示。

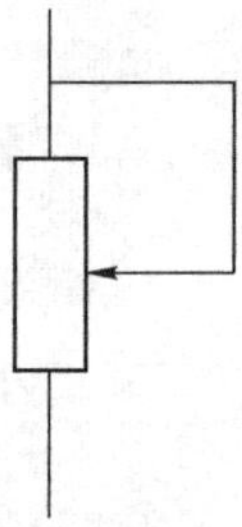

图6-1　滑动变阻器

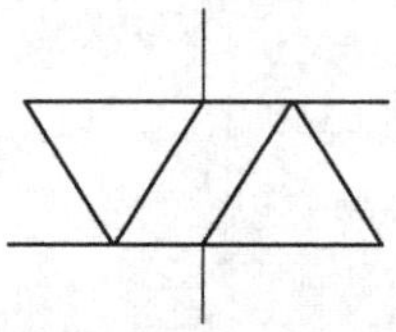

图6-2　双向二极管

3）使用矩形、直线、多线段、插入、分解、复制、修剪等命令绘制光耦合器，并存储为图块。如图6-3所示。

4）使用直线、矩形、多线段、复制、插入等命令绘制光敏电阻，并存储为图块。如图6-4所示。

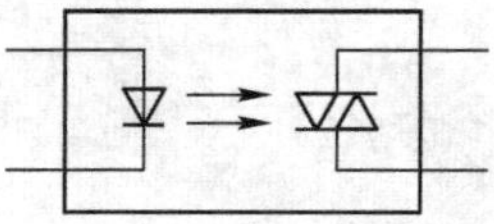

图6-3　光耦合器

图6-4　光敏电阻

5）使用矩形命令绘制矩形，完成后的效果如图6-5所示。

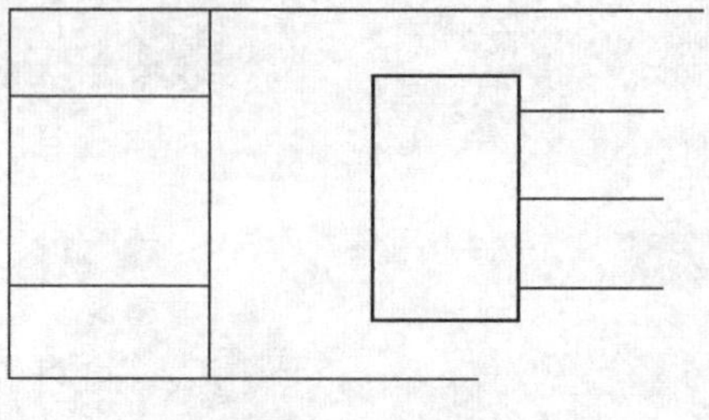

图6-5　矩形图

6）单击【插入】选项卡的【块】面板中的【插入】按钮，弹出【插入】对话框，在【名称】下拉列表中选择【光耦合器】，单击【确定】按钮，输入比例为1，完成后的效果如图6-6所示。

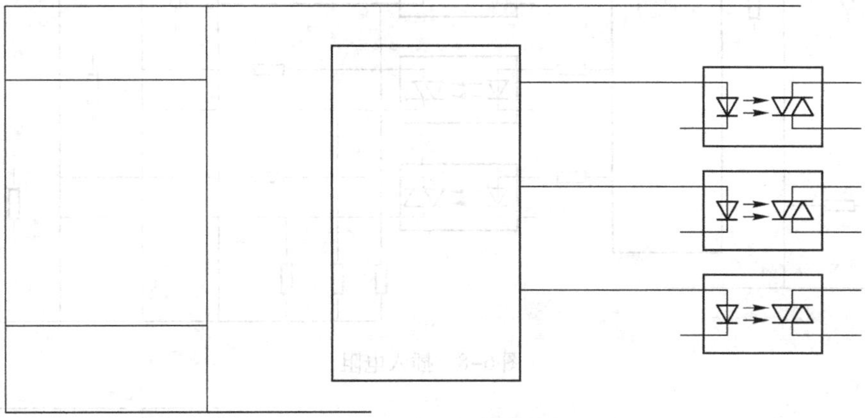

图6-6　插入光耦合器

7）使用直线、偏移命令绘制主参照线，完成后的效果如图6-7所示。

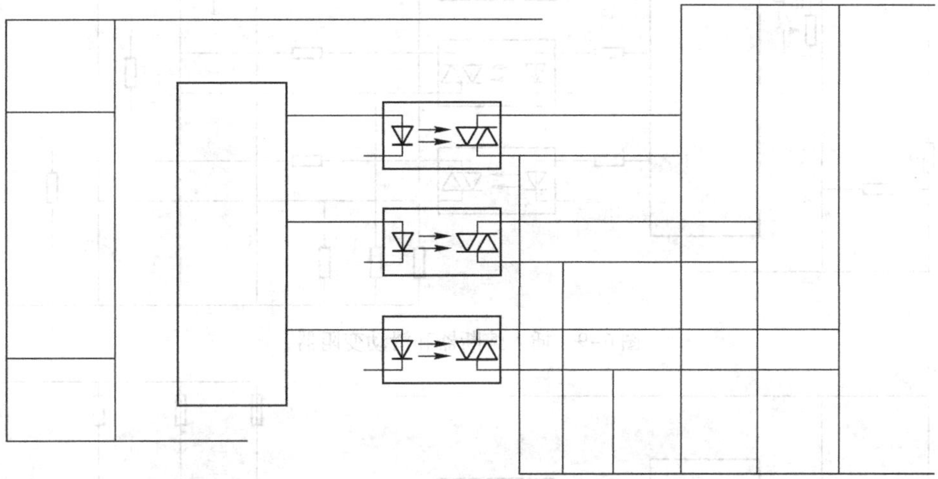

图6-7　绘制主参照线

8）单击【插入】选项卡【块】面板中的【插入】按钮，弹出【插入】对话框，在【名称】下拉列表中选择【电阻】，单击【确定】按钮，输入比例为1，完成后的效果如图6-8所示。

9）使用插入命令，插入熔断器和滑动变阻器，完成后的效果如图6-9所示。

10）使用插入命令，插入二极管和双向二极管，完成后的效果如图6-10所示。

11）使用插入命令，插入电灯、光敏电阻、晶体管和开关，完成后的效果如图6-11所示。

12）使用插入命令，插入电容器，完成后的效果如图6-12所示。

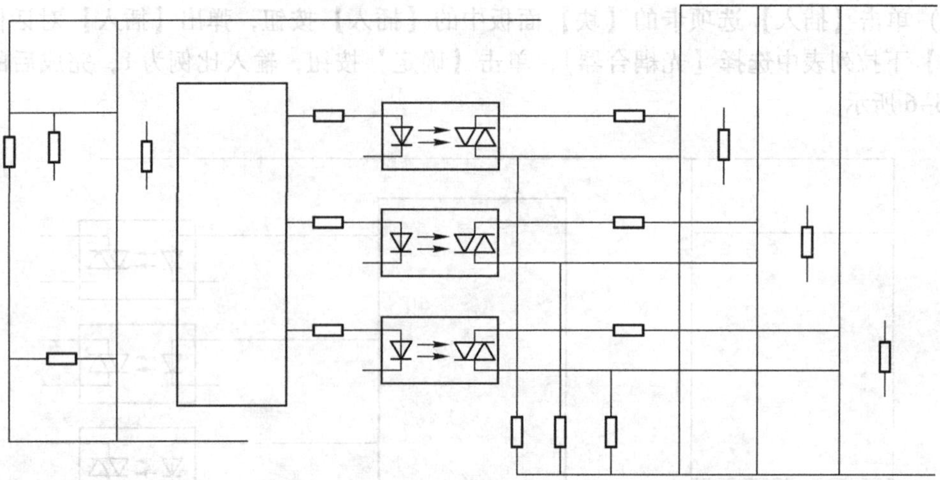

图 6-8　插入电阻

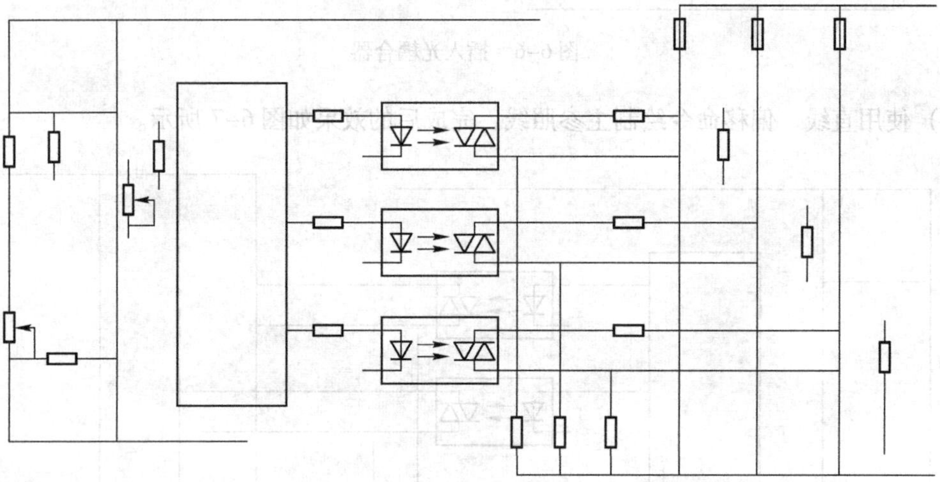

图 6-9　插入熔断器和滑动变阻器

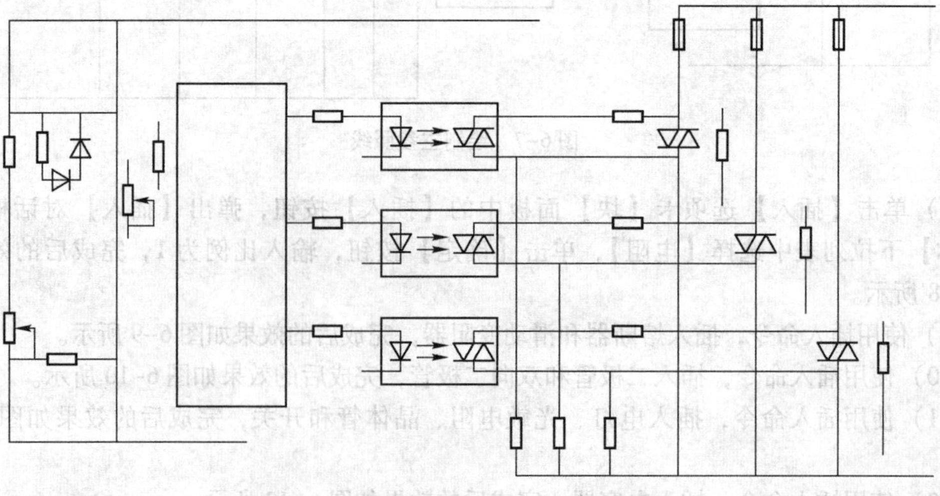

图 6-10　插入二极管和双向二极管

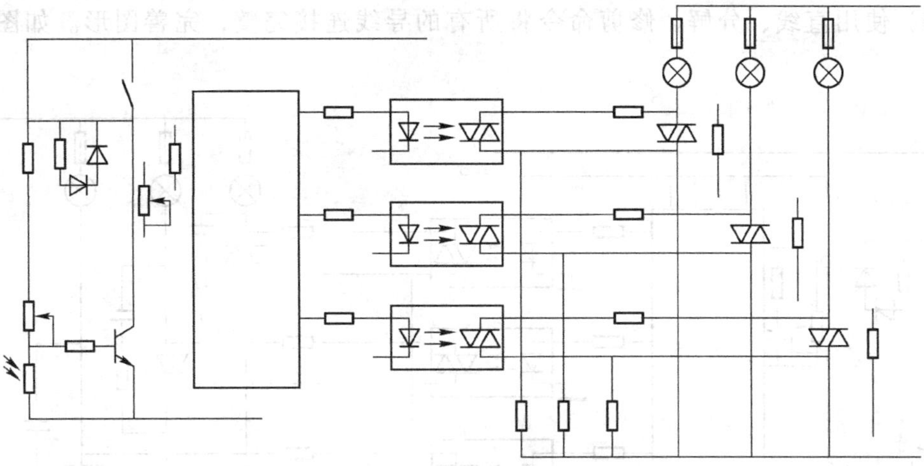

图 6-11　插入电灯、光敏电阻、晶体管、开关

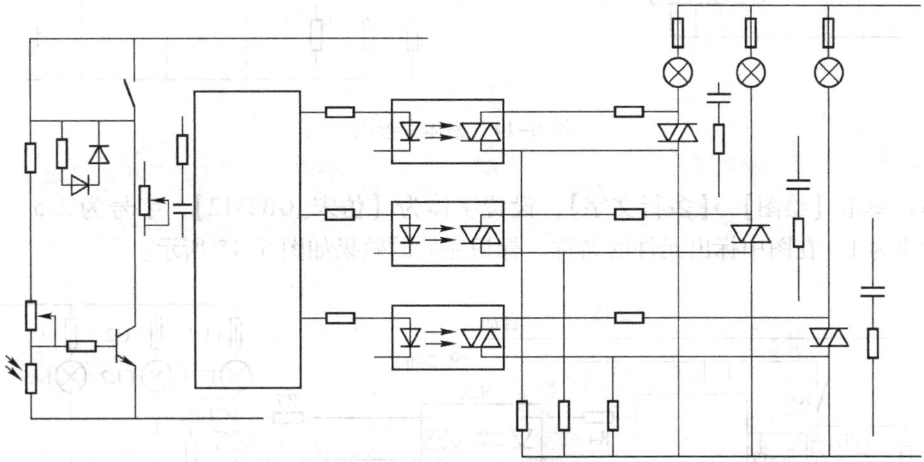

图 6-12　插入电容器

13）单击【常用】选项卡【修改】面板中的【移动】按钮，将部分元件移动到适当位置。

14）使用矩形、圆命令绘制连接端口，如图 6-13 所示。

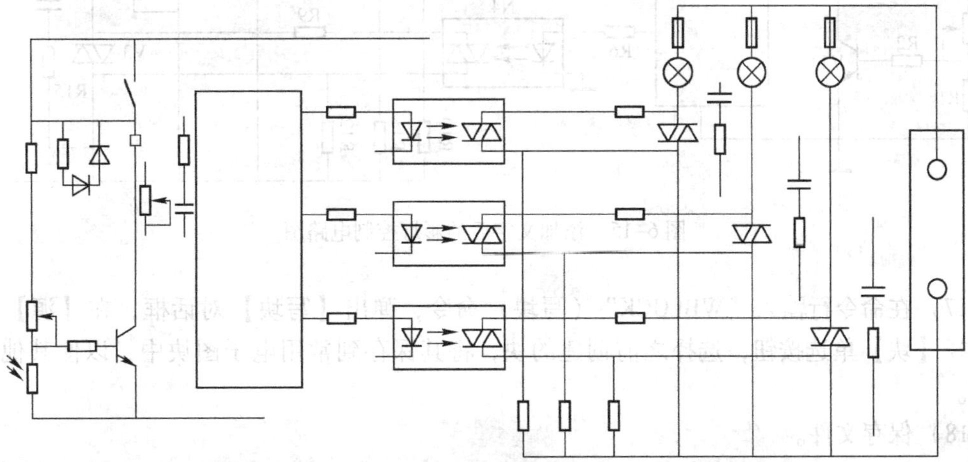

图 6-13　绘制连接端口

15）使用直线、分解、修剪命令将所有的导线连接完整，完善图形。如图 6-14 所示。

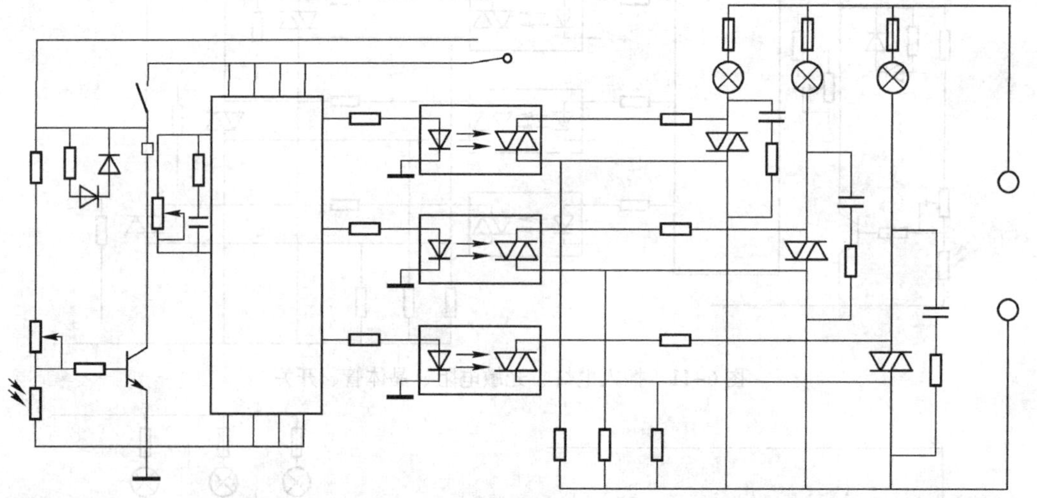

图 6-14　整体完善图

16）单击【绘图】→【多行文字】，设置字体为【仿宋_GB2312】，字号为 2.5，下标文字的大小为 1，在图中标出元件的名称。标识完后的效果如图 6-15 所示。

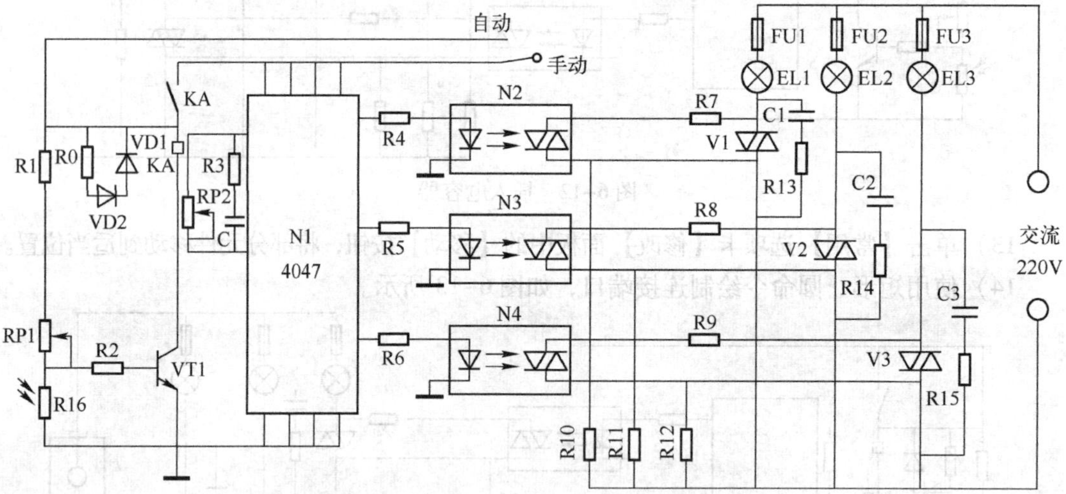

图 6-15　添加文字后的彩灯控制电路图

17）在命令行输入“WBLOCK”（写块）命令，弹出【写块】对话框，在【源】选项区选择【块】单选按钮，选择之前创建的块，将其保存到常用电子图块中，以便其他文件调用。

18）保存文件。

6.2 水温控制电路图的绘制

绘制如图 6-26 所示水温控制电路图，其步骤如下。

1）启动 AutoCAD 2010，创建一个新图纸，使用图案填充、多线段、直线、圆等命令，绘制恒温指示元件，并存储为图块。如图 6-16 所示。

2）使用圆、直线等命令绘制电灯，并存储为图块，如图 6-17 所示。

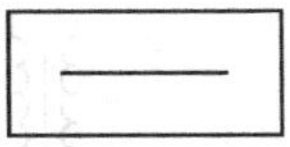

图 6-16 恒温电阻

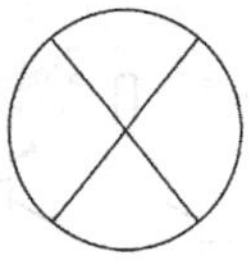

图 6-17 电灯

3）使用直线、多线段、图案填充等命令绘制二极管，并存储为图块。如图 6-18 所示。

4）使用直线、多线段、图案填充等命令绘制晶体管，并存储为图块。如图 6-19 所示。

图 6-18 二极管

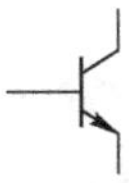

图 6-19 晶体管

5）使用直线、多线段、圆等命令绘制变压器，并存储为图块。如图 6-20 所示。

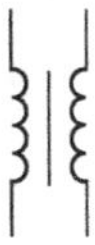

图 6-20 变压器

6）使用直线、多线段、图案填充等命令绘制加热器，并存储为图块。如图 6-21 所示。

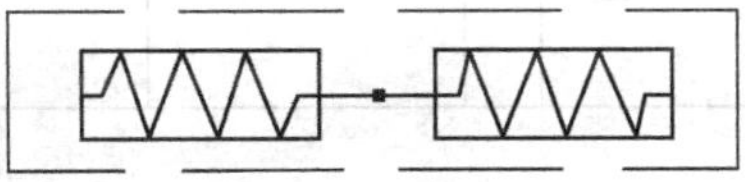

图 6-21 加热器

7）使用直线、多线段、圆、图案填充等命令绘制恒温指示元件，并存储为图块。如图 6-22 所示。

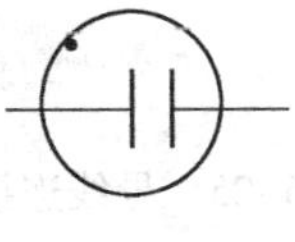

图 6-22 恒温指示元件

8）使用直线、多线段、图案填充等命令绘制热敏电阻，并存储为图块。如图 6-23 所示。

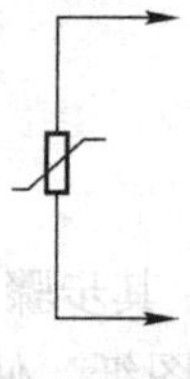

图 6-23　热敏电阻

9）使用插入图块命令，将上述元件插入到图纸中，其布局排列如图 6-24 所示。

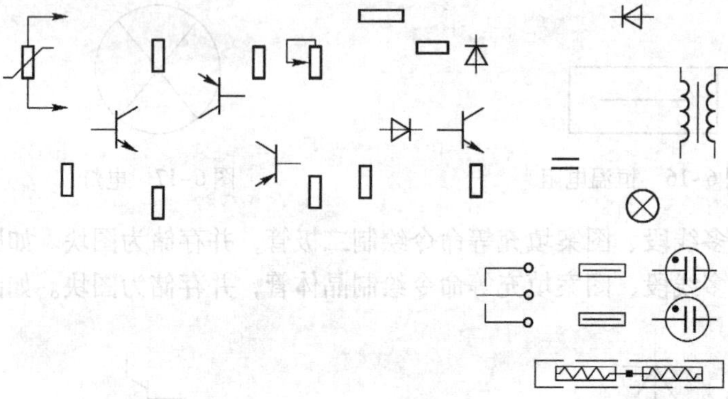

图 6-24　元件布局图

10）使用直线、分解、修剪命令将所有的导线连接完整，完善图形。如图 6-25 所示。

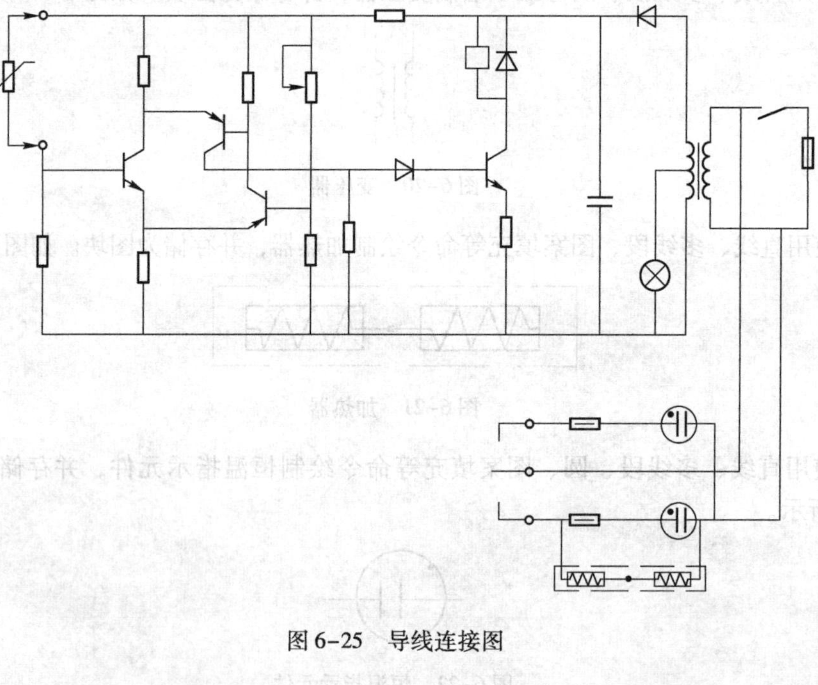

图 6-25　导线连接图

11）单击【绘图】→【多行文字】，设置字体为【仿宋_GB2312】，字号为 2.5，下标文字的大小为 1，在图中标出元件的名称。标识完后的效果如图 6-26 所示。

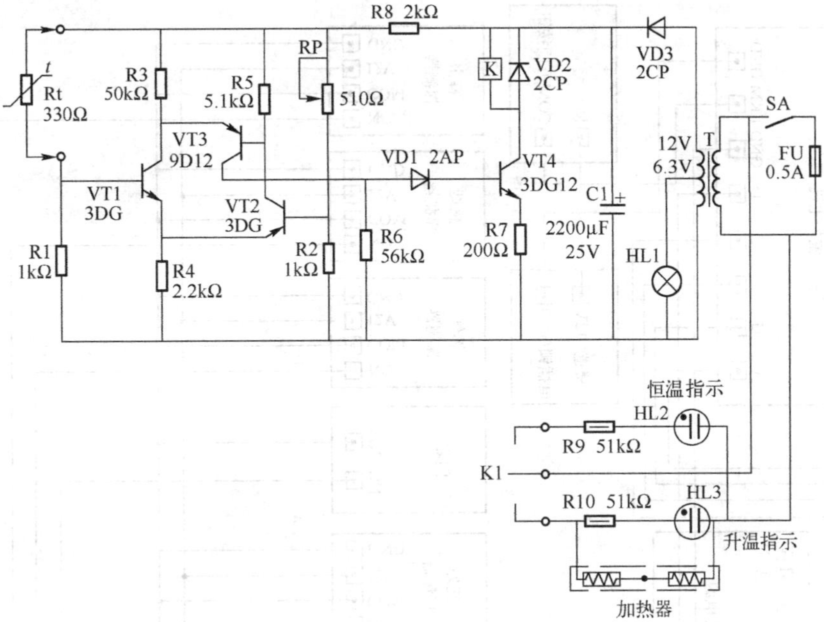

图 6-26　添加文字后的水温控制电路图

6.3　监控系统接线图的绘制

绘制如图 6-30 所示监控系统接线图，其步骤如下。

1）启动 AutoCAD 2010，创建一个新图样，使用矩形命令绘制矩形，如图 6-27 所示。

2）在矩形内部使用直线、矩形、圆、图案填充等命令绘制按钮，如图 6-28 所示。

图 6-27　矩形

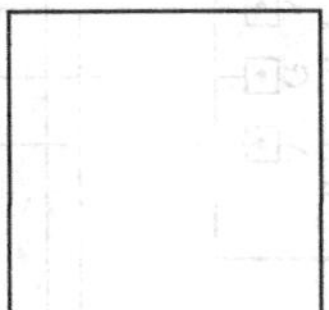

图 6-28　按钮键

3）使用添加文字命令填充文字，如图 6-29 所示。

图 6-29　填充文字

4）使用直线命令将功能块之间具有电气联系的接口进行连接，完成后的效果如图 6-30 所示。

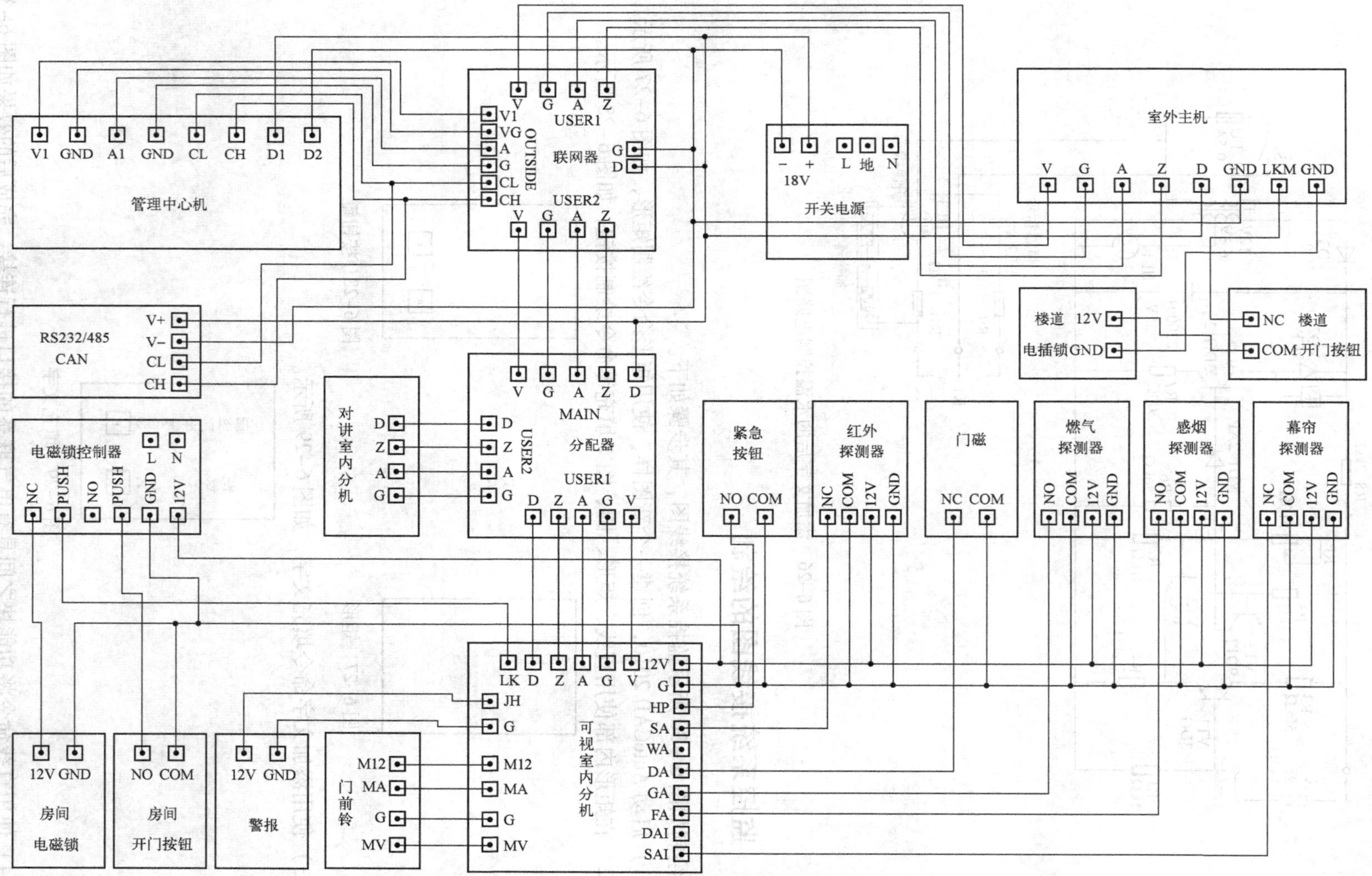

图 6–30 监控系统接线图

6.4 绘制加压站系统配电图、仪表分布图、控制回路图和电气电缆布置图

1）某单位加压站工艺图如图 6-31 所示。

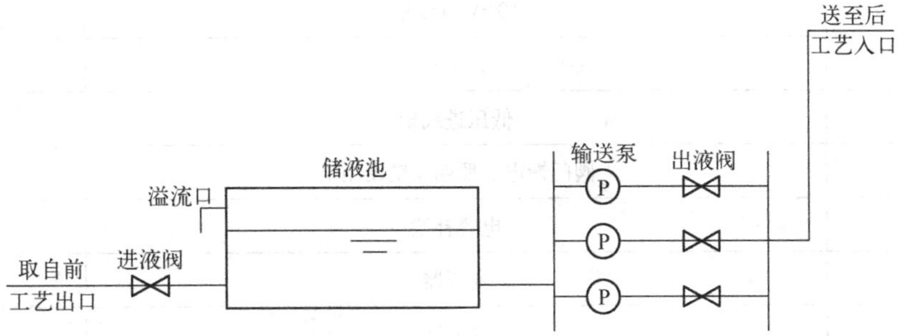

图 6-31　工艺图

2）某单位加压站工艺平面图如图 6-32 所示。

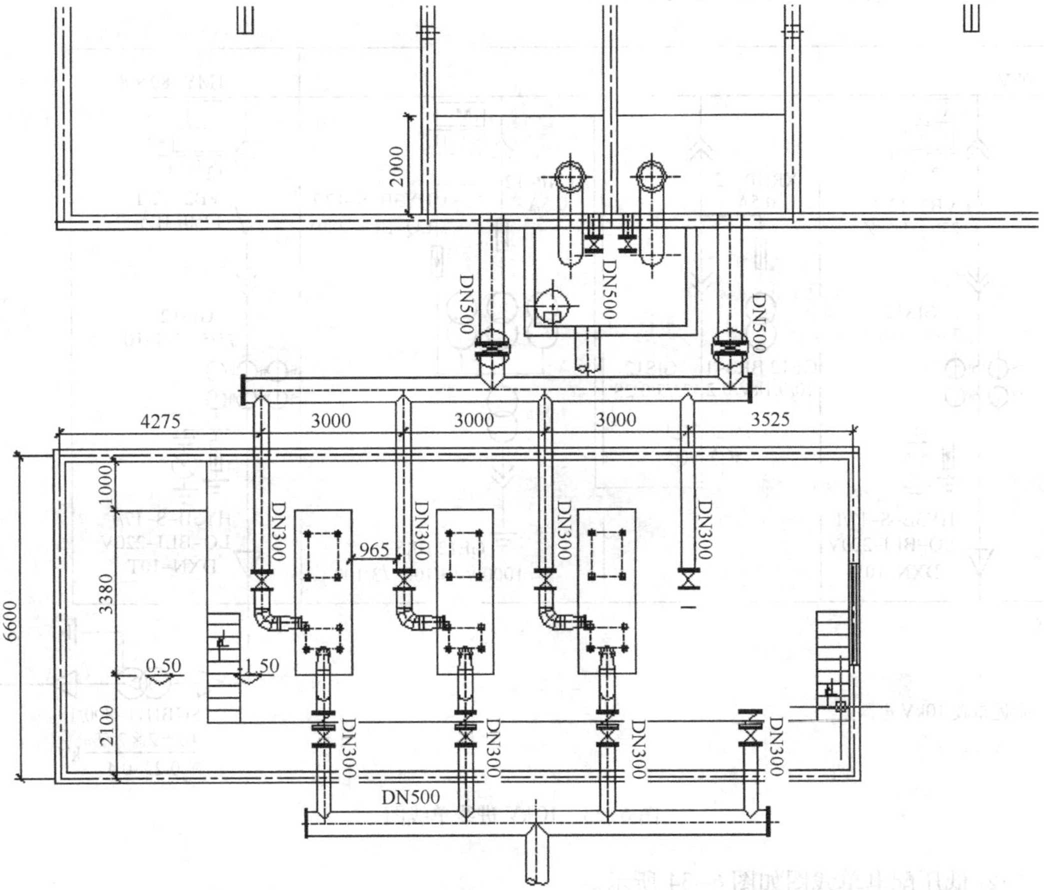

图 6-32　工艺平面图

3）整理被控工艺设备及配电设备清单如表 6-1 所示。

表 6-1　被控工艺设备及配电设备清单

序　号	名　称	数　量
1	加压水泵	3
2	10 kV 进线柜	1
3	计量柜	1
4	低压进线柜	1
5	阀门馈电、照明及辅助用电	1
6	电容补偿	2
7	变压器	1
8	直流屏	1

4）根据系统配电用单线图绘制配电系统图。

① 10 kV 进线单线图如图 6-33 所示。

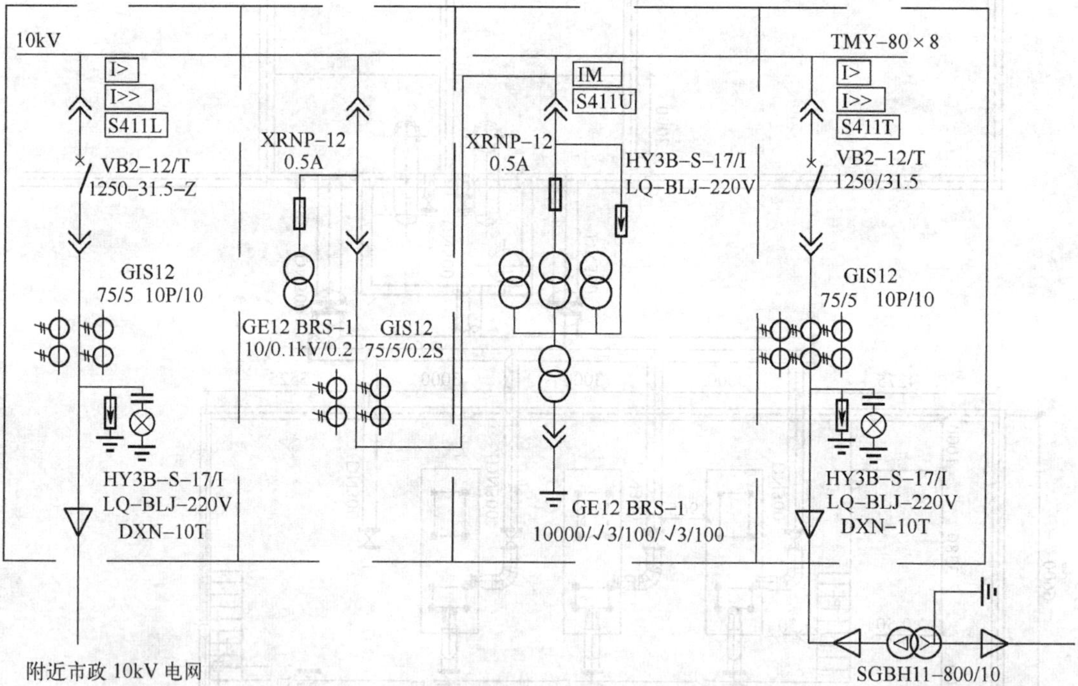

图 6-33　10 kV 进线单线图

② 低压配电单线图如图 6-34 所示。

5）用多线图根据各控制柜控制原理绘制控制电路图如图 6-35 所示。

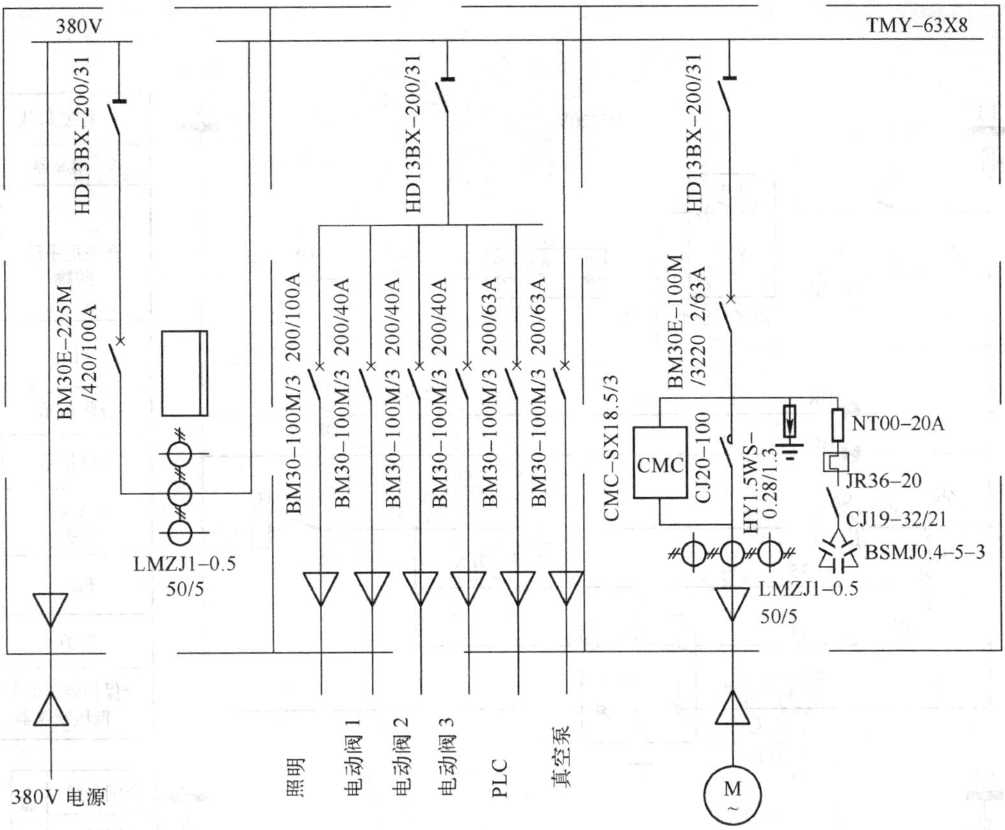

项目代号		AA1	AA2	AA3
开关柜型号		GGD1-03	GGD1-03	GGD1-05
开关柜用途		进线柜		电机柜
负　荷 数　据	机　械			
	电　气	Pj=23kW I=38.8A	P=110kW I=207A	P=18.5kW I=35.5A
电缆型号规格		YJV-1kV 3x50+1x25		YJV-1kV 3x16+1x10
电缆编号		L1	L2~L5	L6
开关柜外形尺寸 /mm		800×600×2200	800×600×2200	1000×600×2200

图 6-34　低压配电单线示意图

* 因篇幅限制，这里只画出一面电机柜 AA3，另两套 AA4、AA5 与 AA3 配置相同

6）分析工艺流程及控制要求，绘制 PID 图如图 6-36 所示。

说明：仪表类型由 2、3 个字母表示。第一个字母表示检测参数，如 P 表示压力，L 表示液位；第二个字母表示是否带显示，如 AIT 表示需要显示的检测仪表，LT 表示不带显示单元的液位计；第三个字母表示仪表是变送器，还是开关输出，如 LS 表示液位开关，而 LT 表示液位变送器。

7）结合仪表分布、电气柜分布，在平面总图上标识电缆敷设如图 6-37 所示。

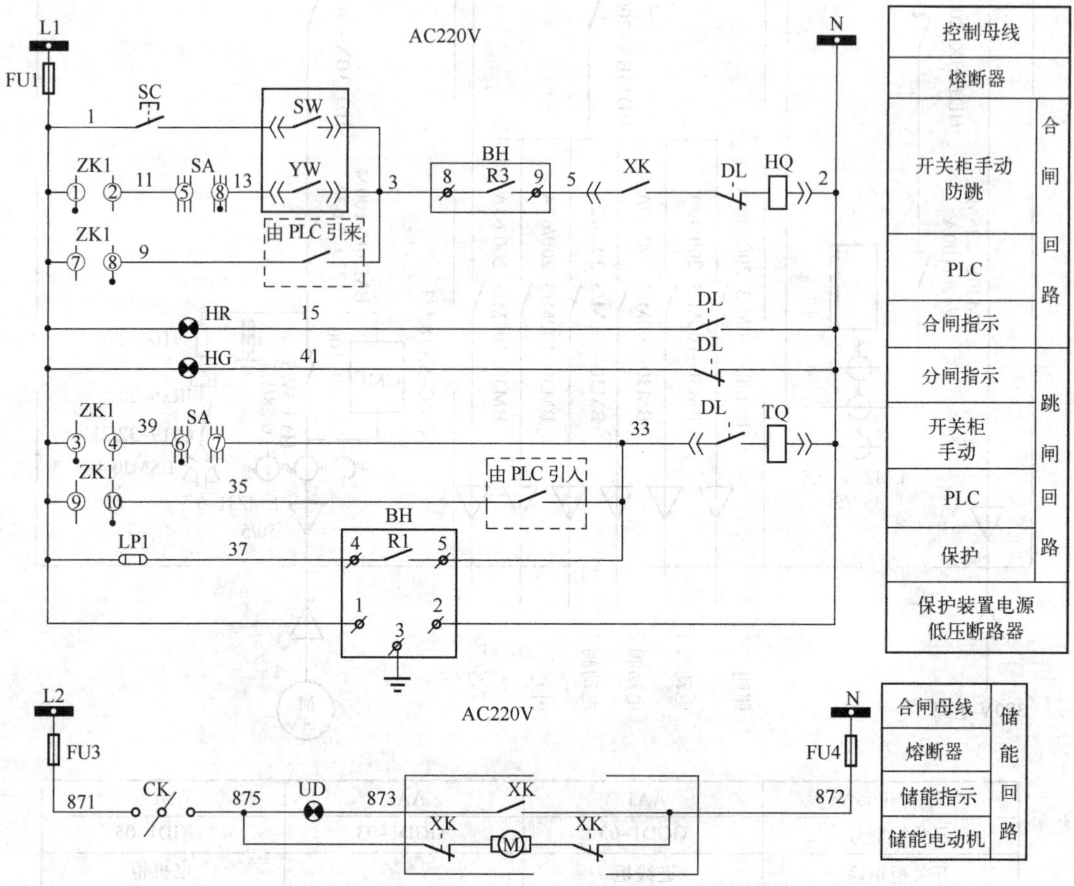

图 6-35　控制电路图

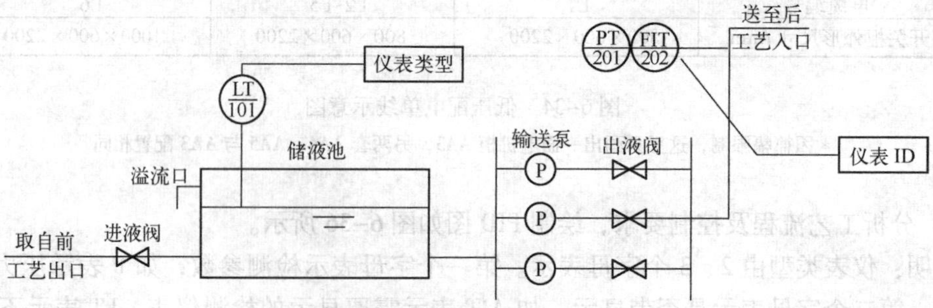

图 6-36　PID 图

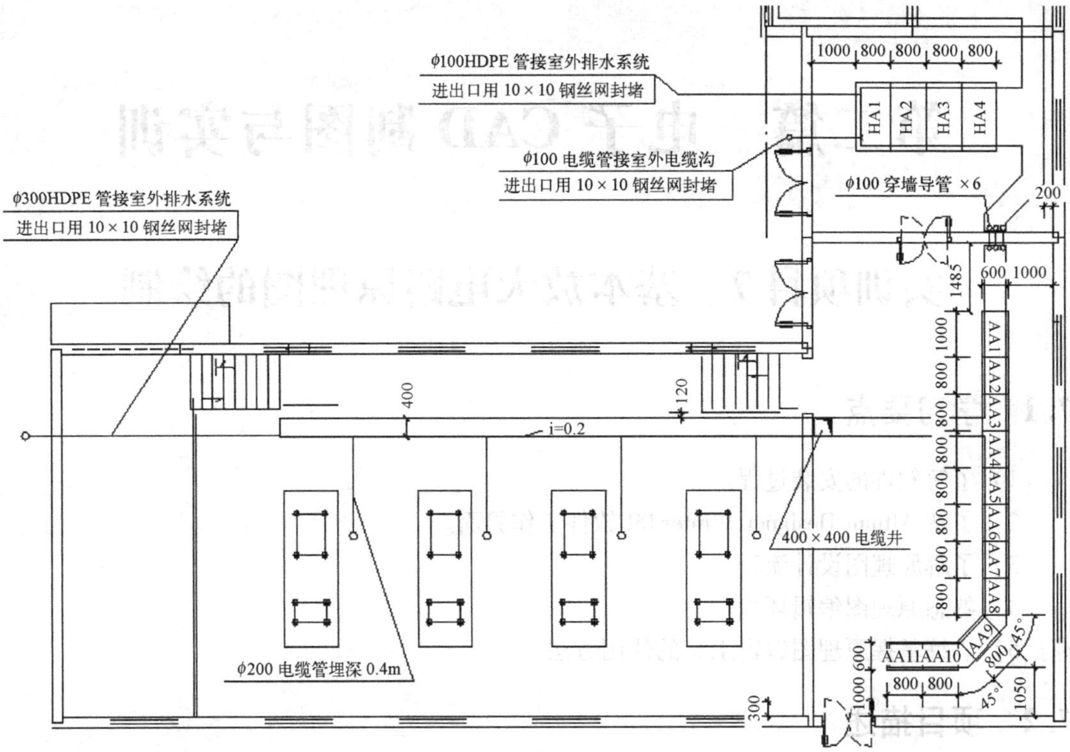
ϕ100HDPE 管接室外排水系统
进出口用 10×10 钢丝网封堵
ϕ100 电缆管接室外电缆沟
进出口用 10×10 钢丝网封堵
ϕ300HDPE 管接室外排水系统
进出口用 10×10 钢丝网封堵
ϕ100 穿墙导管 ×6
1000 800 800 800 800
HA1 HA2 HA3 HA4
200
600 1000
1485
AA1 AA2 AA3 AA4 AA5 AA6 AA7 AA8 AA9 AA10 AA11
1000 800 800 800 800 800 800 800
400
120
i=0.2
400×400 电缆井
ϕ200 电缆管埋深 0.4m
45°
800
1050
600 1000
800 800
300

图 6-37　电缆敷设图

第二篇　电子 CAD 制图与实训

实训项目 7　基本放大电路原理图的绘制

7.1　学习要点

1）了解软件的安装过程。
2）了解 Altium Designer Winter 09 软件工作界面。
3）了解原理图设计流程。
4）熟悉原理图编辑环境。
5）熟练掌握原理图编辑工具的使用方法。

7.2　项目描述

1）通过软件的安装了解 Altium Designer Winter 09 软件概况。
2）通过绘制基本放大电路的原理图掌握 Altium Designer Winter 09 的基本输入操作。

7.3　项目实施

任务：绘制如图 7-13 所示基本放大电路原理图。

1. 启动 Altium Designer Winter 09，新建项目文件

1）执行菜单命令【File】→【New】→【Project】→【PCB Project】，在【Projects】工作面板中将出现一个新建项目文件“PCB_Projectl. PrjPCB”。

2）用鼠标右键单击该项目文件，在弹出的快捷菜单中执行菜单命令【Save Project】，如图 7-1 所示，系统将会弹出项目文件保存对话框。在该对话框中选择保存路径并输入项目文件名称（“基本放大电路”），单击【保存】按钮，保存该项目文件。

2. 新建原理图文件

执行菜单命令【File】→【New】→【Schematic】，将在【Projects】工作面板的“基本放大电路 . PrjPCB”项目文件下新建一个原理图文件 Sheetl. SchDoc，用鼠标右键单击该原理图文件，在弹出的快捷菜单中执行菜单命令【save】，在该对话框中选择保存路径并输入原理图文件名称（“基本放大电路”），单击【保存】按钮，保存该原理图文件。此时【Projects】工作面板改变为如图 7-2 所示。

3. 原理图图样设置

执行菜单命令【Design】→【Document Options】，在弹出的对话框中单击【Sheet Options】选项卡，如图 7-3 所示。将图样类型设置为【Use Custom style】，宽度设为“300”、高度设为“200”，不显示图样明细表及参考区【Title Block】，可视网格【Visible】、捕捉网格【Snap】均设置为“10”，电气网格【Grid Range】设置为“4”。

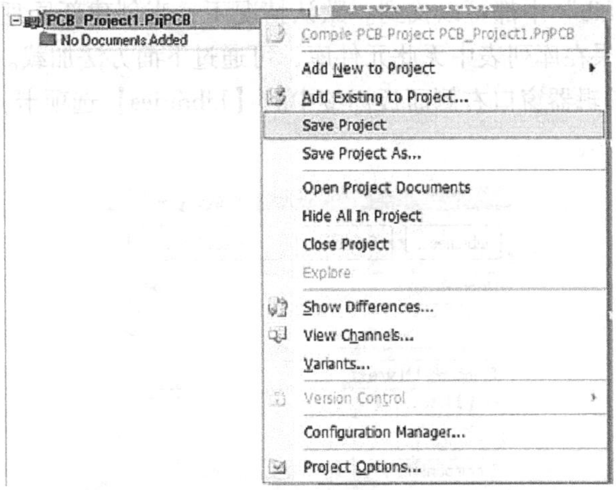

图 7-1　保存项目文件

图 7-2　新建的项目和原理图文件

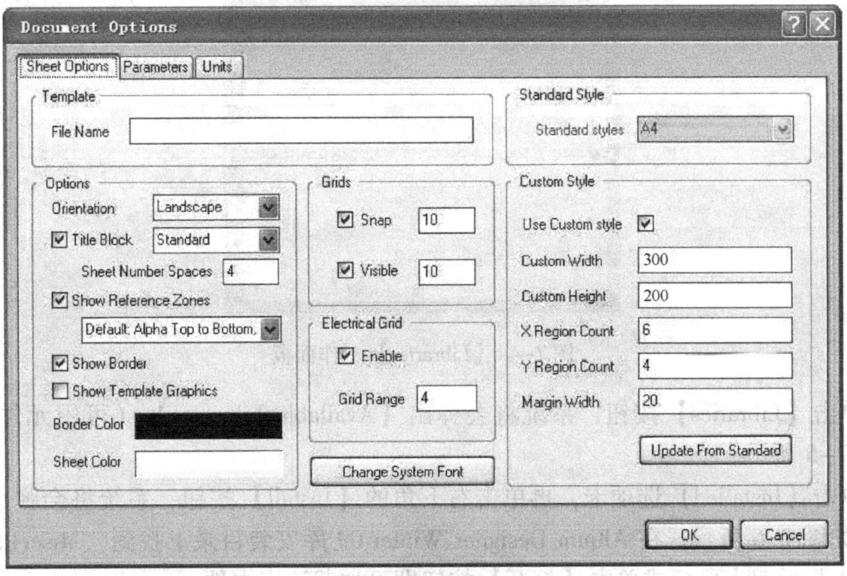

图 7-3　原理图图样设置

4. 装载原理图元件库

基本放大电路中所包含的元件类型有：电阻、电容、晶体管。这些元件在集成库“Miscellaneous Devices. IntLib”中都可以找到。默认情况下，当创建新原理图文件时，该集成元件库会自动加载。如果在库列表中无此元件库，可通过下面方法加载。

1）单击原理图编辑器窗口右侧面板标签中的【Libraries】选项卡，弹出【Libraries】工作面板，如图 7-4 所示。

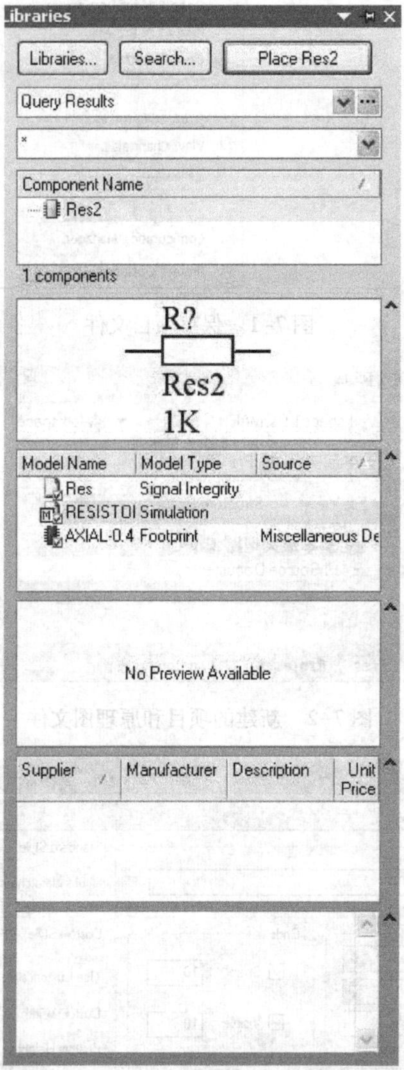

图 7-4 【Libraries】工作面板

2）单击【Libraries】按钮，系统将会弹出【Available Libraries】（可用元件库）对话框，如图 7-5 所示。

3）单击【Installed】选项卡，再单击右下角的【Install】按钮，系统将会弹出【打开】对话框，如图 7-6 所示。在 Altium Designer Winter 09 库安装目录下找到“Miscellaneous Devices. IntLib”后双击鼠标或单击【打开】按钮即可加载该库文件。

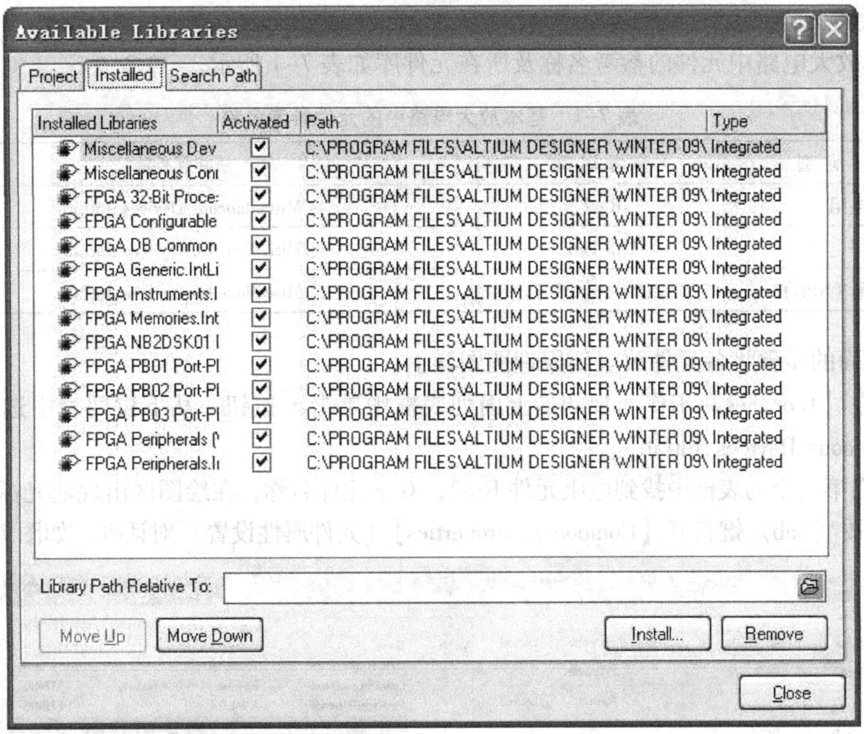

图 7-5 【Available Libraries】（可用元件库）对话框

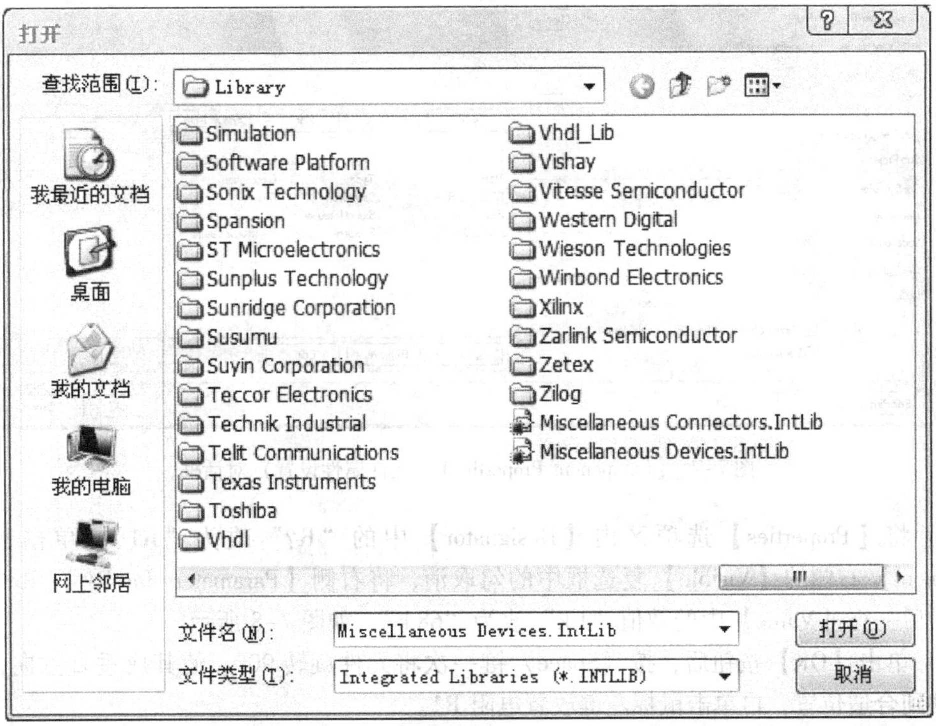

图 7-6 打开原理图元件库文件对话框

5. 放置元件

基本放大电路中元件的参考名称及所在元件库如表 7-1 所示。

表 7-1　基本放大电路中的元件参考名称

元 件 类 型	参 考 名 称	所在元件库
电阻	Res2	Miscellaneous Devices. IntLib
电解电容	Cap Poll	Miscellaneous Devices. IntLib
晶体管（NPN）	2N3904 或 NPN	Miscellaneous Devices. IntLib

按下面的步骤将各元件放置到原理图图样上。

1）在【Libraries】工作面板的最上面列表框中单击▾按钮，从下拉列表中选择元件库“Miscellaneous Devices. IntLib”。

2）在第三个列表框中找到电阻元件 Res2，双击元件名称，在绘图区出现随光标移动的电阻符号，按〈Tab〉键打开【Component Properties】（元件属性设置）对话框，如图 7-7 所示。

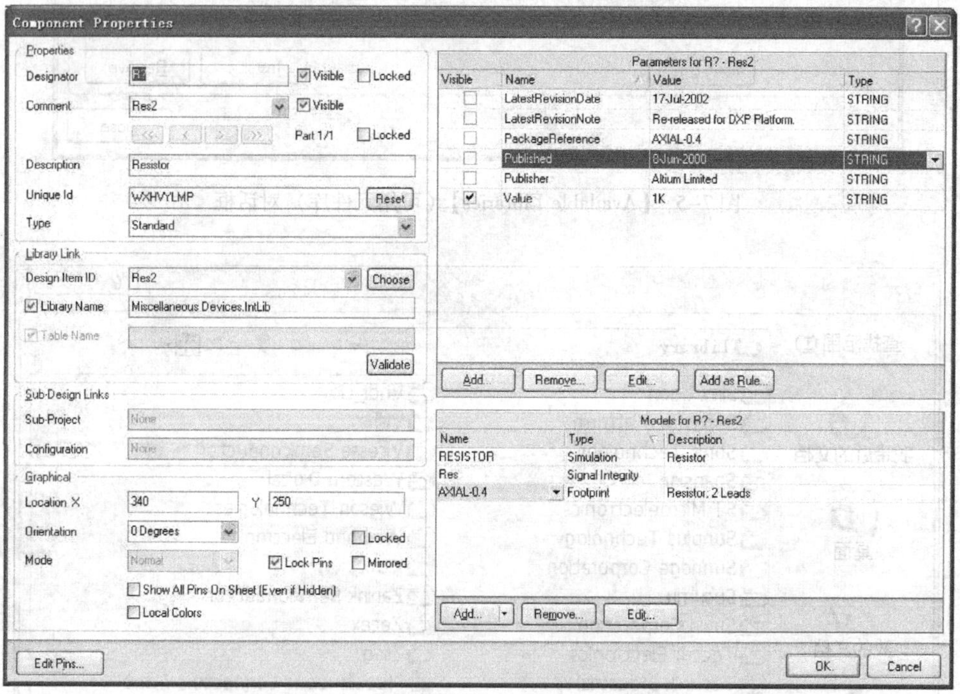

图 7-7　【Component Properties】（元件属性设置）对话框

3）将【Properties】选项区内【Designator】中的“R?”改为“R1”，单击鼠标将【Comment】右侧的【Visible】复选框中的勾取消，将右侧【Parameters for R? - Res2】列表中最后一行【Value】中的数值“1 k”改为“68 k”，如图 7-8 所示。

4）单击【OK】按钮后，按〈Space〉键一次将元件旋转 90°，使其成垂直方向，将光标移动到合适位置，再单击鼠标左键放置电阻 R1。

5）按〈Tab〉键，再次打开【Component Properties】对话框，按第 3）步方法，设置电阻 R2 的参数，再按第 4）步方法放置电阻 R2。

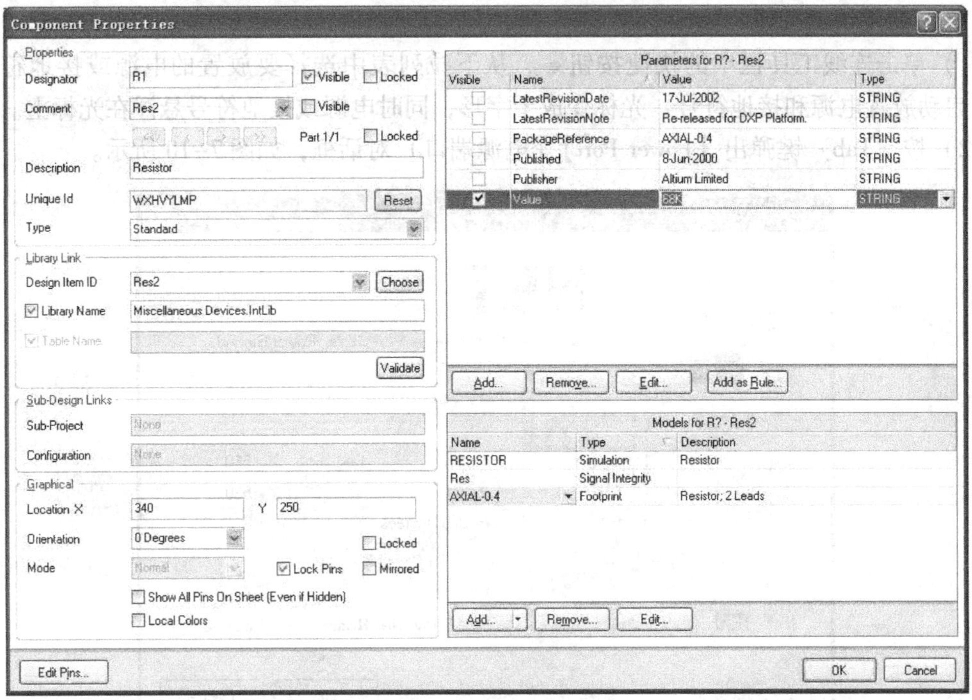

图 7-8　修改电阻元件的参数

6）依次放置电阻 R3、R4、R5。所有电阻放置完成后，单击鼠标右键结束电阻放置状态。

7）按上述步骤 2）~6）依次放置电容 C1、C2、C3 和晶体管 Q1。注意在放置晶体管时，只需要将标识符“Q?”改为“Q1”即可。

8）放置完所有元件后，调整元件及标注的位置与方向，调整之后的电路原理图的元件布局如图 7-9 所示。由于软件中的部分电路符号及文字描述标准与国标不符，附录 B 中列出软件电路符号与国标的对照表。

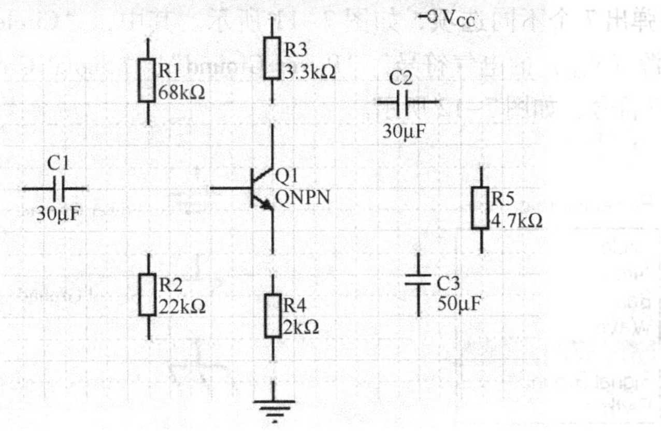

图 7-9　放置好的元件布局

6. 电源和接地符号

放置电源和接地符号可采用以下两种方式。

(1) 使用快捷按钮

1) 单击连线工具栏中的快捷按钮⏚，从下拉列表中选择要放置的电源或接地符号类型，启动放置电源和接地符号，光标变成十字形，同时电源或接地符号悬浮在光标上。

2) 按〈Tab〉键弹出【Power Port】(电源端口) 对话框，如图 7-10 所示。

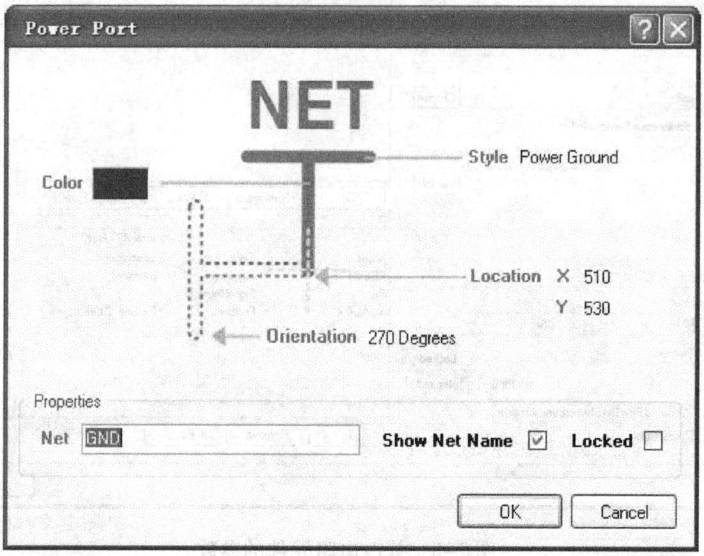

图 7-10 【Power Port】(电源端口) 对话框

在【Power Port】对话框中可以编辑电源或接地符号属性。

①【Color】：颜色属性，用于设置电源或接地符号的颜色。

②【Orientation】：方向属性，用于设置电源或接地符号的方向。方向设置也可通过在放置电源或接地符号时按〈Space〉键实现，每按一次旋转"90°"。

③【Location】：位置属性，可以定位 X、Y 坐标。

④【Style】：风格属性，用于设置电源端口的风格形式。将鼠标移到【Style】右侧，单击▾按钮，将弹出 7 个不同选项，如图 7-11 所示。其中，"Circle"、"Arrow"、"Bar"、"Wave" 为电源 (V_{CC}) 的电气符号，"Power Ground"、"Signal Ground"、"Earth" 为接地 (GND) 的电气符号，如图 7-12 所示。

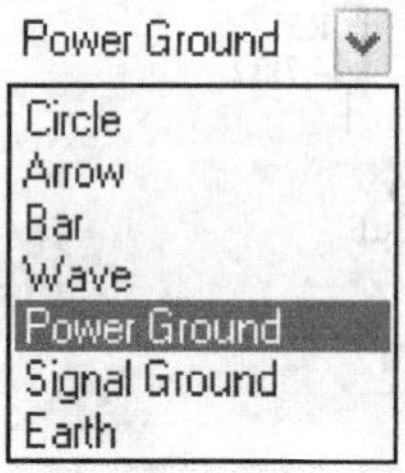

图 7-11 电源风格选择

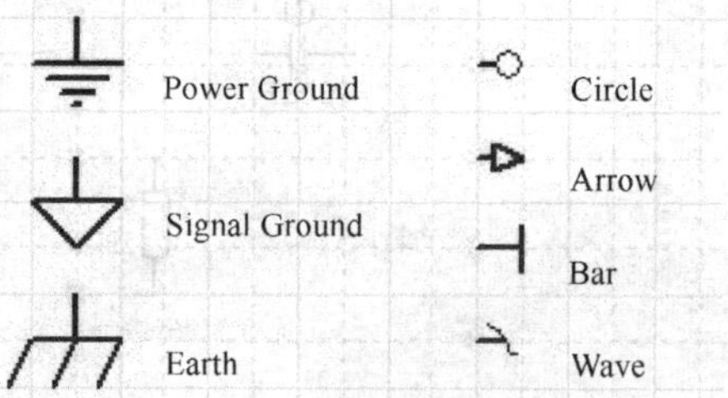

图 7-12 电源与接地类型符号

⑤【Net】：网络属性，用于设置电源端口的网络标号名称。通过设置网络标号名称来确定它是电源还是接地符号。若网络名称为 V_{CC}，则为电源符号；若网络名称为 GND，则为接

地符号。

3）修改完电源端口属性后，将光标移动到合适位置，单击鼠标左键即可放置电源端口。此时系统仍处于电源端口放置状态，可以继续在其他位置放置电源端口。

4）当所有电源端口放置完成后，单击鼠标右键或〈Esc〉键即可退出放置状态，如图 7-9 所示。

（2）使用菜单命令

执行菜单命令【Place】→【Power Port】，在原理图编辑窗口中将会出现一个随鼠标指针移动的电源符号。按〈Tab〉键，同样会弹出如图 7-10 所示的【Power Port】对话框，其属性设置与（1）中相同。

7. 放置导线

元件放置完毕后，开始对原理图进行布线，即用导线将元件连接起来。单击连线工具栏上的≈按钮，根据电路原理图要求，将基本放大电路中各元件引脚用导线连接起来，完成连线后的电路图如图 7-13 所示。

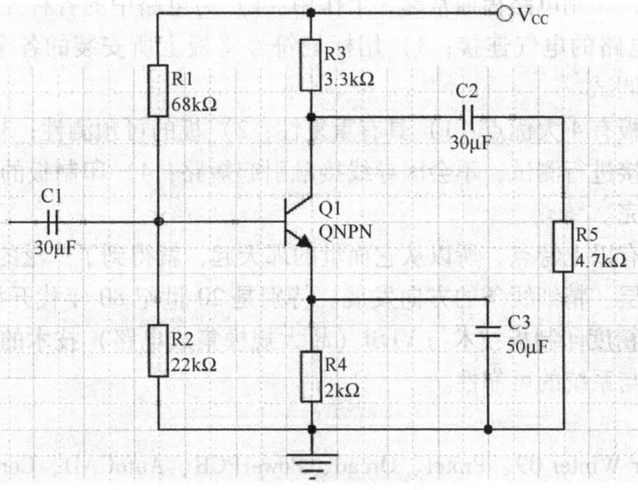

图 7-13　基本放大电路原理图

连线过程中，如果导线十字交叉却没有出现小圆点状连接标志，则通过选择主菜单的【Place】→【Manual Junction】来完成。

7.4　相关知识点

7.4.1　设计印制电路板的基础知识

1. 印制电路板的发展

印制电路板（PCB）简称印制板，是指以绝缘基板为基础材料加工成一定尺寸的板，在其上面至少有一个导电图形及所有设计好的孔（如元件孔、机械安装孔及金属化孔等），以实现元器件之间的电气互连。

在 19 世纪，由于不存在复杂的电子装置和电气机械，因此没有大量生产印制电路板的问题。经过几十年的实践，英国 Paul Eisler 博士提出印制电路板的概念，并奠定了光蚀刻工艺的基础。

随着电子元器件的出现和发展，特别是1948年出现了晶体管，电子仪器和电子设备大量增加并趋向复杂化，使印制板的发展进入一个新阶段。

20世纪50年代中期，随着大面积的高粘合强度覆铜板的研制，为大量生产印制板提供了材料基础。1954年，美国通用电气公司开始采用图形电镀—蚀刻法制板。

20世纪60年代，印制板得到广泛应用，并日益成为电子设备中必不可少的重要部件。在生产上除大量采用丝网漏印法和图形电镀—蚀刻法（即减成法）等工艺外，还应用了加成法工艺，使印制导线密度更高。目前高层数的多层印制板、挠性印制电路、金属芯印制电路、功能化印制电路都得到了长足的发展。

我国的印制电路板技术发展较晚，20世纪50年代中期试制出单面板和双面板，20世纪60年代中期，试制出金属化双面印制板和多层板样品，1977年左右开始采用图形电镀—蚀刻法工艺制造印制板。1978年试制出加成法材料—覆铝箔板，并采用半加成法生产印制板。20世纪80年代初研制出挠性印制电路和金属芯印制板。

在电子设备中，印制电路板通常起3个作用：1）为电路中的各种元器件提供必要的机械支撑；2）提供电路的电气连接；3）用标记符号将板上所安装的各个元器件标注出来，便于插装、检查及调试。

使用印制电路板有4大优点：1）具有重复性；2）板的可预测性；3）所有信号都可以沿导线任意一点直接进行测试，不会因导线接触引起短路；4）印制板的焊点可以在一次焊接过程中大部分焊完。

正因为印制板有以上特点，所以从它面世的那天起，就得到了广泛的应用和发展，现代印制板已经朝着多层、精细线条的方向发展。特别是20世纪80年代开始推广的SMD（表面封装）技术是高精度印制板技术与VLSI（超大规模集成电路）技术的紧密结合，大大提高了系统安装密度与系统的可靠性。

2. 设计软件

Altium Designer Winter 09、Protel、Orcad、PowerPCB、AutoCAD、CorelDraw或其他制图软件都可制作印制电路板图形。其中Altium Designer Winter 09功能较完善，操作方便，应用广泛。Altium Designer Winter 09能够在单一设计环境中集成板级和FPGA系统设计、基于FPGA和分立处理器的嵌入式软件开发以及PCB版图设计、编辑和制造，并集成了现代设计数据管理功能，这些都使得Altium Designer Winter 09成为一个既满足当前，也满足未来开发需求的电子产品开发的完整解决方案，被广大用户所接受。

7.4.2 Altium Designer Winter 09软件的安装

1. Altium Designer Winter 09的运行环境

1）软件环境：操作系统应为Windows 2000/XP/NT或更高版本，不支持Windows 95/98/ME。

2）硬件配置。

① CPU：Pentium 1.2 GHz及以上，或其他公司同等级CPU。

② 内存：512 MB以上。

③ 硬盘空间：1 GB以上。

④ 显卡：显卡内存 8 MB 以上。

⑤ 显示器：最低显示分辨率不低于 1024×768 像素。

2. Altium Designer Winter 09 的安装

Altium Designer Winter 09 的安装步骤如下。

1）启动 Windows 操作系统，进入 Altium Designer Winter 09 源文件所在文件夹，双击运行安装文件“Setup. exe”，系统弹出 Altium Designer Winter 09 的安装向导窗口，如图 7-14 所示。

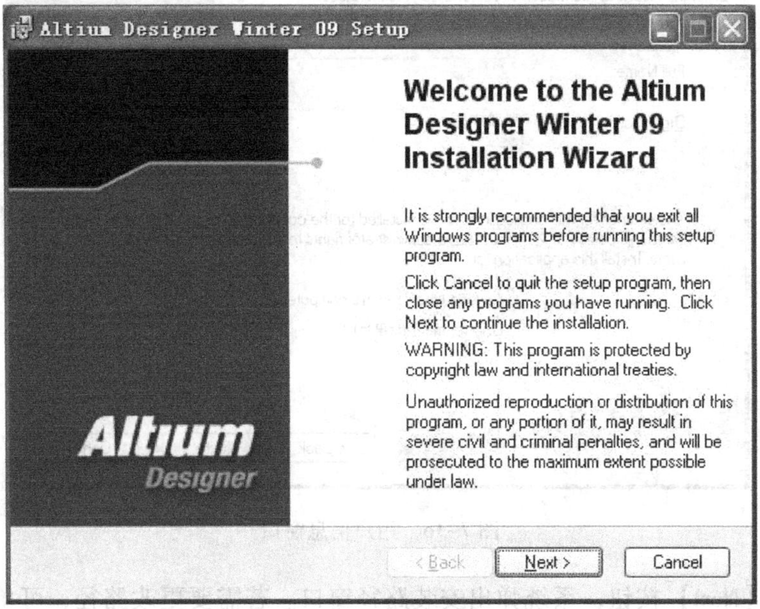

图 7-14　安装向导窗口

2）单击【Next】按钮，系统弹出授权许可窗口。该窗口显示了 Altium Designer Winter 09 版本的授权协议，浏览后选择【I accept the license agreement】单选按钮，如图 7-15 所示。

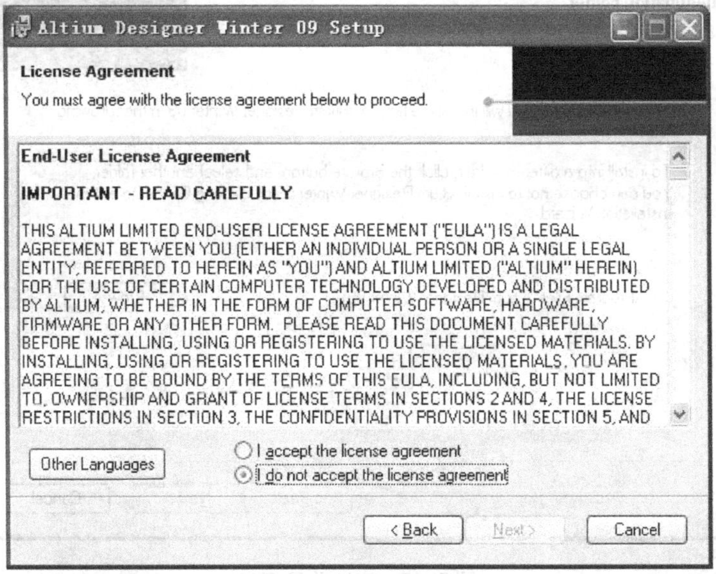

图 7-15　授权许可窗口

3）单击【Next】按钮，系统弹出 User Information（用户信息）窗口，如图 7-16 所示。分别在【Full Name】文本框内输入用户名称，在【Organization】文本框内输入机构名称，并选择软件的使用权限。

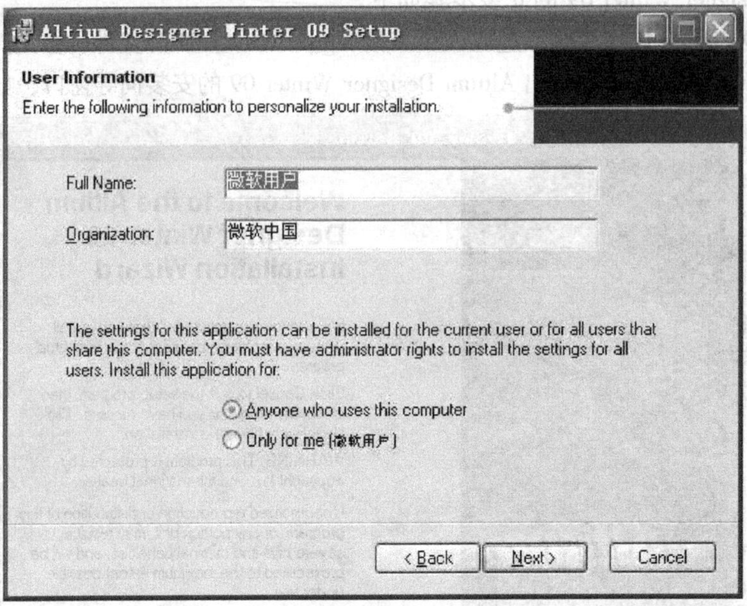

图 7-16　用户信息窗口

4）单击【Next】按钮，系统弹出安装路径窗口。若需要更改路径，可单击【Browse】按钮重新选择安装路径，如图 7-17 所示。

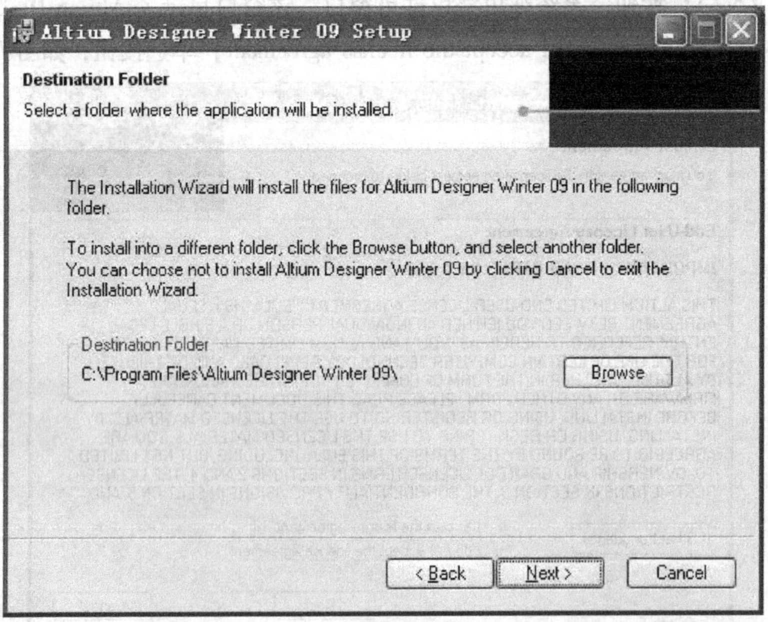

图 7-17　安装路径窗口

5）单击【Next】按钮，系统弹出板卡库窗口，如图 7-18 所示，选中该复选框，单击【Next】按钮后，弹出准备安装提示窗口，提示即将开始安装 Altium Designer Winter 09 软件，如图 7-19 所示。

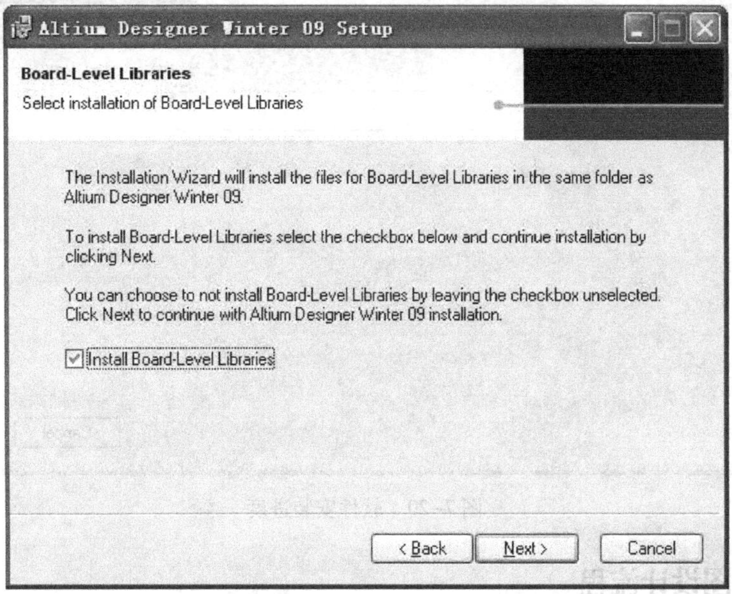

图 7-18　板卡库窗口

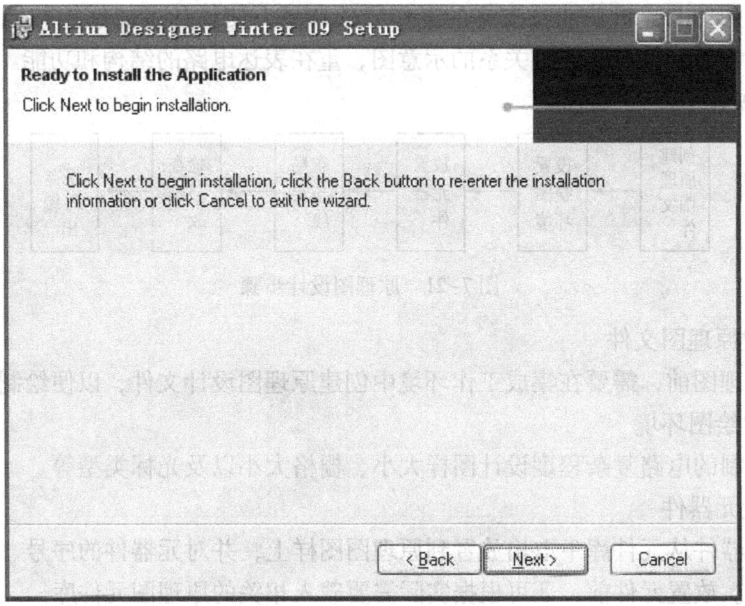

图 7-19　准备安装窗口

6）单击【Next】按钮，系统开始安装软件，并显示安装进度，如图 7-20 所示。

7）安装完成后，出现安装完成界面，此时单击【Finish】按钮，即可完成 Altium Designer Winter 09 的安装。

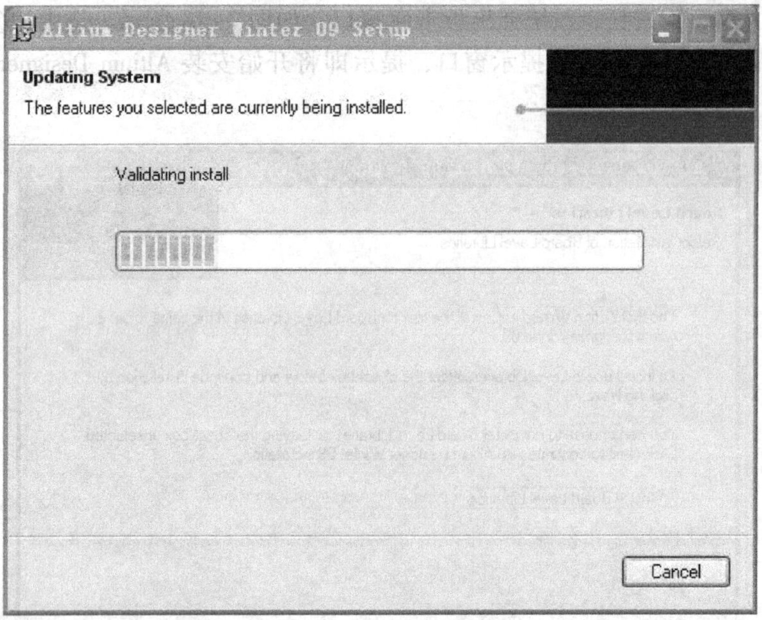

图 7-20　软件安装进度

7.4.3　原理图设计流程

原理图设计就是将设计人员的设计思路反映到原理图图样上。Altium Designer Winter 09 提供了强大的原理图编辑功能及友好的工作界面环境，使设计者能够完整地表达自己的意图。原理图是电路元件电气连接关系的示意图，重在表达电路的结构和功能。原理图设计步骤如图 7-21 所示。

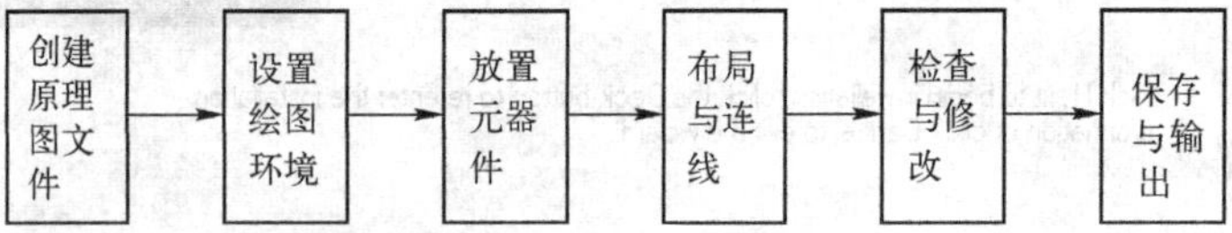

图 7-21　原理图设计步骤

（1）创建原理图文件

在绘制原理图前，需要在集成工作环境中创建原理图设计文件，以便绘制原理图。

（2）设置绘图环境

根据所绘制的电路复杂程度设计图样大小、栅格大小以及光标类型等。

（3）放置元器件

将所需元器件从元件库中取出放置到原理图图样上，并对元器件的序号、封装等属性进行定义和设定。放置元件前，还可根据实际需要载入相关的原理图元件库。

（4）布局与连线

放置完所有元器件后，将图样上的所有元器件进行合理的布局，再通过各种连线工具将原理图中的元器件连接起来，构成一张完整的原理图。

（5）检查与修改

对图中的元器件与连线进行调整，以保证原理图整齐、美观，提高原理图的可读性。同时还要根据电气错误检查报告对原理图进行相应的修改完善。

(6) 保存与输出

原理图设计完成后，可以利用报表工具生成网络表、元件清单等报表，并将设计好的原理图和各种报表进行保存或打印输出，以备后用。

1. 创建原理图文件

在 Altium Designer Winter 09 中，要进行 PCB 设计，一般先要创建 PCB 项目文件（*.PrjPCB），然后在该项目文件下再新建原理图文件和 PCB 文件。

(1) 创建项目文件

创建项目文件一般有 3 种方法。

1）选择菜单【File】→【New】→【Project】→【PCB Project】，如图 7-22 所示。

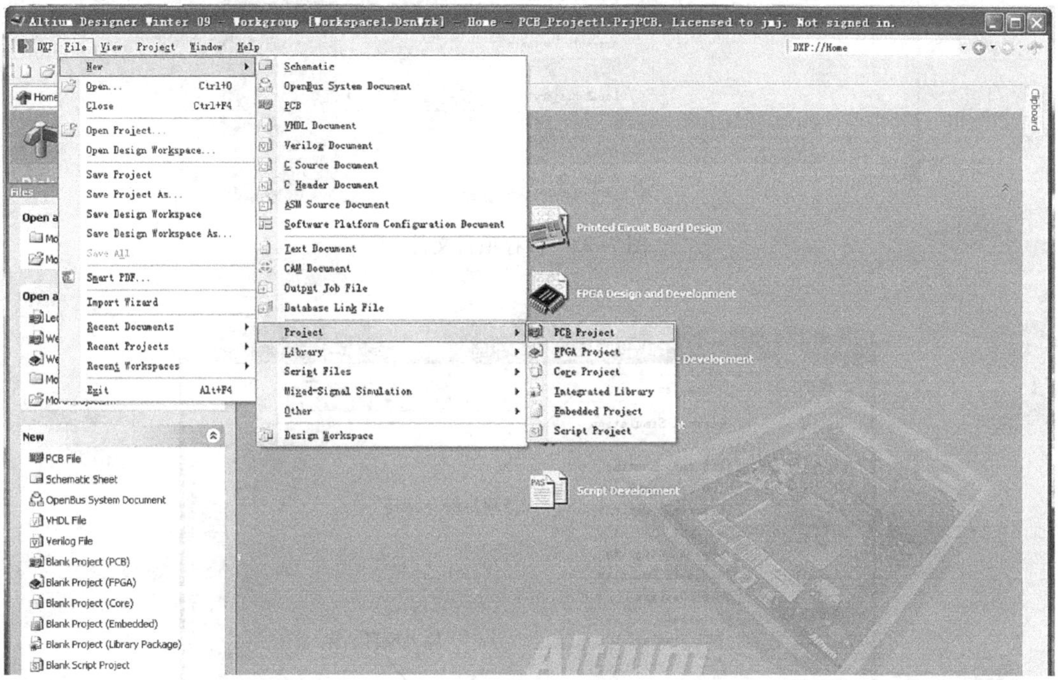

图 7-22　新建项目文件

2）单击【Home】工作面板中的【Printed Circuit Board Design】后，单击【New Blank PCB Project】选项。

3）单击【Files】工作面板中【New】区域下的【Blank Project（PCB)】。

无论采用何种方法，系统都会新建一个默认的项目文件“PCB_Project *.PrjPCB”（*表示数字）。

(2) 保存项目文件

在【Projects】工作面板中新建的项目文件上单击鼠标右键或单击【Project】按钮，然后在弹出的快捷菜单中选择【Save Project As】，如图 7-23 所示；也可以直接选择主菜单【File】→【Save Project】，系统均会弹出保存项目文件对话框，如图 7-24 所示。在对话框中选择项目保存路径并输入项目文件名称，单击【保存】按钮，保存该设计文件。

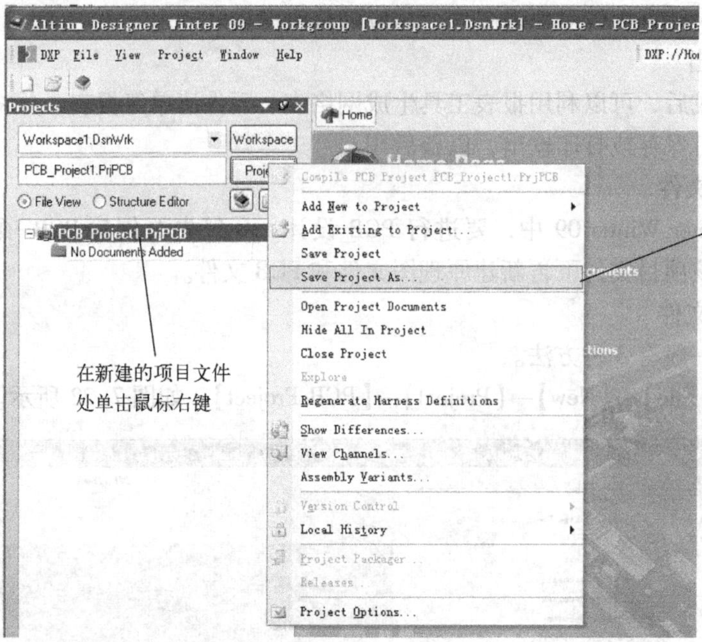

图 7-23　保存项目文件

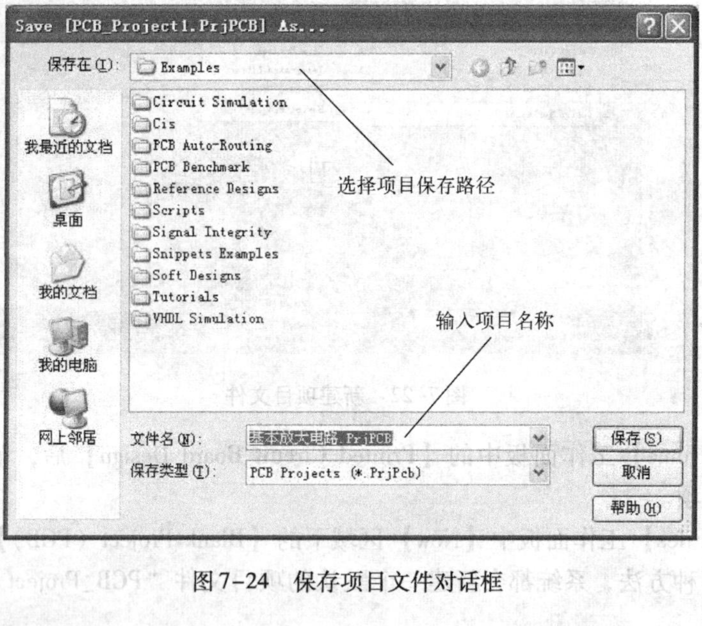

图 7-24　保存项目文件对话框

（3）创建原理图文件

建立项目文件后，就可以在该项目文件下新建原理图文件。

选择菜单【File】→【New】→【Schematic】或者单击【File】工作面板中的【New】区域内的【Schematic Sheet】，如图 7-25 所示，即可在当前项目文件下新建一个原理图文件 Sheet *.SchDoc（*表示数字)，并自动处于打开状态。

图 7-25　创建新原理图

(4) 保存原理图文件

单击工具栏中存盘按钮 或选择菜单【File】→【New】→【Save】，系统将会弹出保存原理图文件对话框，如图 7-26 所示。在对话框中选择保存路径并输入文件名称，单击【保存】按钮，即可保存。

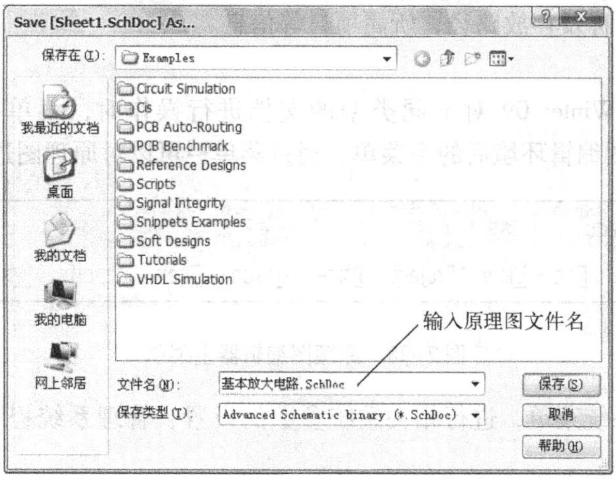

图 7-26　保存原理图文件对话框

(5) 关闭文件和项目

设计结束后，可选择菜单【File】→【Exit】来关闭文件或在要关闭的文件标签上单击鼠标右键，在弹出的快捷菜单中选择【Close ＊】（＊为文件名）。如果项目或文件没有保存，则系统会提示存盘。

2. 原理图编辑器简介

新建原理图后会打开原理图编辑器窗口，如图 7-27 所示。该窗口主要有标题栏、菜单栏、工具栏、状态栏及命令提示栏、工作面板、原理图编辑区等组成。

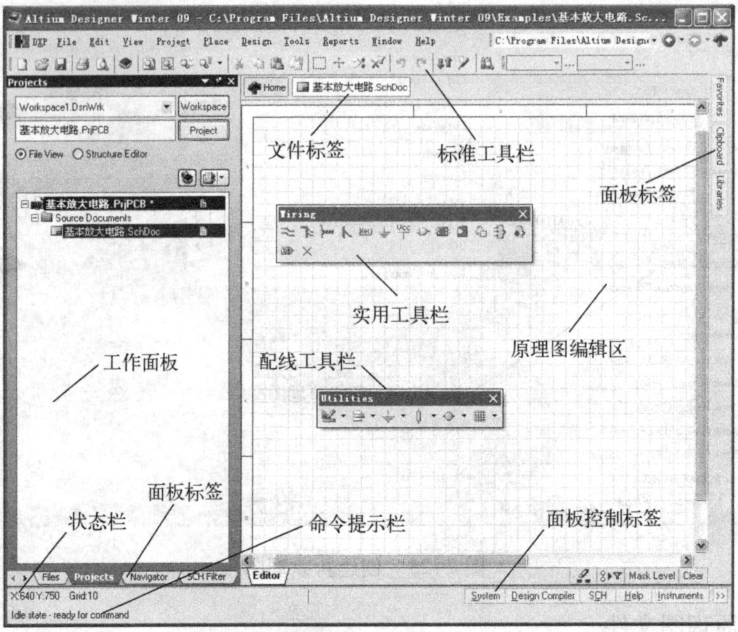

图 7-27　原理图编辑器窗口

（1）标题栏

在原理图编辑器窗口中，标题栏显示了 Altium Designer Winter 09 软件标志 DXP 和所创建的原理图文件名称及存放路径、所属项目等信息。

（2）菜单栏

Altium Designer Winter 09 对不同类型的文档进行操作时，菜单栏会发生相应变化。图 7-28为进入原理图编辑环境后的主菜单，通过菜单栏可以对原理图进行各种编辑操作。

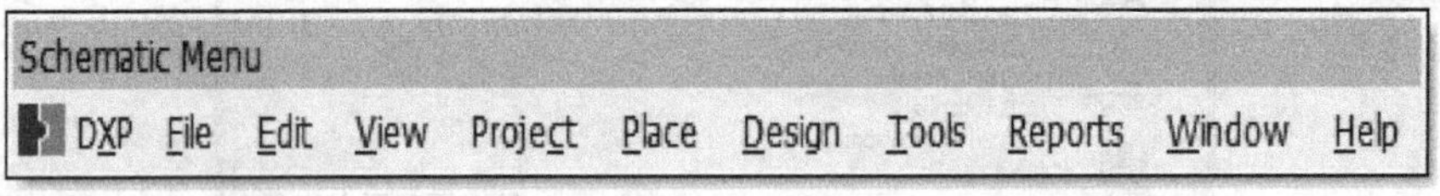

图 7-28　原理图编辑器主菜单

1） DXP ：系统菜单，进行相关系统参数的设置、管理系统程序、改变其他菜单和工具栏的设置等。

2）【File】：主要用于项目和文件的创建、打开、关闭、保存及打印等操作。

3）【Edit】：主要提供一些与电路原理图编辑相关的操作，如撤销、裁剪、复制、粘贴、查找、选择、移动等。

4)【View】：主要用来设置编辑环境的外观，包括放大或缩小工作窗口、打开或关闭工具栏与工作面板、显示或关闭状态栏、切换网格与单位以及对桌面布局的管理等。

5)【Project】：主要用于对整个设计项目的编译、分析和版本控制以及在项目中添加、删除、打开、关闭文件等。

6)【Place】：主要用于放置元器件、导线、网络标号等电气符号及文字标注、图形等。

7)【Design】：主要包括元件库管理、层次原理图操作、原理图仿真等功能。

8)【Tools】：主要包括查找与标注元件等功能。

9)【Reports】：主要用于产生原理图元件清单报表等。

10)【Window】：主要用于改变窗口的显示方式等。

11)【Help】：主要用于为用户提供帮助信息。

(3) 工具栏

工具栏的作用是给用户提供一种快捷、方便的命令启动方式。原理图编辑器主要包括标准工具栏、配线工具栏、实用工具栏等。可以用鼠标在工作界面上拖动工具栏。

1) 标准工具栏：如图 7-29 所示，主要包括新建、打开、保存、打印、窗口的放大与缩小、复制、粘贴、撤销、选择、帮助等常用工具。

图 7-29　标准工具栏

2) 配线工具栏：如图 7-30 所示，主要用于在原理图中放置具有电气特性的元器件、电源、网络标签、端口、图纸符号和导线等。

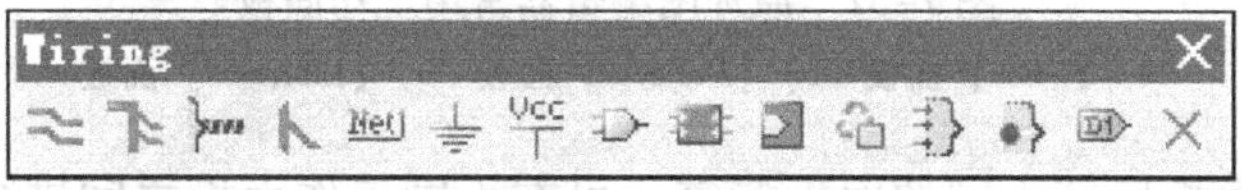

图 7-30　配线工具栏

3) 实用工具栏：如图 7-31 所示，包括绘图工具、调准工具、电源、数字式设备、仿真电源及网络等，分别用于绘制图形、对齐对象、放置电源与接地符号、放置常用元器件、放置仿真电源以及设置网格等。

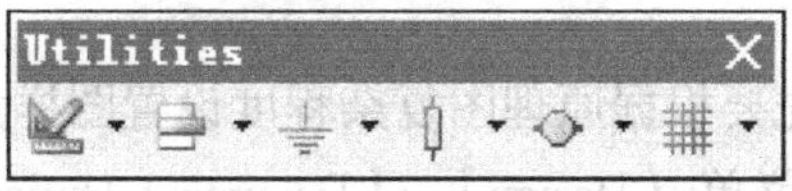

图 7-31　实用工具栏

(4) 状态栏及命令提示栏

状态栏及命令提示栏位于原理图编辑器的左下角，主要用于显示系统当前所处的状态，如光标的位置、栅格的尺寸等信息。

命令提示栏位于状态栏的下方，用来显示当前操作状态下的可用命令。

状态栏及命令提示栏可以通过执行【View】→【Status Bar】和【View】→【Command Status】菜单命令控制其是否被显示出来。

(5) 工作面板

Altium Designer Winter 09 启动时的默认工作面板主要包括【Files】(文件)、【Projects】(项目)、【Navigator】(导航)、【Help】(帮助)、【Favorites】(收藏)、【Clipboard】(剪贴板)、【Libraries】(元件库) 等。前 4 个工作面板通常位于工作窗口的左侧，后 3 个工作面板则通常位于工作窗口的右侧。

比较常用的工作面板有【Files】、【Projects】和【Libraries】3 种，如图 7-32 所示。其中【Files】工作面板主要用于新建与打开各类文档；【Projects】工作面板主要用于管理项目文件；【Libraries】工作面板则主要用于管理元件库，包括装载与卸载元件库、查找与放置元件等。

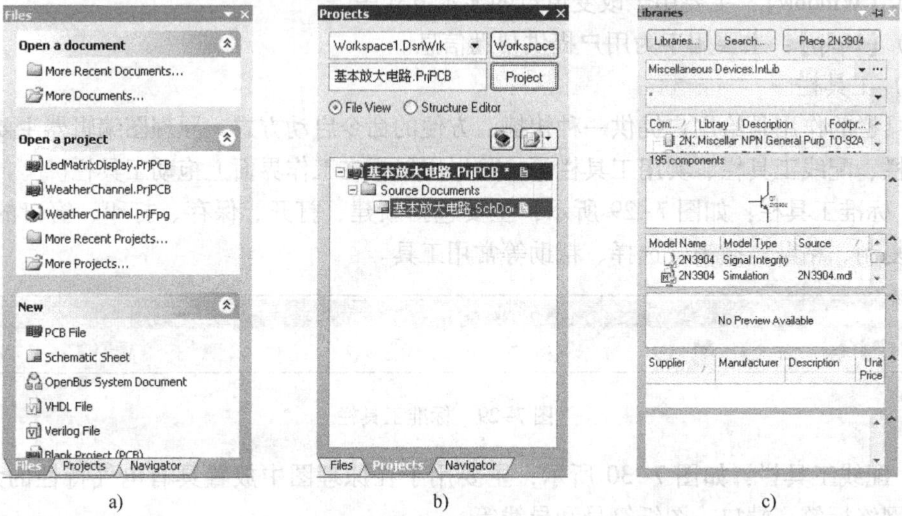

图 7-32 原理图编辑器常用工作面板

a)【Files】面板 b)【Projects】面板 c)【Libraries】面板

单击左侧工作面板底部不同的面板标签，可在不同工作面板之间进行切换。将鼠标移动到右侧某一工作面板标签上稍作停留，则会自动展开相应的工作面板；鼠标移走一段时间后，面板会自动收缩处于隐藏状态。

工作面板右上角的 按钮表示面板处于锁定状态，单击之后变为 ，表示面板处于自动展开/收缩状态。单击 按钮可关闭工作面板。

3. 设置原理图图纸

在编辑原理图前，一般先要根据原理图复杂程度设置图样大小、方向、颜色、网格等参数及文件信息等。通过选择菜单【Design】→【Document Options】，打开如图 7-33 所示的【Document Options】(文档选项) 对话框进行设置，该对话框包括【Sheet Options】(图样选项)、【Parameters】(参数) 和【Units】(单位) 3 个选项卡。

(1) 设置图样样式

在【Document Options】对话框中单击【Sheet Options】选项卡，可设置图样的大小、方向、网格等。

1) 选择标准图样。

单击【Standard Style】下拉菜单的 按钮，在弹出的下拉列表中选择 Altium Designer

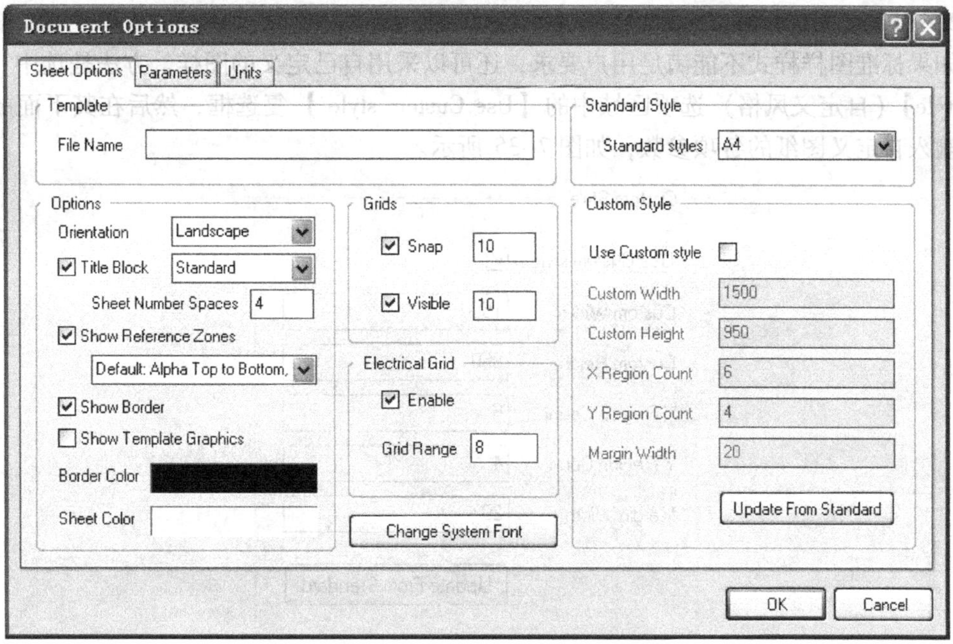

图 7-33 【Document Options】（文档选项）对话框

Winter 09 原理图设计系统支持的标准图样类型，如图 7-34 所示。该设置框提供了如下标准尺寸图样。

① 米制：A0、A1、A2、A3、A4，其中 A4 最小。

② 英制：A、B、C、D、E，其中 A 最小。

③ 其他：Altium 还支持其他类型图样，如 Letter、Legal 等。

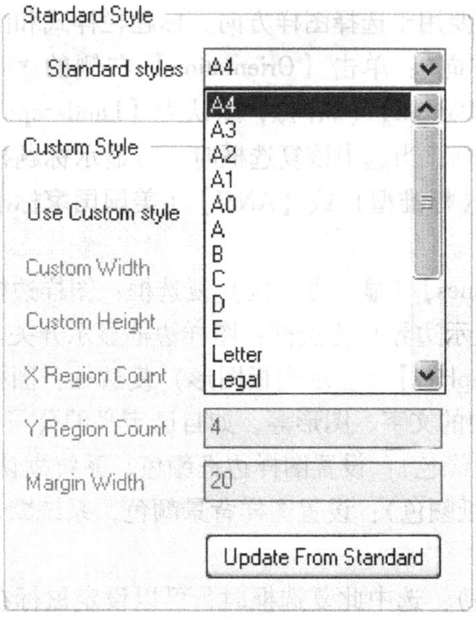

图 7-34 选择标准图样类型

2）自定义图样样式。

如果标准图样样式不能满足用户要求，还可以采用自己定义的图样。方法是选中【Custom Style】（自定义风格）选项区域中的【Use Custom style 】复选框，然后在其下面的文本框中输入自定义图纸的各项参数，如图 7-35 所示。

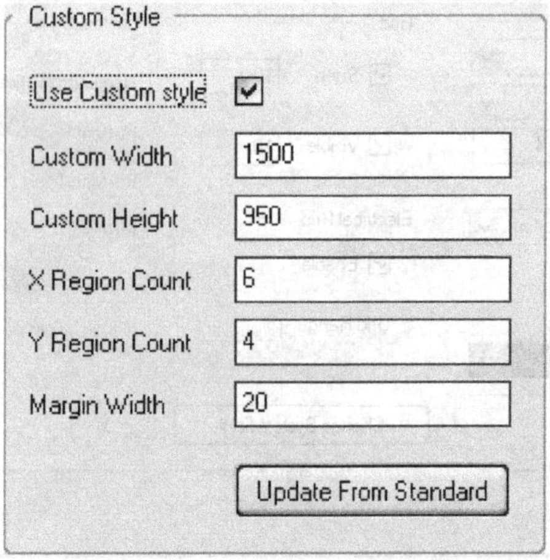

图 7-35　使用自定义图纸

①【Custom Width】：设定自定义图样的宽度，默认单位为 10mil（毫英寸）。

②【Custom Height】：设定自定义图样的高度，默认单位为 10mil。

③【X Region Count】：设定自定义图样水平方向参考边框的分区数。

④【Y Region Count】：设定自定义图样垂直方向参考边框的分区数。

⑤【Margin Width】：设置自定义图样边框的宽度。

3）设置图样方向、标题栏及颜色。

【Options】选项区域主要用于选择图样方向、标题栏样式和图样颜色等。

①【Orientation】（方向）：单击【Orientation】右侧的▾按钮，从下拉列表中选择【Landscape】（横向）或【Portrait】（纵向），默认为【Landscape】。

②【Title Block】复选框：当选中该复选框时，将显示标题栏，此时可单击其右侧的▾按钮从中选择【Standard】（标准型）或【ANSI】（美国国家标准协会）标题栏。若不选中该复选框，则不显示标题栏。

③【Show Reference Zones】（显示参考区）复选框：图样边框中的参考坐标显示开关。

④【Show Border】（显示边界）复选框：图样边框显示开关。

⑤【Show Template Graphics】（显示模板图形）复选框：图样模板显示开关，选中该复选框时，将显示模板文件中的文字、图形等，如自己定义的公司标志。

⑥【Border Color】（边缘色）：设置图样边框颜色，系统默认为黑色。

⑦【Sheet Color】（图纸颜色）：设置图样背景颜色，系统默认为白色。

4）网格设置。

①【Snap】（捕获网格）：选中此复选框时，可以设定鼠标在图样上的移动距离，即用鼠标拖动元件或画导线时，每次移动的最小距离，系统默认为 10。设定距离由捕获右边文本框内的数字来确定，例如，当捕获网格设定为 20 时，光标将以 20 为基本单位移动，其目

的是为了方便对准目标或引脚。如果不选中此项，则光标移动时将以1个像素作为移动的基本单位。

②【Visible】（可视网格）：选中该复选框时，将在图样上显示网形栅格，图样上显示的栅格间距由右边文本框内的数字确定，系统默认为10。它不会影响光标的位移量，只会影响视觉效果。如果不选中此项，则图样上将不会显示网格。

如果将【Snap】和【Visible】两项同时选中并设置为相同的值时，则光标每次移动一个网格；如果将【Snap】项设置为10，【Visible】项设置为20时，则光标每次移动半个网格。

5）电气网格设置。

选中【Electrical Grid】选项区域中的【Enable】复选框可以定义电气节点自动捕捉范围，即在画导线时将以箭头光标为圆心，以【Grid Range】栏中的数值为半径，向四周搜索电气节点并自动跳到最近的电气对象上，以保证准确的连接；在移动元件时，也能自动捕捉到最近的电气节点和对象，给连线带来方便。如果取消该功能，则系统不会自动搜寻电气节点。

6）设置系统字体。

在Altium Designer Winter 09电路原理图中经常需要插入一些汉字或英文，系统可以为这些插入的字或词设置字体。如果插入文字时不单独进行字体设置，则使用系统默认的字体。

在【Document Options】对话框中，单击【Change System Font】按钮，则会弹出【Font】（字体）对话框，此时可以进行字体、字形、大小、颜色和字符集以及效果设置。

（2）设置图样参数

在【Document Options】对话框中单击【Parameters】选项卡，可通过对相应选项的【Value】字段进行操作来填写图样信息，如图7-36所示。主要有如下信息。

① Address 1 ~ Address 4：公司地址1 ~ 4。

② Approved By：批准者。

③ Author：设计者。

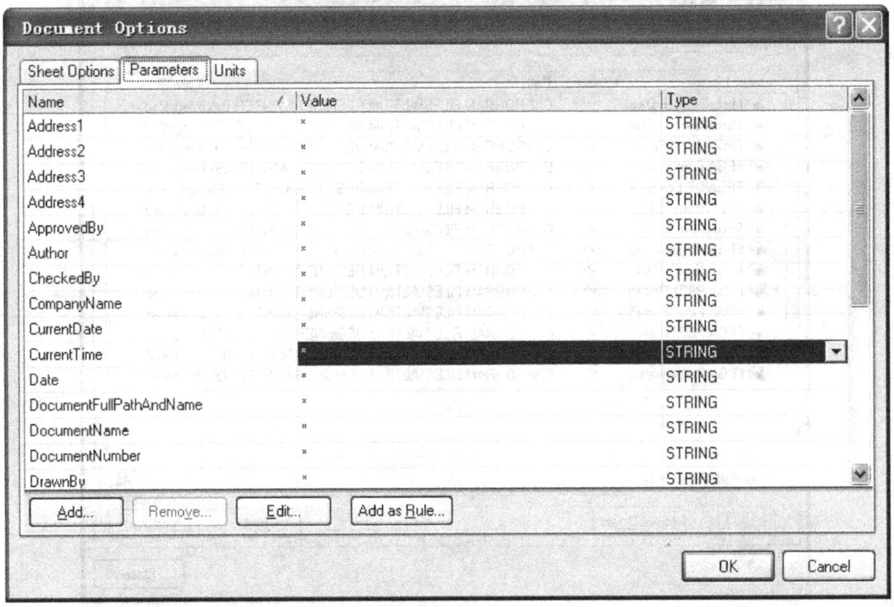

图7-36　图样参数设置

④ Checked By：校对者。

⑤ Drawn By：绘图者。

⑥ Organization：机构名称。

⑦ Current Time：当前时间。

⑧ Sheet Number：图样页数。

⑨ Engineer：工程师。

⑩ Title：标题。

4. 放置元件与设置元件属性

Altium Designer Winter 09 支持很多种元器件，这些元器件分别保存于不同的集成元件库中。所谓集成元件库，即将元件的各种模型集成在一个库文件中。而绘制电路原理图就是一个不断放置元件和连线的过程，因此在向电路原理图放置元件之前，应该先将该元件所在元件库载入内存。但是如果一次加载过多的元件库，将会占用较多的系统资源，从而降低应用程序的运行效率。所以最好的做法是先载入常用元件库，其他特殊元件在用到时再加载。

（1）浏览并装载元件库

如果已经知道元件所在的元件库，可以直接加载该元件库。具体操作方法如下。

1）单击原理图编辑器窗口右侧面板标签中的【Libraries】，系统将会弹出【Libraries】工作面板，如图 7-4 所示。Altium Designer Winter 09 原理图编辑系统默认已经装入两个集成元件库，即连接器元件库（Miscellaneous Connectors. IntLib）和常用元件杂项库（Miscellaneous devices. Intlib）。

2）单击【Libraries】工作面板中的【Libraries】按钮，系统将会弹出【Available Libraries】对话框；单击【Installed】选项卡，显示出系统中已经装载的元件库的名称及路径，如图 7-37 所示。

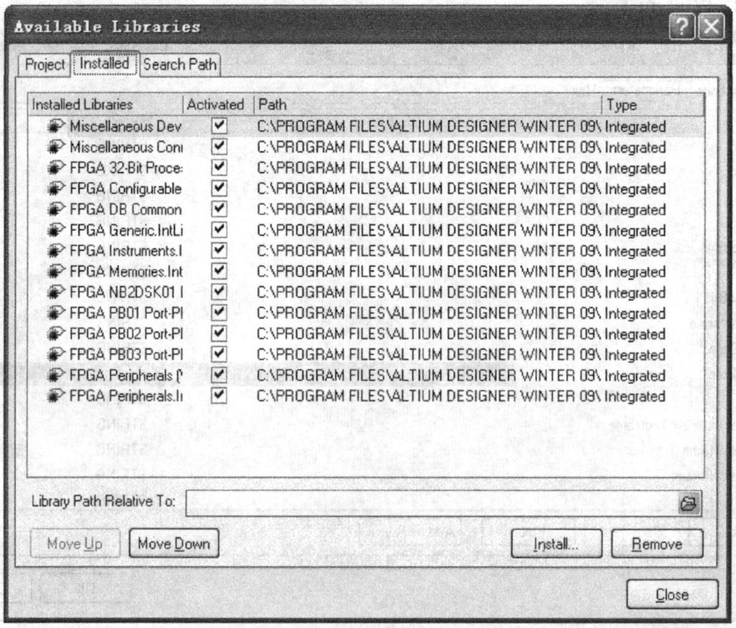

图 7-37 【Installed】对话框

3）单击右下部的【Install】按钮，系统将会弹出【打开】对话框，如图 7-38 所示。用户选择需要加载的元件类型（可在文件类型中选择 *.SchLib 或者 *.IntLib 等类型，前者只包括原理图元件库文件，后者是集成库文件）及所在路径、名称，然后单击【打开】按钮，所选元件库立即会出现在【Installed Libraries】列表中，成为当前活动的元件库。

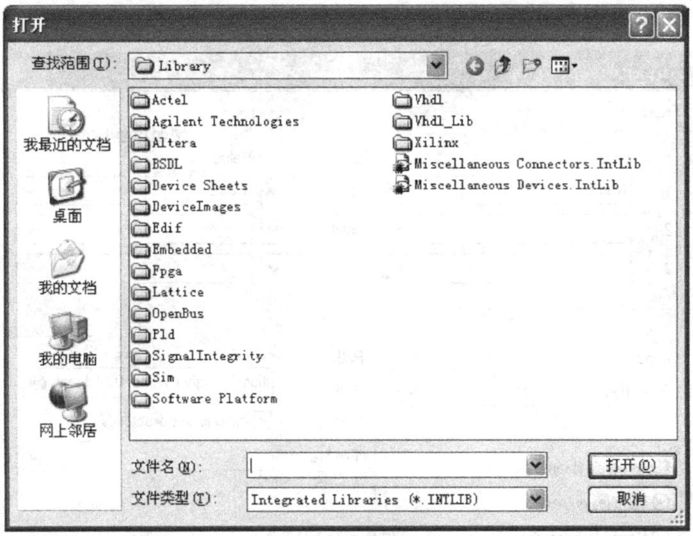

图 7-38 安装元件库列表

（2）查找并装载元件库

如果不知道元件所在的元件库，则可以通过元件搜索功能添加元件库文件。操作步骤如下。

1）在【Libraries】工作面板中单击【Search】按钮或选择【Tools】→【Find Component】菜单命令，系统将弹出【Libraries Search】（元件库查找）对话框，如图 7-39 所示。

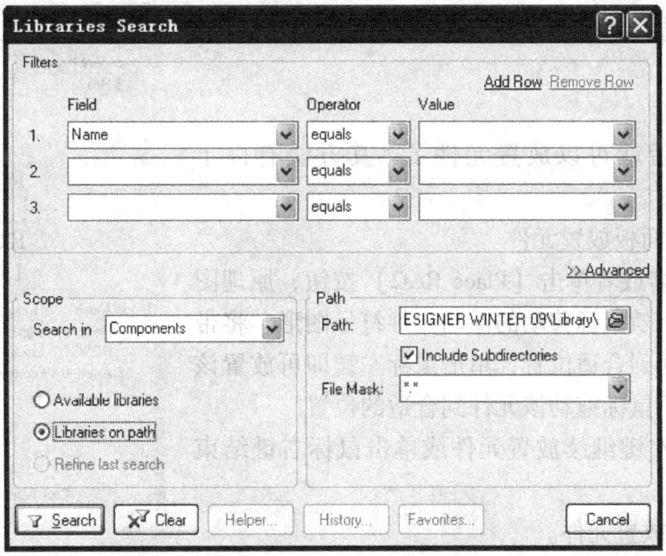

图 7-39 【Libraries Search】（元件库查找）对话框

2）选中对话框中【Libraries on Path】单选按钮后，在【Path】选项区域中单击 按钮，找到 Altium Designer Winter 09 库文件安装路径（一般在安装文件的 Library 文件夹中），并选中【Include Subdirectories】复选框。

3）在【Field】选项区域内的【Value】下方文本框中输入需要查找的元件名称，如“Res2”，进行查找，如图 7-40 所示。

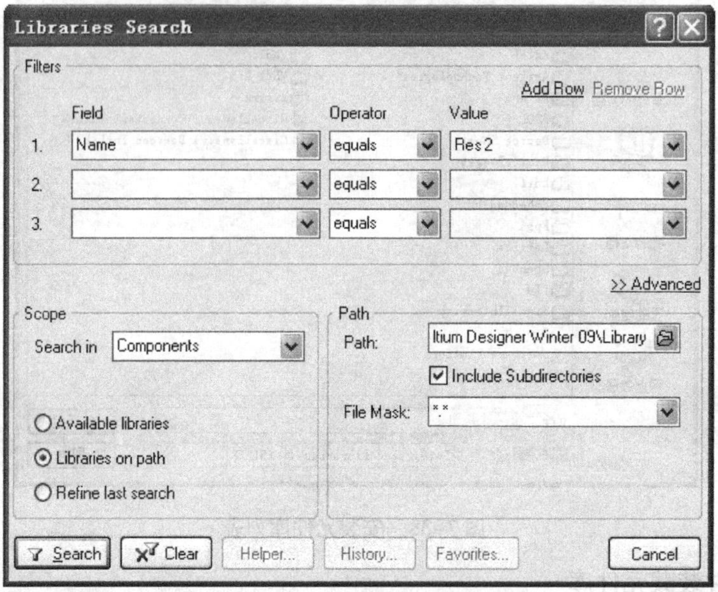

图 7-40　输入查找元件名称

4）单击【Search】按钮开始查找。在查找过程中，若已找到元件，则可单击【Stop】按钮结束搜索。查找结果显示于窗口中，如图 7-41 为“Res2”的查找结果，从查找结果窗口中选择所需的元件型号，则会显示该元件的符号和封装。

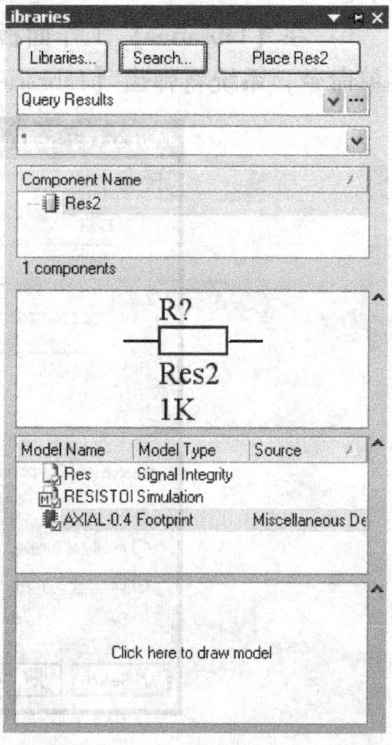

图 7-41　元件查找结果

（3）放置元件

查找到元件后就可以放置元件了，其方法有以下几种。

1）通过工作面板放置元件。

① 双击元件名或者单击【Place Res2】按钮，原理图编辑区将出现一个随鼠标移动的浮动元件符号图形，将带有元件的光标移动到合适位置，单击鼠标左键即可放置该元件，也可直接用鼠标拖动该元件到合适的位置。

② 单击鼠标左键继续放置元件或单击鼠标右键结束放置元件。

2）通过菜单放置元件。

通过菜单选择【Place】→【Part】或者在原理图编辑区单击鼠标右键，在弹出的快捷菜单中选择【Place

Part】，也可按键盘中的〈P〉键，打开【Place Part】对话框。单击【Physical Component】下拉列表后面的...按钮，弹出【Browse Libraries】（浏览元件库）对话框，如图7-42所示，在【Mask】文本框中输入元件名称，如“Res2”。再单击【OK】按钮，即可弹出元件“Res2”的【Place Part】（放置元件）对话框，如图7-43所示，设置相关参数后，单击【OK】按钮便可放置元件。

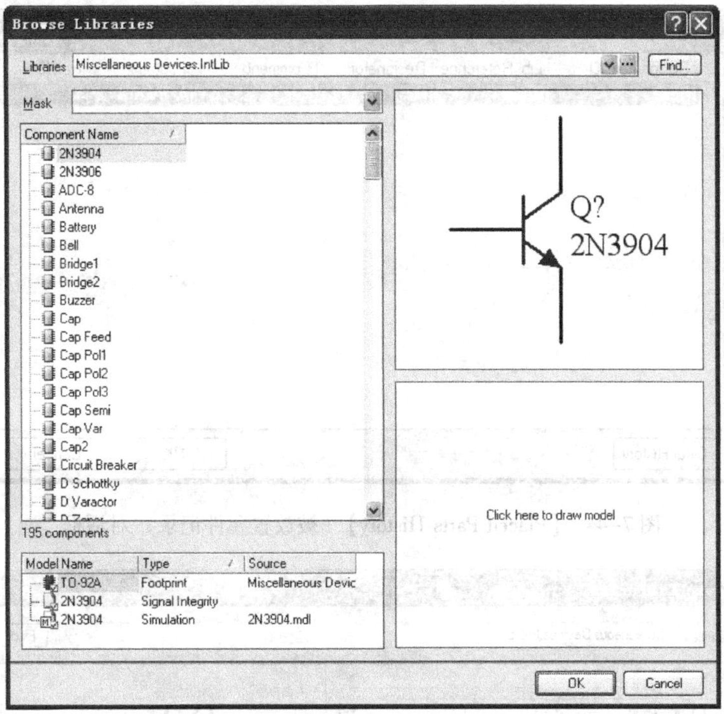

图7-42　从【Libraries】工作面板中选取元件

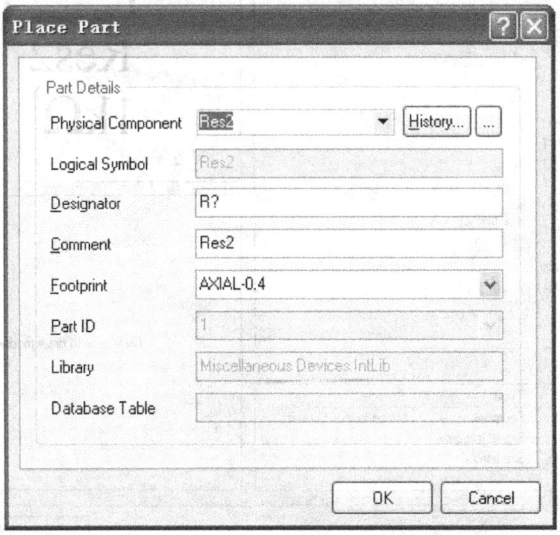

图7-43　【Place Part】（放置元件）对话框

3）通过工具栏中的 按钮，也可以打开图 7-43 中的【Place Part】对话框。

注意：单击【Place Part】对话框中的【History】按钮可以打开【Placed Parts History】（被放置元件记录）对话框，从中可快速选择曾经打开过的元件，如图 7-44 所示；也可单击按钮打开【Browse Libraries】（浏览元件库）对话框，从中选择需要放置的元件，如图 7-45 所示。

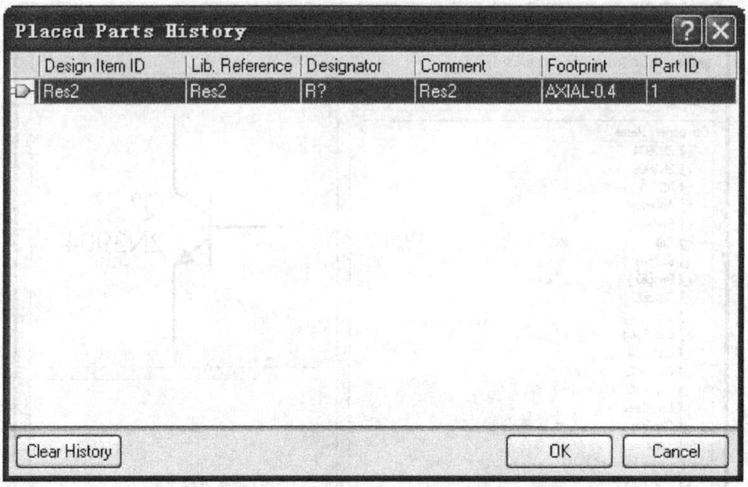

图 7-44 【Placed Parts History】（被放置元件记录）对话框

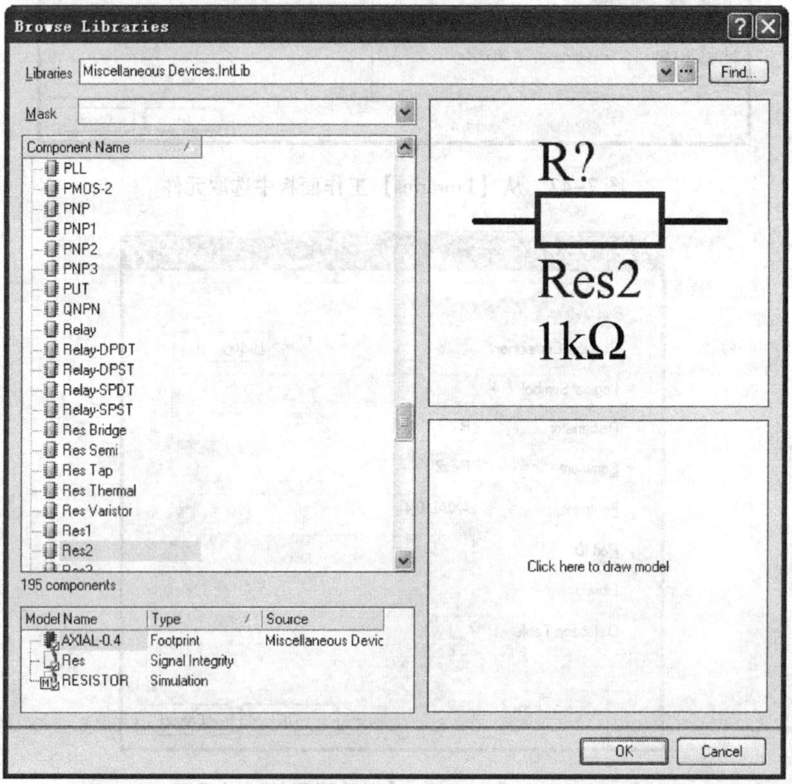

图 7-45 【Browse Libraries】（浏览元件库）对话框

(4) 设置元件属性

放置元件后，还需要设置元件属性，以防止元件属性不当而影响原理图以及生成的网络表和设计印制电路板的效果。

1) 设置元件属性的方法。

在元件处于放置状态时按下〈Tab〉键，或者在元件放置完成后双击该元件，可打开【Component Properties】(元件属性) 设置对话框，如图 7-7 所示。

2)【Component Properties】对话框主要属性。

①【Designator】: 即元件标识符，将“?”更改为数字后，连续放置元件时标识符会自动递增。其右侧的【Visible】复选框用于设置是否显示元件标号。

②【Comment】: 即元件参数或型号，其右侧的【Visible】复选框用于设置是否显示元件参数或型号。

③【Design Item ID】: 即元件在元件库中的名字，单击其右方的【Choose】按钮可以打开【Browse Libraries】(浏览元件库) 对话框。

④【Library Name】: 即元件所在的库文件，一般不作修改。

⑤【Description】: 描述元件在元件库中的信息。

⑥【Graphical】: 此区域为图形区，用于编辑元件的位置、方向样式、验收、边线以及引脚颜色等。

⑦【Show All Pins On Sheet (Even if Hidden)】: 显示/隐藏引脚，TTL 元件一般隐藏了电源和接地引脚。

⑧【Lock Pins】: 选中该复选框时，可以锁定元件引脚，此时元件的引脚就不能编辑了。

3) 修改元件参数与封装。

在【Component Properties】对话框右侧的列表框中显示了元件的参数列表信息，包括元件的类别、名称、制作日期和参数等。如果要编辑相应信息，可直接编辑修改相应信息。

如果要一次性编辑该元件的所有属性，可在某参数上双击鼠标左键，或单击【Edit】按钮，在弹出的【Parameter Properties】(参数属性) 对话框中进行设置，如图 7-46 所示。

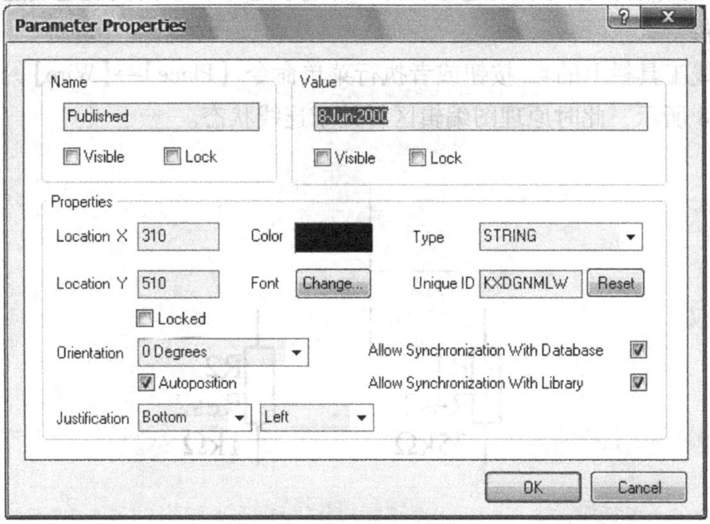

图 7-46 【Parameter Properties】对话框

4）编辑元件引脚。

单击【Component Properties】对话框左下角的【Edit Pins】按钮，将打开【Component Pin Editor】（引脚属性）对话框，可在此对话框中设置引脚的参数，如图 7-47 所示。

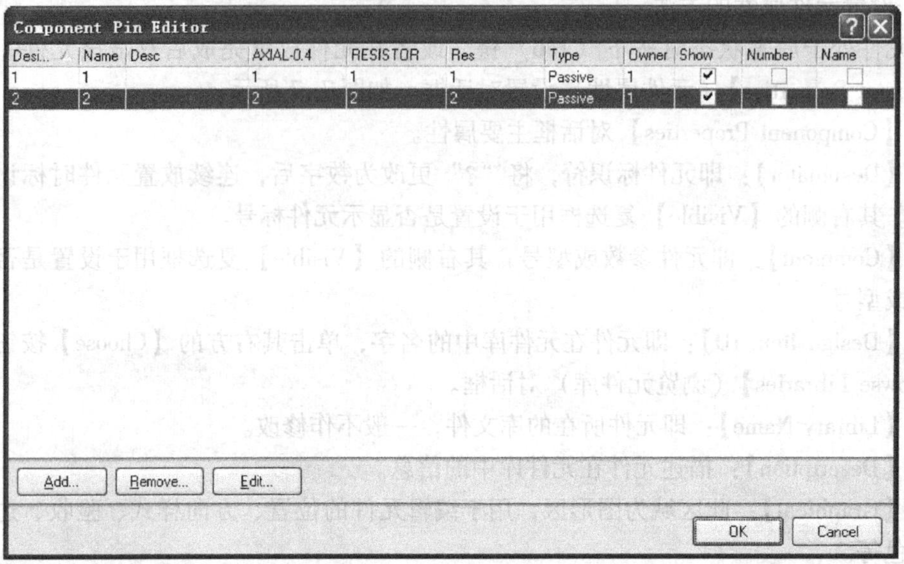

图 7-47 【Component Pin Editor】对话框

（5）改变元件放置方向

当需要调整元件方向时，先选中该元件，然后按住鼠标左键不放，同时按下〈Space〉键，每按一次〈Space〉键，元件将沿逆时针方向旋转 90°；也可按〈X〉键使元件左右翻转，按〈Y〉键使元件上下翻转（此时，〈Space〉键、〈X〉键、〈Y〉键应处于英文输入方式）。

5. 放置导线与设置导线属性

放置完所需元件后，就可以通过导线将元件连接起来，从而实现电气连接。

（1）放置导线

1）单击连线工具栏上的≈按钮或者执行菜单命令【Place】→【Wire】，鼠标指针将变为十字形如图 7-48 所示，此时原理图编辑区将处于连线状态。

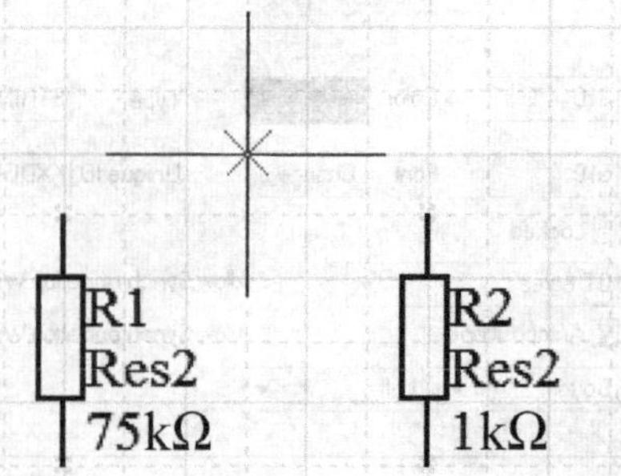

图 7-48 十字形鼠标指针

2）移动鼠标指针至连线起点，当十字光标变为红色米字形时表示找到了一个电气节点，单击鼠标左键确定导线起点。

3）拖动鼠标，此时会出现一条随鼠标指针移动的预拉线，如图 7-49 所示。

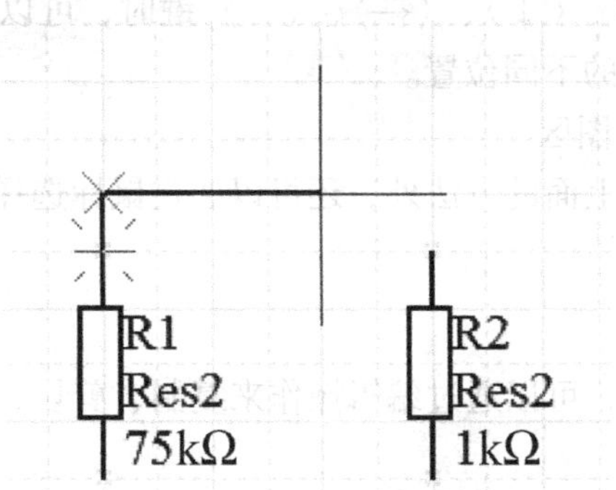

图 7-49　拖动鼠标形成预拉线

4）在绘制导线过程中，按〈Space〉键或〈Shift + Space〉组合键，可以改变导线布线的方向或转弯模式。在放置导线时，单击鼠标左键可以实现一次转弯。

（2）设置导线属性

在连线状态下按〈Tab〉键或在放置完导线后双击鼠标左键，系统将会弹出【Wire】对话框，可修改导线的颜色和宽度，如图 7-50 所示。

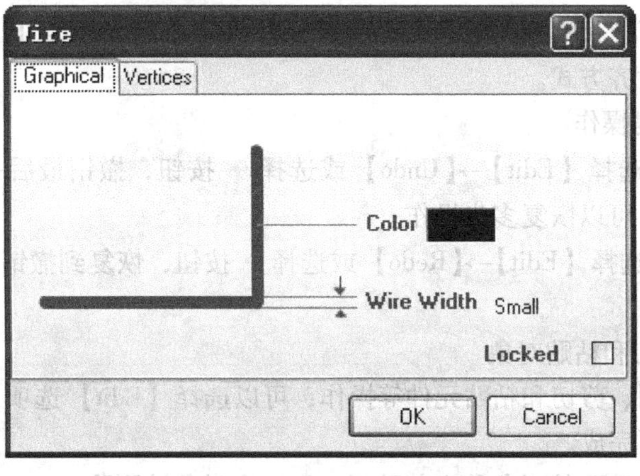

图 7-50　【Wire】对话框

6. 改变视窗操作

Altium Designer Winter 09 提供了放大、缩小和移动绘图区等功能，可以让用户在绘图过程中随意查看整张原理图或局部区域。

（1）命令状态下改变绘图区

在绘图模式下可以通过键盘或键盘 + 鼠标滚轮来实现绘图区的缩放与移动。

1）放大/缩小：按快捷键〈Page Up〉/〈Page Down〉或者按住〈Ctrl〉键的同时鼠标

滚轮向前/向后滚动，将会使绘图区以光标为中心放大/缩小显示。

2）更新：按快捷键〈End〉，系统将会对绘图区中的图形进行刷新，可以校正或消除原理图画面中的变形或杂点。

3）移动：分别按〈↑〉、〈↓〉、〈←〉、〈→〉键时，可以分别上移、下移、左移、右移绘图窗口，以查看绘图区的不同位置。

（2）闲置状态下改变绘图区

闲置状态下除了可以用上面的方法外，还可以通过鼠标选择菜单或单击工具栏按钮实现绘图区的缩放与移动。

7. 编辑对象

在绘制原理图的过程中，可以通过编辑操作来复制、剪切、移动一个或一组对象。

（1）选取对象

在完成对象的复制、剪切、移动等操作前，必须先选中需要操作的对象。常用方法为选择需要选取对象方位的一个顶点，按住鼠标左键不放，光标变成十字形。若需要同时选取多个对象，则鼠标移动到合适位置，在原理图图纸上拖出一个矩形框，选中框内所有对象，此时松开鼠标左键，被选取的对象将包围在一个线框中；也可以按住〈Shift〉键不放，逐个单击需要选取的对象，选取完毕后，再放开〈Shift〉键。

（2）删除对象

先选取需要删除的对象，然后直接按〈Delete〉键，或者选择【Edit】→【Delete】菜单命令，再逐个单击需要删除的对象。

（3）对齐对象

连接导线前，可通过排列与对齐命令，对元件进行布局。选择【Edit】→【Align】菜单命令，选择相应的对齐方式。

（4）撤销与恢复操作

1）撤销命令：选择【Edit】→【Undo】或选择按钮，撤销最后一步操作，恢复到上一步状态，连续执行可以恢复多步操作。

2）重做命令：选择【Edit】→【Redo】或选择按钮，恢复到撤销前的状态，连续执行可以恢复多步操作。

（5）复制、剪切和粘贴对象

如果要进行复制、剪切和粘贴元件等操作，可以选择【Edit】选项，在弹出的子菜单中选取相应的命令即可完成。

【Cut】剪切。将选取的对象移入剪贴板，且选取对象被删除。

【Copy】复制。直接创建副本。

【Paste】粘贴。将剪贴板内容作为副本粘贴到原理图中。

【Paste Array】粘贴队列。按一定的排列格式将剪贴板内容作为副本一次性重复粘贴，形成多个副本。

也可使用工具栏快捷按钮，完成各项操作。

8. 原理图编译及检查

Altium Designer Winter 09 提供对原理图进行编译和错误检查的功能，能够在原理图中有错的地方加以标记，从而方便用户检查错误。

1）执行菜单命令【Project】→【Compile PCB Project ＊. PrjPCB】命令（＊为项目名称），编译 PCB 项目。若被检查文件为单个文件，则执行【Project】→【Compile Document ＊. SchDoc】（＊为原理图名称）。

2）编译后，单击【System】控制中心面板中的【Messages】工作面板，系统的自动检错结果会显示其中，同时在原理图文件中的相应出错处以红色波浪线标记。

3）双击 ERC 检错报告中的某行错误，系统会弹出【Compile Errors】对话框，在该对话框中单击出错元件后，原理图中相应的对象将高亮显示，其他部分淡化，因此用户可快速定位错误处，从而更加方便快捷地进行修改。

9. 生成网络表

（1）生成网络表文件

执行菜单命令【Design】→【Netlist For Project】→【Protel】，系统会根据原理图的连接关系生成 Protel 格式的网络表，并以“＊. Net”（＊为项目名称）命名，保存在“Generated”文件夹下的“Protel Netlist File”子文件夹中。

（2）查看网络表文件

双击“Protel Netlist File”子文件夹下的“＊. Net”（＊为项目名称）文件，可打开网络表文件进行查看。网络表文件包含元件描述和网络描述两部分。每一个元件描述放置在一对“[ ]”符号内，记录元件的型号、编号、封装形式及注释信息等；每一个网络描述放置一对圆括号“( )”中，记录网络标签名、该网络连接的所有元件引脚等。

7.5 提高练习

1. 绘制如图 7-51 所示两级放大电路原理图。

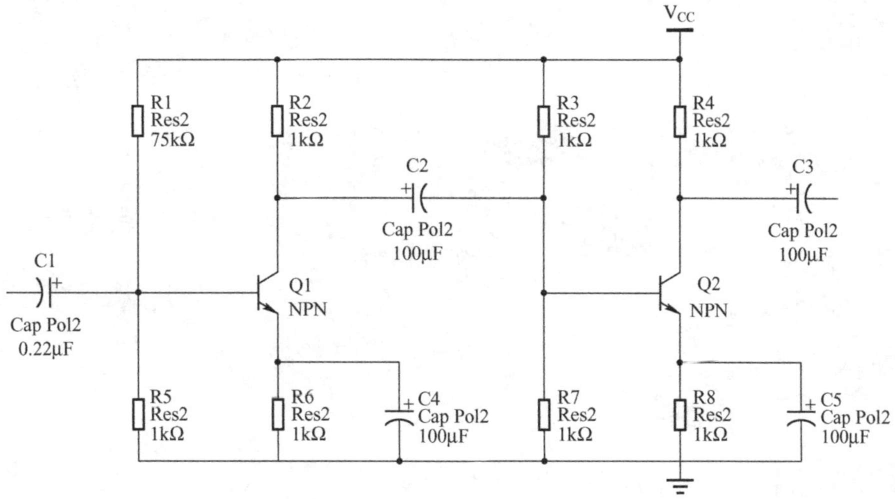

图 7-51　两级放大电路原理图

2. 绘制如图 7-52 所示多谐振荡器电路原理图。

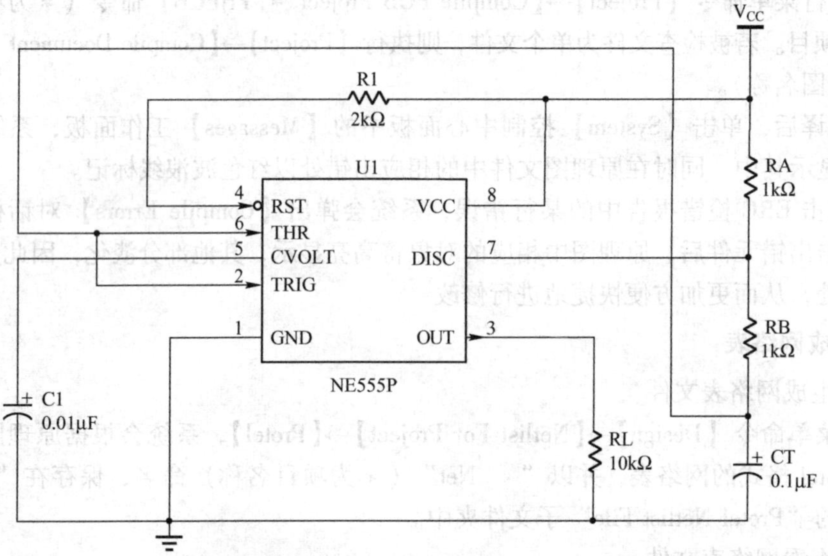

图 7-52　多谐振荡器电路原理图

实训项目 8　基本放大电路 PCB 图的设计

8.1　学习要点

1. 了解 PCB 设计的有关基础知识。
2. 了解 PCB 工作环境的设置。
3. 掌握导入网络表、装载元器件的方法。
4. 掌握自动布局及手动布局的方法。
5. 熟悉布线规则设置和自动布线的方法。

8.2　项目描述

通过设计基本放大电路的 PCB 板掌握 PCB 设计的基础知识。

8.3　项目实施

任务：设计如图 8-16 所示基本放大电路的 PCB 图。

1. 利用 Altium Designer Winter 09 新建和设置 PCB 文件

1）选择菜单【View】→【Home】，打开主界面，选择【Printed Circuit Board Design】，在【PCB Document】区域中选择【PCB Document Wizard】，启动 PCB 文件生成向导，如图 8-1 所示。

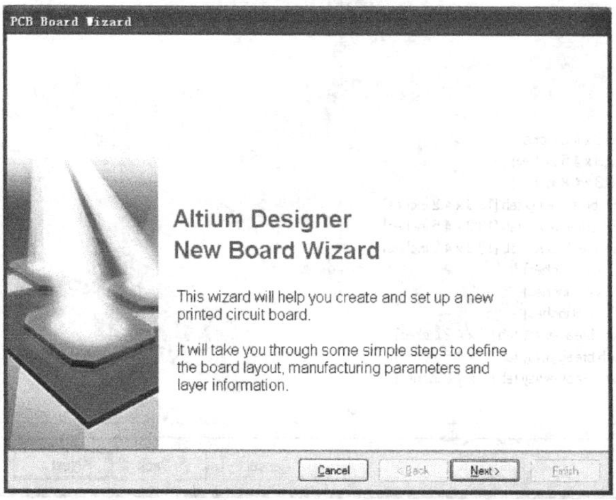

图 8-1　PCB 文件生成向导

2）单击【Next】按钮，在弹出的【Choose Board Units】（PCB 计量单位设置）对话框中选择【Imperial】单选按钮，如图 8-2 所示。

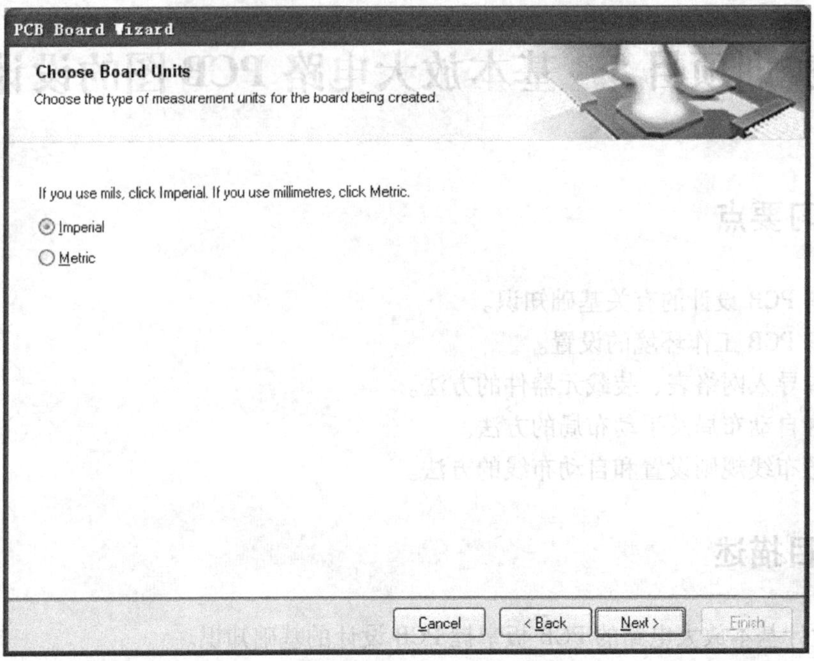

图 8-2 【Choose Board Units】对话框

3）单击【Next】按钮，在弹出的【Choose Board Profiles】（PCB 板类型选择）对话框中选择【Custom】选项，如图 8-3 所示。

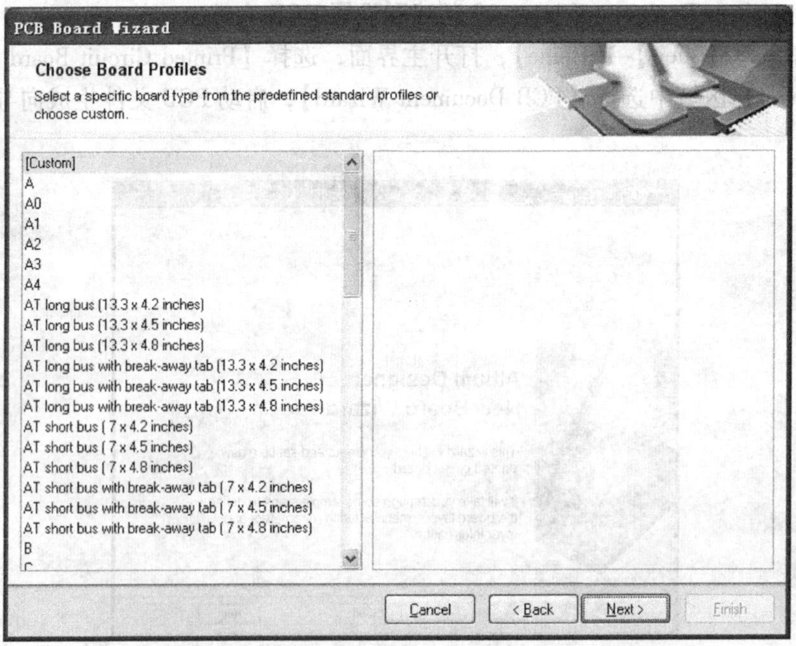

图 8-3 【Choose Board Profiles】对话框

4）单击【Next】按钮，在弹出的【Choose Board Details】（自定义 PCB 参数设置）对话框中选择参数。外形为矩形，电路板大小设置为宽“3000 mil”、高“2000 mil”，如图 8-4 所示。

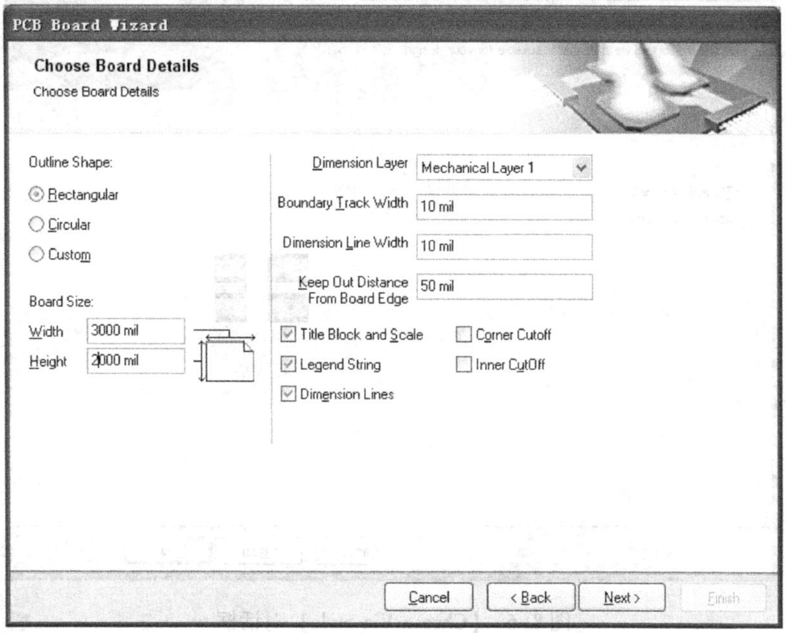

图 8-4 【Choose Board Details】对话框

5）单击【Next】按钮，在弹出的【Choose Board Layers】（电路板布线信号层数设置）对话框中，设置信号层为 2 层，内部电源层为 0 层，如图 8-5 所示。

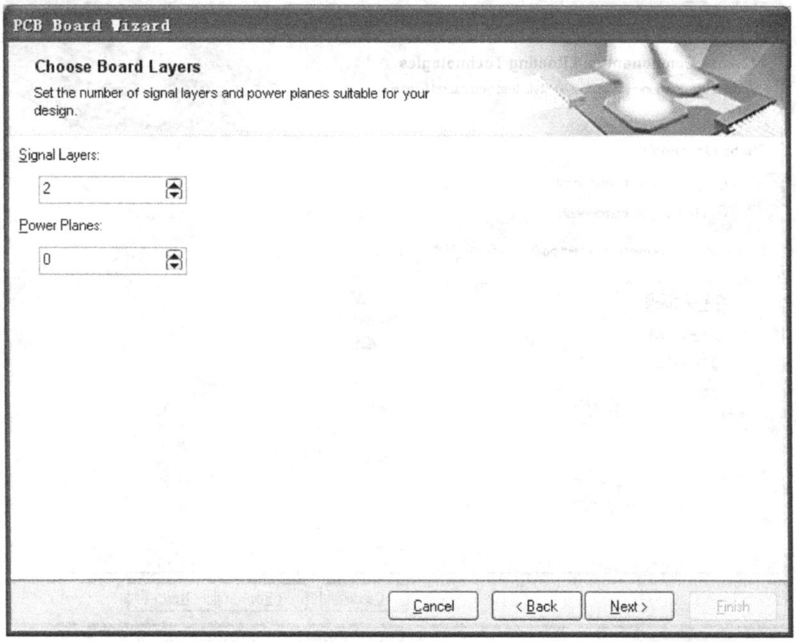

图 8-5 【Choose Board Layers】对话框

6）单击【Next】按钮，在弹出的【Choose Via Style】（过孔风格设置）对话框中，选择【Thruhole Vias only】单选按钮，如图 8-6 所示。

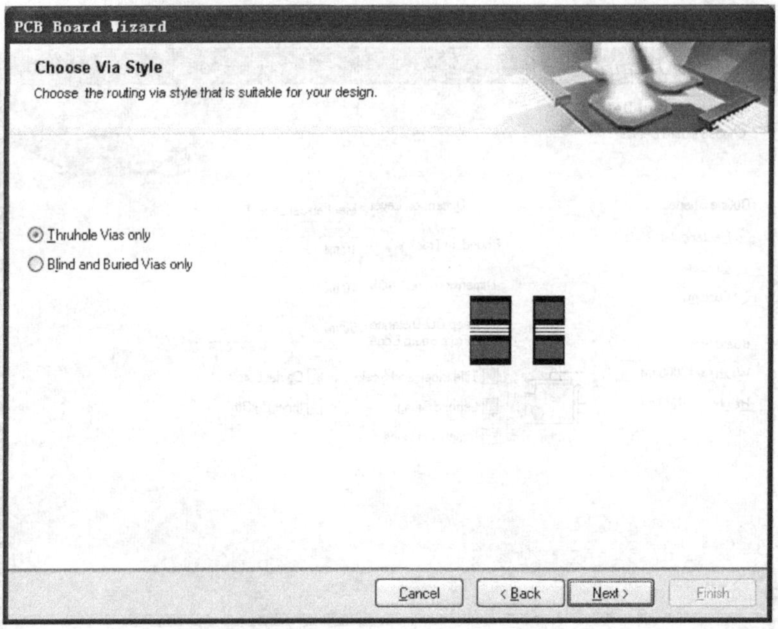

图 8-6 【Choose Via Style】对话框

7）单击【Next】按钮，在弹出的【Choose Component and Routing Technologies】（选择元件和布线逻辑）对话框中，选择【Through - hole components】单选按钮，在相邻两个过孔之间允许通过的导线数量为 1 条，即选择【One Track】，如图 8-7 所示。

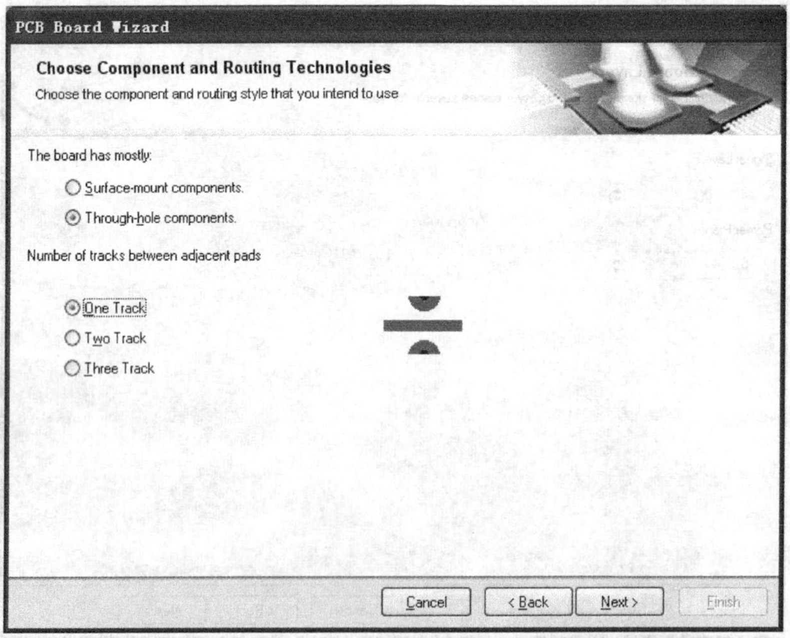

图 8-7 【Choose Component and Routing Technologies】对话框

8）单击【Next】按钮，在弹出的【Choose Default Track and Via sizes】（导线和过孔设置）对话框中，设置最小导线尺寸为“10mil”，最小过孔宽为“62mil”，最小过孔孔径为“32mil”，最小间隔为“20mil”，如图 8-8 所示。

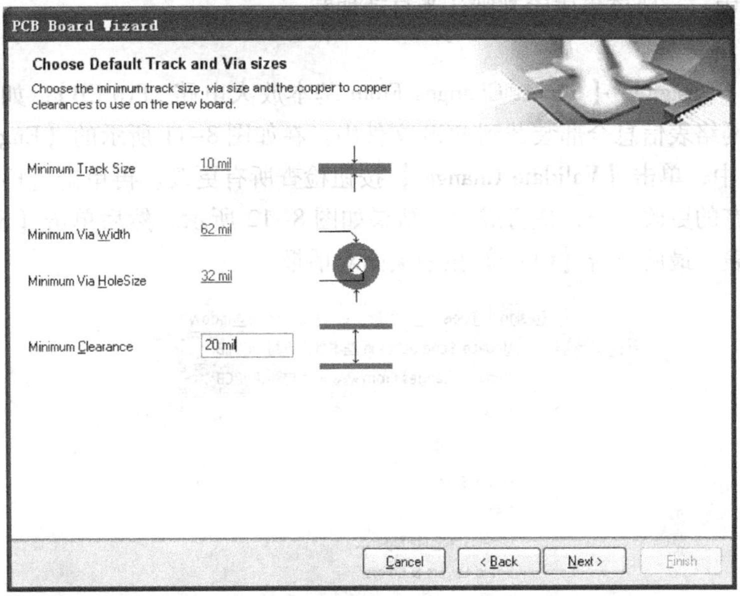

图 8-8 【Choose Default Track and Via sizes】对话框

9）单击【Next】按钮，系统弹出【Altium Designer Board Wizard is complete】（PCB 向导设置完成）对话框，如图 8-9 所示。单击【Finish】按钮，完成向导并启动 PCB 编辑器，新建的 PCB 文件默认为“PCB1. PcbDoc”，PCB 编辑区中出现已设定好的空白图纸。

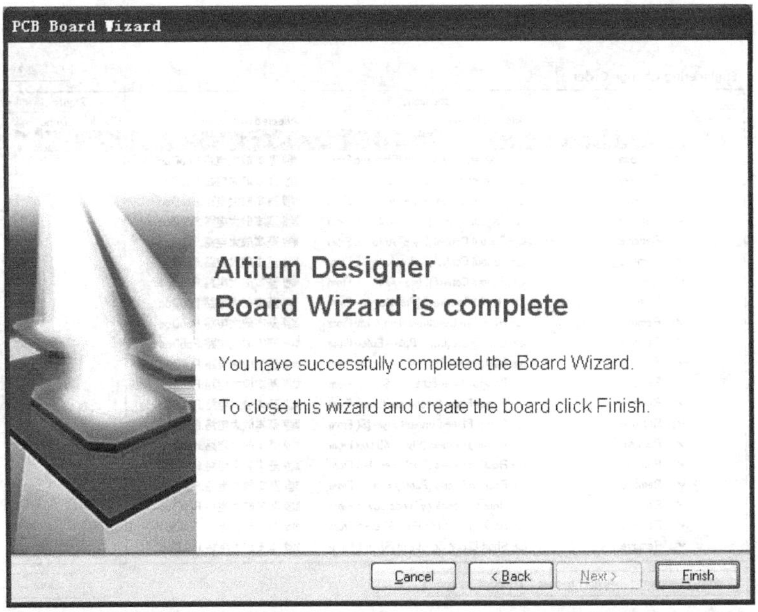

图 8-9 【Altium Designer Board Wizard is complete】对话框

10）单击 按钮，将新建的 PCB 文件另存为“基本放大电路 . PcbDoc”。

2. 装入元件封装库

基本放大电路中包含 3 种元件：电容、电阻、晶体管，其都封装在集成库 Miscellaneous Devices. IntLib 中。一般该集成库都默认为自动加载。

3. 导入网络表

选择菜单【Design】→【Import Changes From 基本放大电路 . PrjPCB】，如图 8-10 所示，将原理图中的网络表信息全部装载到 PCB 文件中。在如图 8-11 所示的【Engineering Change Order】对话框中，单击【Validate Changes】按钮检查所有更改。再单击【Execute Changes】按钮，执行所有的更改操作，执行成功后结果如图 8-12 所示。然后单击【Report Changes】按钮，生成报表。最后单击【Close】按钮关闭对话框。

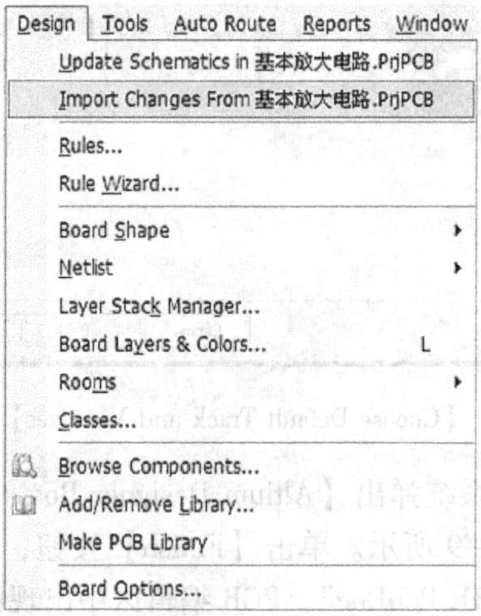

图 8-10　在 PCB 编辑器环境下导入网络表

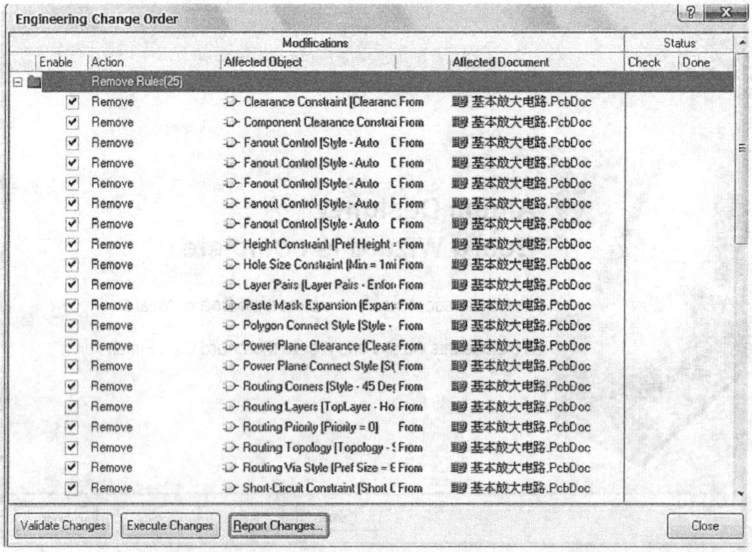

图 8-11　【Engineering Change Order】对话框

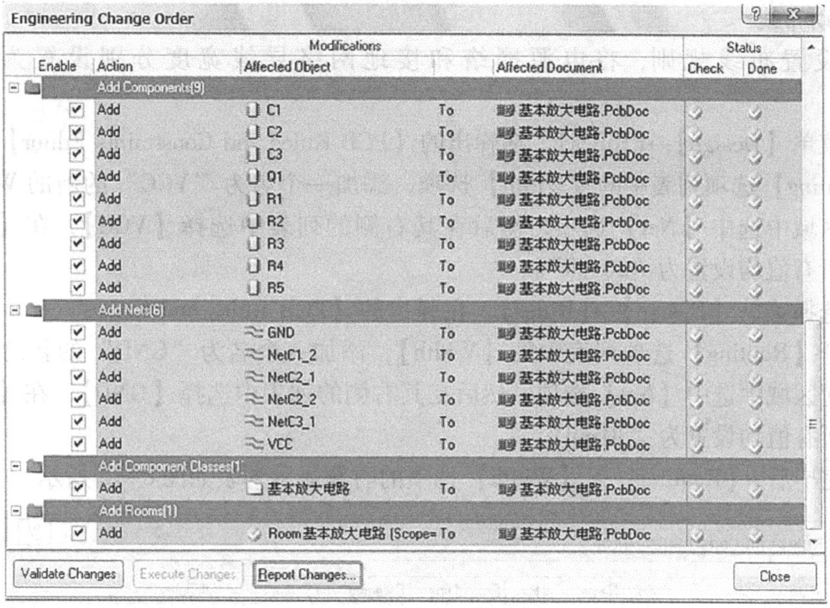

图 8-12　执行更改后结果

4. PCB 布局

导入网络表后，所有元件在 PCB 上的初始状态如图 8-13 所示。

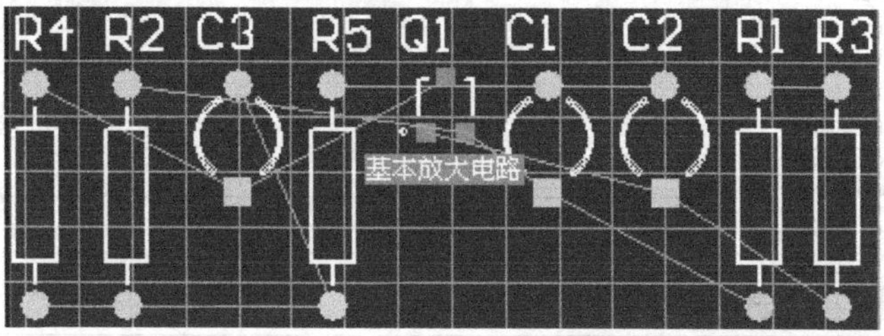

图 8-13　导入网络表后 PCB 板上所有元件初始状态

从 PCB 上观察元件布局是否合理，并进行重新布局。对于项目元件较少的项目可考虑手动布局的方式调整元件位置，例如本项目手动布局后的 PCB 如图 8-14 所示。

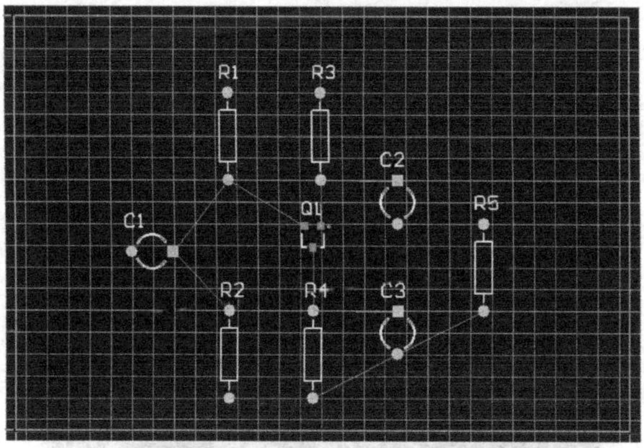

图 8-14　手动布局后的 PCB

5. 自动布线

首先设置布线规则，将电源网络和接地网络导线宽度分别设置为“20 mil”和“30 mil”。

选择菜单【Design】→【Rules】，在弹出的【PCB Rules and Constraints Editor】对话框中，打开【Routing】选项列表中的【Width】选项，添加一个名为“VCC”的新的 Width，在第一个匹配区域中选中【Net】选项，然后在其右侧的列表中选择【VCC】，在【Attributes】区域中将所有值均设置为“20 mil”。

然后选择菜单【Design】→【Rules】，在弹出的【PCB Rules and Constraints Editor】对话框中，打开【Routing】选项列表中的【Width】，添加一个名为“GND”的新的 Width，在第一个匹配区域中选中【Net】选项，然后在其右侧的列表中选择【GND】，在【Attributes】区域中将所有值均设置为“30 mil”。

设置完毕后，【Routing】下【Width】选项的右侧显示列表如图 8-15 所示。

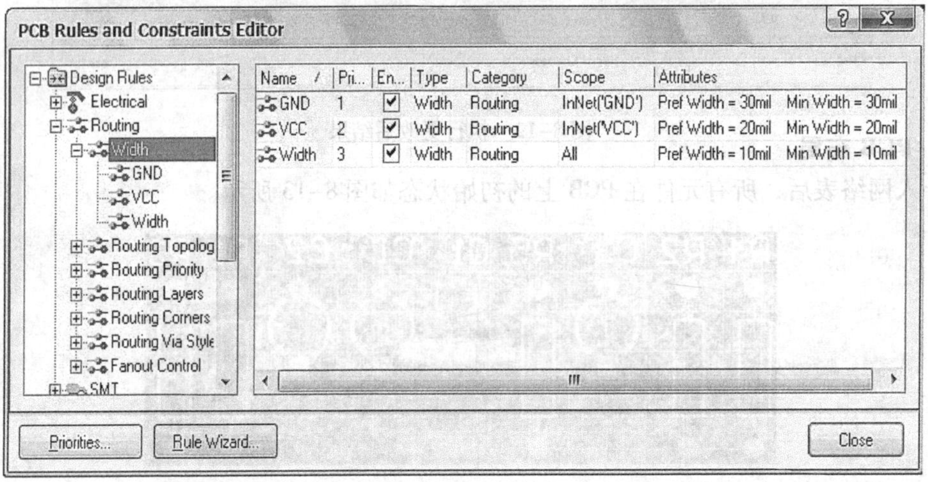

图 8-15 【Width】选项布线规则设置表

最后选择菜单【Auto Route】→【All】，在弹出的【Strategy Routing Strategies】对话框中单击【Route All】按钮，此时系统将弹出一个布线信息对话框，布线完成后的效果如图 8-16所示。

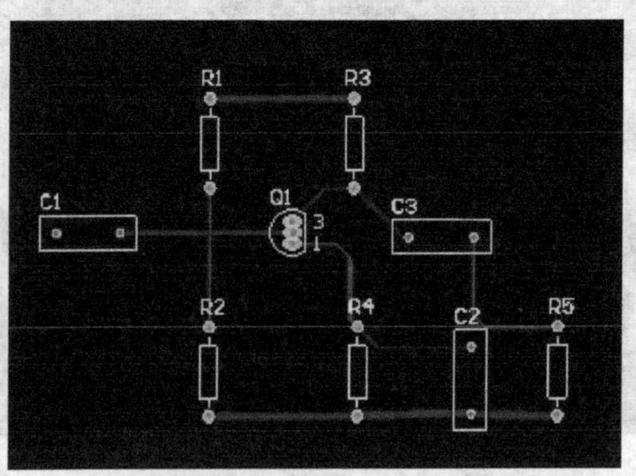

图 8-16 基本放大电路 PCB 布线完成后的效果

8.4 相关知识点

8.4.1 PCB 分类和结构

目前的印制电路板一般是将铜箔覆在绝缘板（基板）上制成的，故也称为覆铜板。PCB 的分类如下。

1. 根据 PCB 导电板层划分

根据导电板层数不同，可以将 PCB 分为单面板（Single Layer）、双面板（Double Layer）和多层板（Multi - Layer）3 种。

（1）单面板

单面板只有一面覆盖铜箔（覆铜）即只有一个信号层，因而焊接元器件和布线只能在它覆铜的一面进行。单面板由于结构和制作工艺简单，因而价格便宜，加工时间较短，很多小电器的电路都采用单面板。

单面板上覆铜的一面主要包括固定、连接元件引脚的焊盘和实现元件引脚互连的印制导线，该面称为“焊锡面”，没有覆铜的一面主要用于安装元器件，又称为“元件面”。

（2）双面板

双面板的基板上、下两面均覆盖铜箔，因此它具有两个信号层，在 Altium Designer Winter 09 PCB 编辑器中分别称为“Top Layer”（顶层）和“Bottom Layer”（底层）。根据实际需要，顶层和底层都可以放置元件，也都可以作为焊锡面，习惯上顶层一般为元件面，底层一般为焊锡面。在双面板中，由于需要制作连接上、下两面印制导线的金属化过孔（Via），生产工艺流程比单面板复杂，成本也比单面板高。但设计容易、布线简单，因此双面电路板使用最广。

（3）多层板

随着集成电路技术不断发展，元器件集成度越来越高，电路中元器件连接关系越来越复杂，元器件工作频率也越来越高，因此双面板已不能满足布线和电磁屏蔽要求，于是就出现了多层板。多层板就是包括多个工作层面的电路板，除了有顶层和底层等信号层外还有中间层，其顶层和底层与双面板一样，中间层一般是由整片铜膜构成的电源层或接地层，但也可以用做信号层，如计算机的主板等很多都是多层板。

图 8-17 所示为四层板，通常在电路板上，元件放在顶层，所以一般顶层也称为元件面，而底层一般是焊接用的，所以又称为焊接面。对于表面贴片式（SMD）元件，顶层和底层都可以放元件。元件也分为两大类，插针式元件和表面贴片式元件。

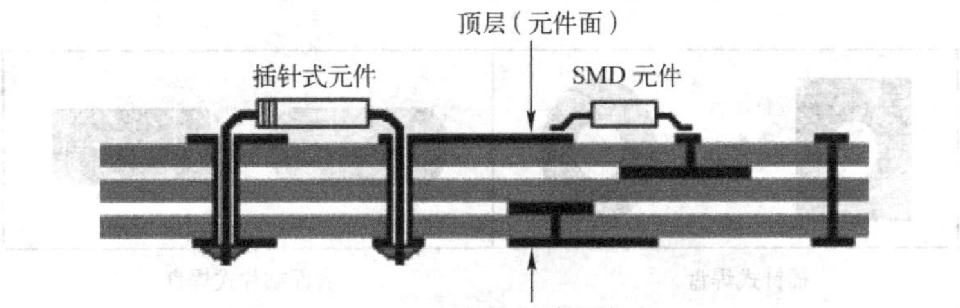

图 8-17　四层板的结构

2. 根据 PCB 所用基板材料划分

（1）刚性印制板（Rigid Print Board）

刚性印制板是指以刚性基材制成的 PCB，常见的 PCB 一般是刚性 PCB，如计算机中的板卡、家电中的印制板等。常用刚性 PCB 有：纸基板、玻璃布板和合成纤维板。

（2）柔性印制板（Flexible Print Board，也称为挠性印制板、软印制板）

柔性印制板是以软性绝缘材料为基材的 PCB。由于它能进行折叠、弯曲和卷绕，因此可以节省 60% ~90% 的空间，为电子产品小型化、薄型化创造了条件，它在计算机、打印机、自动化仪表及通信设备中得到广泛应用。

（3）刚 - 柔性印制板（Flex - rigid Print Board）

刚 - 柔性印制板是指利用柔性基材，并在不同区域与刚性基材结合制成的 PCB，主要用于印制电路的接口部分。

8.4.2 PCB 设计中的组件和术语

PCB 制板有大量的组件和术语，如板层、封装、焊盘、过孔、飞线、覆铜、网格等，这里主要介绍 PCB 设计中一些最常用的组件和术语。

1. 板层（Layer）

板层分为敷铜层和非敷铜层，平常所说的 n 层板是指敷铜层的层数。一般敷铜层上放置焊盘、线条等完成电气连接；在非敷铜层上放置元件描述字符或注释字符等；还有一些层面用来放置一些特殊的图形来完成一些特殊的作用或指导生产。

敷铜层包括顶层（又称为元件面）、底层（又称为焊接面）、中间层、电源层、地线层等；非敷铜层包括印记层（又称为丝网层）、板面层、禁止布线层、阻焊层、助焊层、钻孔层等。

对于一个批量生产的电路板而言，通常在印制板上铺设一层阻焊剂，阻焊剂一般是绿色或棕色，除了要焊接的地方外，其他地方根据电路设计软件所产生的阻焊图来覆盖一层阻焊剂，这样可以快速焊接，并防止焊锡溢出引起短路；而对于要焊接的地方，通常是焊盘，则要涂上助焊剂。

2. 焊盘（Pad）

焊盘用于固定元器件管脚或用于引出连线、测试线等，它有圆形、方形等多种形状。焊盘的参数有焊盘编号、X 方向尺寸、Y 方向尺寸、钻孔孔径尺寸等。

焊盘分为插针式及表面贴片式两大类，其中插针式焊盘必须钻孔，表面贴片式焊盘无须钻孔，如图 8-18 所示。

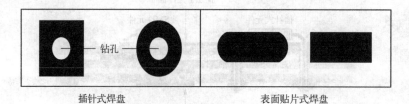

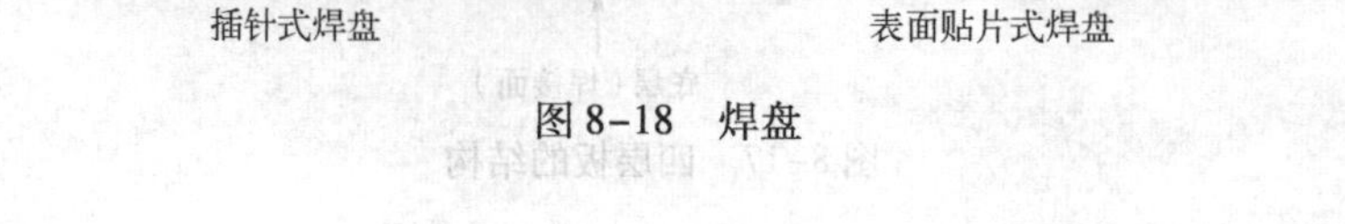

图 8-18　焊盘

3. 过孔（Via）

过孔也称为导孔，在双面板和多层板中，为连通各层之间的印制导线，通常在各层需要连通的导线的交汇处钻上一个公共孔，即过孔，在工艺上，过孔的孔壁圆柱面上用化学沉积的方法镀上一层金属，用以连通中间各层需要连通的铜箔，而过孔的上下两面做成圆形焊盘形状。

过孔不仅可以是通孔，还可以是掩埋式。所谓通孔式过孔是指穿通所有敷铜层的过孔；掩埋式过孔则仅穿通中间几个敷铜层面，仿佛被其他敷铜层掩埋起来。图 8-19 为六层板的过孔剖面图，包括顶层、电源层、中间 1 层、中间 2 层、地线层和底层。

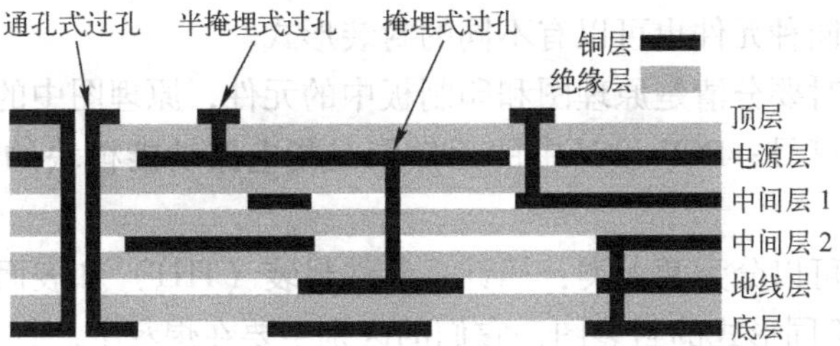

图 8-19　过孔

4. 铜膜导线与飞线

铜膜导线是覆铜板经过蚀刻加工后在 PCB 上形成的铜膜走线，又称为导线，用于连接各个焊点，是 PCB 重要的组成部分。在非敷铜面上的连线一般用做元件描述或其他特殊用途。铜膜导线用于 PCB 上的线路连接，通常印制导线是两个焊盘（或过孔）间的连线，而大部分的焊盘就是元件的引脚，当无法顺利连接两个焊盘时，往往通过跳线或过孔实现连接。图 8-20 所示为双面板印制导线的走线图。采用垂直布线法，一层水平走线，另一层垂直走线，两层间印制导线的连接由过孔实现。

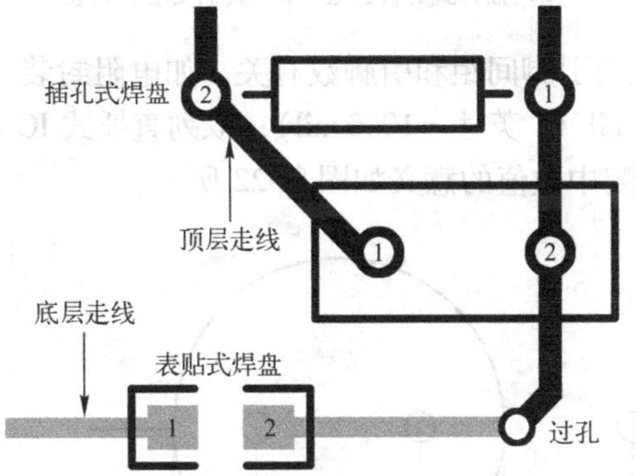

图 8-20　双面板印制导线的走线路

飞线（又称为预拉线）一般是指在布线前各网络间相互交叉的类似橡皮筋的连线，用以指引布线。

飞线与导线有本质的区别，飞线只是形式上表示出网络间的逻辑连接关系，没有实际的电气连接意义。而导线则是根据飞线指引的连接关系而布置的实际物理连接。

5. 网络（Net）和网络表（Netlist）

从一个元器件的某一个引脚上到其他引脚或其他元器件的引脚上的电气连接关系称为网络。每一个网络均有唯一的网络名称，有的网络名是人为添加的，有的是系统自动生成的，系统自动生成的网络名由该网络内两个连接点的引脚名称构成。

网络表描述电路中元器件特征和电气连接关系，一般可以从原理图中获取，它是原理图设计和 PCB 设计之间的纽带。

6. 元件的封装（Component Package）

元件的封装是指实际元件焊接到电路板时所指示的外观和焊盘位置。不同的元件可以使用同一种元件封装，同种元件也可以有不同的封装形式。

在进行电路设计时要分清楚原理图和印制板中的元件，原理图中的元件指的是单元电路功能模块，是电路图符号；PCB 设计中的元件则是指电路功能模块的物理尺寸，是元件的封装。

元件的封装形式可以分为两大类：插针式元件封装（THT）和表面安装式封装（SMT），图 8-21 所示为两种不同形式的封装图，它们的区别主要在焊盘上。

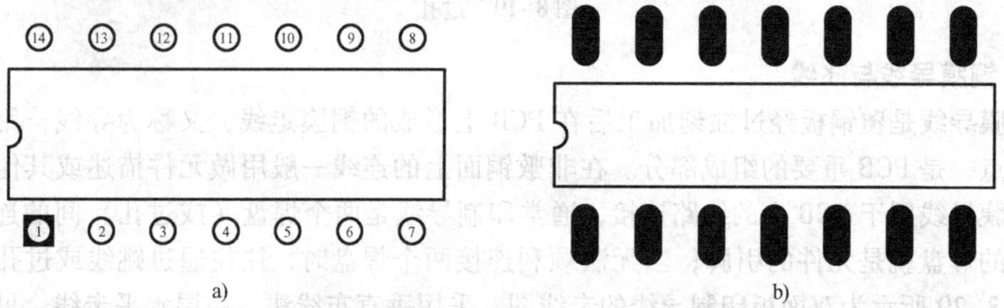

图 8-21　两种不同形式的元件封装
a）插针式元件封装　b）表面安装式封装

元件封装的命名一般与引脚间距和引脚数有关，如电阻封装 AXIAL0. 3 中的 0. 3 表示引脚间距为 0. 3 英寸或 300 mil（1 英寸 = 1000 mil）；双列直插式 IC 封装 DIP8 中的 8 表示集成块的引脚数为 8。元件封装中数值的意义如图 8-22 所示。

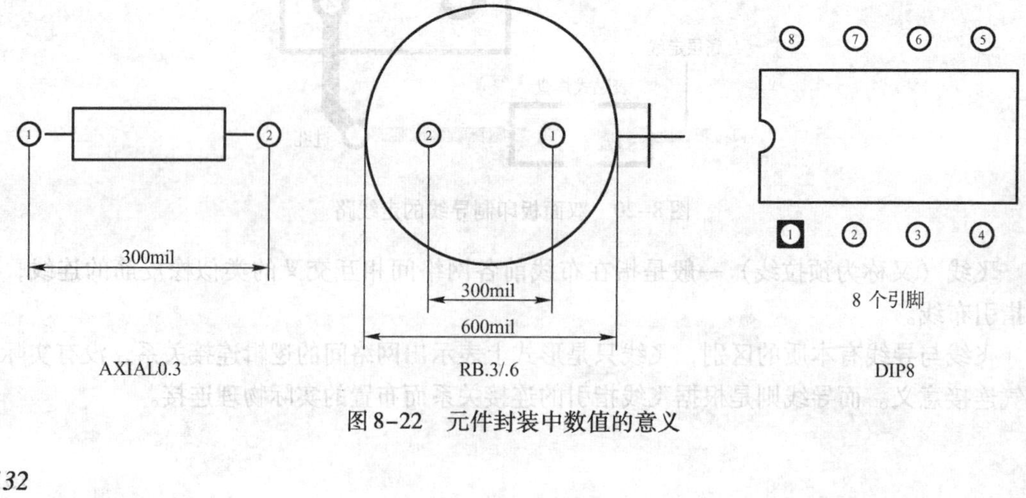

图 8-22　元件封装中数值的意义

常用元件的封装对照表如表 8-1 所示。

表 8-1　常用元件封装对照表

元件封装型号	元 件 类 型	元件封装图形
AXIAL0. 3 ~ AXIAL1. 0	插针式电阻或无极性双端子元件等	
RAD0. 1 ~ RAD0. 4	插针式无极性电容、电感等	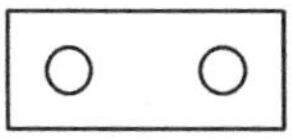
RB. 2/. 4 ~ RB. 5/1. 0	插针式电解电容等	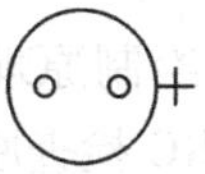
0402 ~ 7257	贴片电阻、电容等	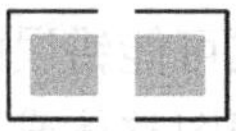
DIODE0. 4 ~ DIODE0. 7	插针式二极管	
SO – X、SOJ – X、SOL – X	贴片双排元件	
TO – 3 ~ TO – 220	插针式晶体管、FET 与 UJT	
DIP6 ~ DIP64	双列直插式集成块	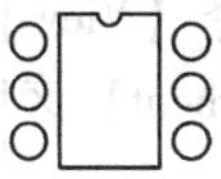
SIP2 ~ SIP20、FLY4	单列封装的元件或连接头	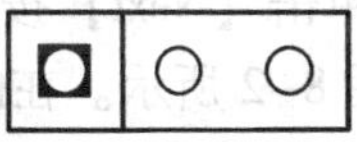
IDC10 ~ IDC50P、DBX 等	接插件、连接头等	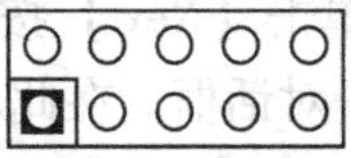
VR1 ~ VR5	可变电阻器	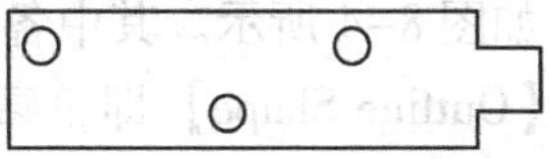

7. 丝印层

为了方便元件的安装和电路板的维修以及标识各个元器件，PCB 还要有丝印层，用于印制各类标识图案和文字符号。丝印层可分为顶层丝印层和底层丝印层。

8.4.3 PCB 设计流程

PCB 是电子产品生产中的一个重要部件，其设计流程如图 8-23 所示。

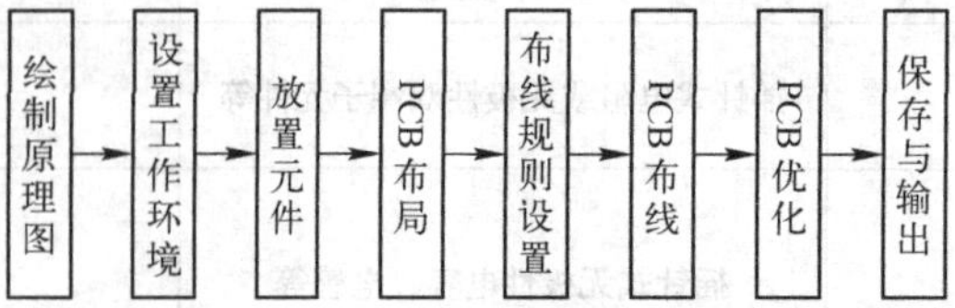

图 8-23　PCB 设计流程图

首先要绘制原理图，在用 Altium Designer Winter 09 绘制原理图，并且生成网络表后，通过运行 ERC 检查原理图是否存在违反绘图规则的问题。（ERC，即 Electrical Rules Check，电气规则检查，利用软件测试用户设计的电路，以便找出人为的疏忽，测试完成后，系统还将自动生成可能错误的报告，同时在电路原理图的相应位置上记号，以便进行修正。）必要时，对原理图整体或局部单元电路进行仿真，验证电路是否正确。

完成原理图编辑后，首先加载所用到的库文件，然后调入网络表文件到 PCB 文件中，在这个过程中，当某元件的封装在已加载的元件库中找不到时，可以自己修改或自制元件的封装。元件全部在 PCB 文件中以封装的形式出现后，对元件进行布局和布线（可以用自动布局，也可采用手动布局），根据电路板的布局合理安排各元件的位置。完成布线后，使用 PCB 编辑器提供的 DRC 功能检查是否存在与设计规则冲突的问题。如果 PCB 设计正确，则进行保存和输出。

1. 设置 PCB 工作环境

（1）创建 PCB 文件

1）通过向导生成 PCB 文件。

① 选择【View】→【Home】，打开主页面，选择【Printed Circuit Board Design】，在【PCB Document】区域中选择【PCB Document Wizard】，启动 PCB 文件生成向导，如图 8-1 所示。

② 单击【Next】按钮，系统将弹出【Choose Board Units】（PCB 度量单位设置）对话框，如图 8-2 所示。在此对话框中可选择 PCB 图元和坐标系统使用的度量单位，Imperial 为英制，Metric 为公制。

③ 单击【Next】按钮，系统将会弹出如图 8-3 所示的【Choose Board Profiles】（PCB 类型选择）对话框。在此对话框中选择【Custom】选项，进入自定义 PCB 尺寸类型模式。

④ 单击【Next】按钮，将会弹出【Choose Board Details】（自定义 PCB 参数设置）对话框，如图 8-4 所示。其中各项参数设置如下。

【Outline Shape】即轮廓形状，包含 Rectangular（矩形）、Circular（圆形）、Custom（自定义）3 个选项。

【Board Size】即电路板的宽度和高度。

【Dimension Layer】即尺寸标注机械加工层。其右侧下拉列表中共包含 16 个选项。

【Boundary Track Width】即边界导线宽度。

【Dimension Line Width】即尺寸线宽度。

【Keep Out Distance From Board Edge】即禁止布线区与板边间的距离。

【Corner Cutoff】：即角切除。当 PCB 外形为矩形时，选中该项可切除 PCB 的四个角。角切除尺寸可在选中该项后，单击【Next】按钮，在弹出的【Choose Board Corner Cuts】对话框中进行设置。

【Inner CutOff】即内部切除。当 PCB 外形为矩形时，选中该项可在 PCB 的内部挖去一个小矩形。切除的尺寸可在选中该项后，单击【Next】按钮，在弹出的【Choose Board Inner Cuts】对话框中进行设置。

⑤ 单击【Next】按钮，系统将弹出【Choose Board Layers】（电路板布线信号层数设置）对话框，如图 8-5 所示，可设置信号层与内部电源层的数量。

⑥ 单击【Next】按钮，系统将弹出【Choose Via Style】（过孔风格设置）对话框，如图 8-6 所示。该对话框中有两种过孔的风格：通孔、盲孔或掩埋式过孔。

⑦ 单击【Next】按钮，系统将弹出【Choose Component and Routing Technologies】（选择元件和布线逻辑）对话框，如图 8-7 所示。

若在此对话框中选择【Surface - mount compoents】单选按钮，那么 PCB 上的元件封装就以贴片式为主。此时可在下方的选项中选择【Yes】单选按钮或【No】单选按钮，确定是否在 PCB 两面都放置元件。

若在此对话框中选择【Through - hole components】单选按钮，那么 PCB 上的元件封装就以直插式为主。此时可在下方的选项中选择相邻两焊盘之间允许通过的导线数目。

⑧ 单击【Next】按钮，系统将弹出【Choose Default Track and Via sizes】（导线和过孔设置）对话框，如图 8-8 所示。其中各项参数如下。

【Minimum Track Size】即最小导线尺寸，右侧可设置允许导线的最小宽度。

【Minimum Via Width】即最小过孔宽，右侧可设置允许过孔的最小外径值。

【Minimum Via HoleSize】即最小过孔孔径，右侧可设置过孔的最小内径值。

【Minimum Clearance】即最小间隔，右侧可设置相邻导线间的安全距离。

⑨ 单击【Next】按钮，系统将弹出【Altium Designer Board Wizard is complete】（PCB 向导设置完成）对话框，如图 8-9 所示。

⑩ 单击【Finish】按钮即完成 PCB 向导设置，启动 PCB 编辑器，新建的 PCB 文件名默认为“PCB1. PcbDoc”，同时 PCB 编辑区出现已设定好的空白图样。

2）手动创建 PCB 文件。

方式一：选择菜单【File】→【New】→【PCB】，新建一个 PCB 文件。

方式二：

① 单击【File】工作面板→【New】→【PCB File】。

② 单击【Project】工作面板中的【Project】按钮或在【Project】工作面板中的项目文件名处单击鼠标右键，从弹出的菜单中选择【Add New to Project】→【PCB】，创建一个 PCB 文件。

（2）PCB 编辑窗口简介

PCB 编辑窗口主要由标题栏、菜单栏、工具栏、导航栏、工作面板、PCB 工作层标签、面板标签、PCB 编辑区和状态栏组成，如图 8-24 所示。

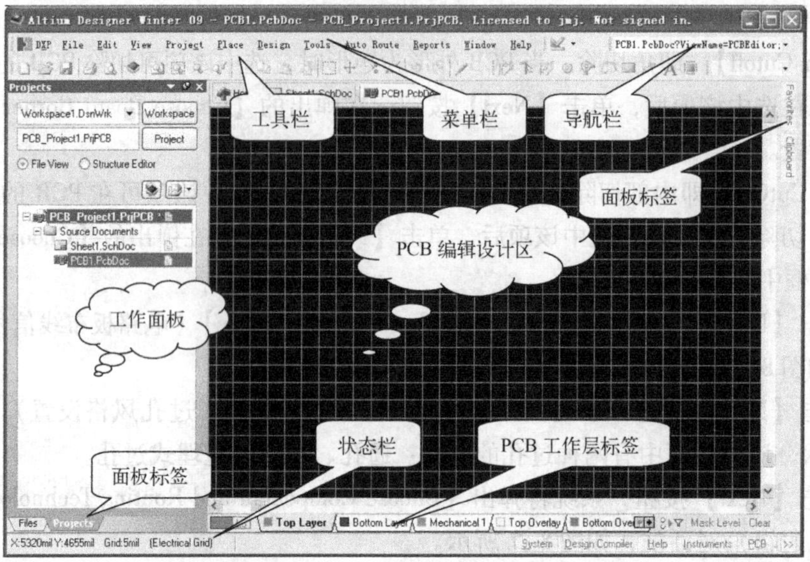

图 8-24　PCB 编辑窗口

(3) 设置 PCB 工作环境参数

PCB 的环境参数设置与原理图相似，用户可根据设计需要自定义环境参数，设置方法如下。

1) PCB 选项。

执行菜单命令【Design】→【Board Options】，系统将弹出如图 8-25 所示的【Board Options】(PCB 选项) 对话框，可设置图样单位、栅格、图样大小等。

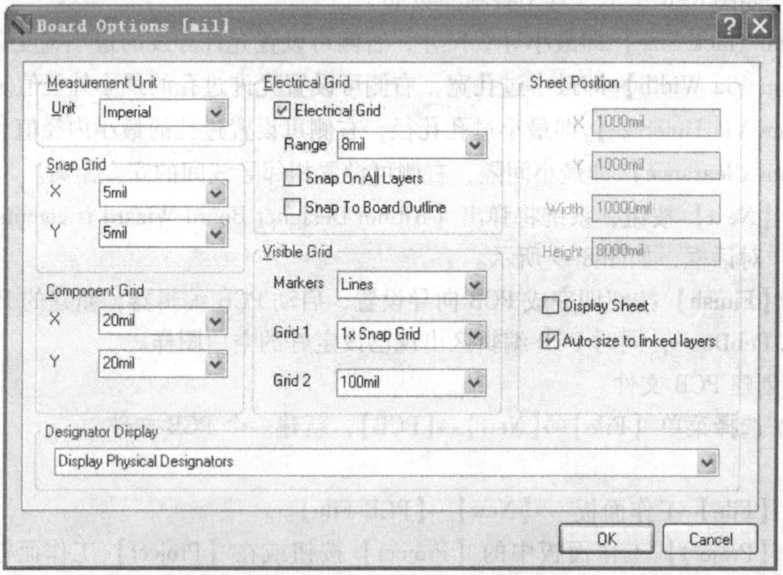

图 8-25　【Board Options】对话框

【Measurement Unit】即单位，可选择英制（Imperial）或公制（Metric）。

【Snap Grid】即捕获网格，指光标沿 X 轴、Y 轴移动时的最小间隔。

【Component Grid】即元件网格，指元件沿 X 轴、Y 轴移动时的最小间隔。

【Electrical Grid】即电气网格，指布线时，当导线与周围的焊盘或过孔等电气对象的距离在电气栅格的设置范围内时，导线会自动吸附到电气对象中点上。

【Sheet Position】即图样设置，可设置图样起始位置的 X 轴和 Y 轴坐标、图样的宽度和高度、图样是否显示以及图样的锁定状态等。

【Visible Grid】即可视网格，其中【Markers】选项右侧可设置栅格线条类型：实线（Lines）或虚线（Dots）。此外，本区域内可设置两种不同的网格，其中【Grid 1】尺寸一般设置较小，只有工作区放大到一定程度时才会显示；【Grid 2】尺寸一般设置较大。而系统默认只显示“Grid 2”，若要显示“Grid 1”就必须执行菜单命令【Design】→【Board Layers And Colors】，在弹出的【Board Layers And Colors】选项卡和颜色选项区的【System Colors [Y]】区域中勾选【Visible Grid 1】复选框即可。

2）PCB 工作层设置。

Altium Designer Winter 09 提供了多种不同类型的工作层，如信号层、内部电源/地线层、机械层、丝印层、多层等。执行菜单命令【Design】→【Board Layers And Colors】，在打开的【Board Layers And Colors】选项卡和颜色选项区可设置各工作层，如图 8-26 所示。

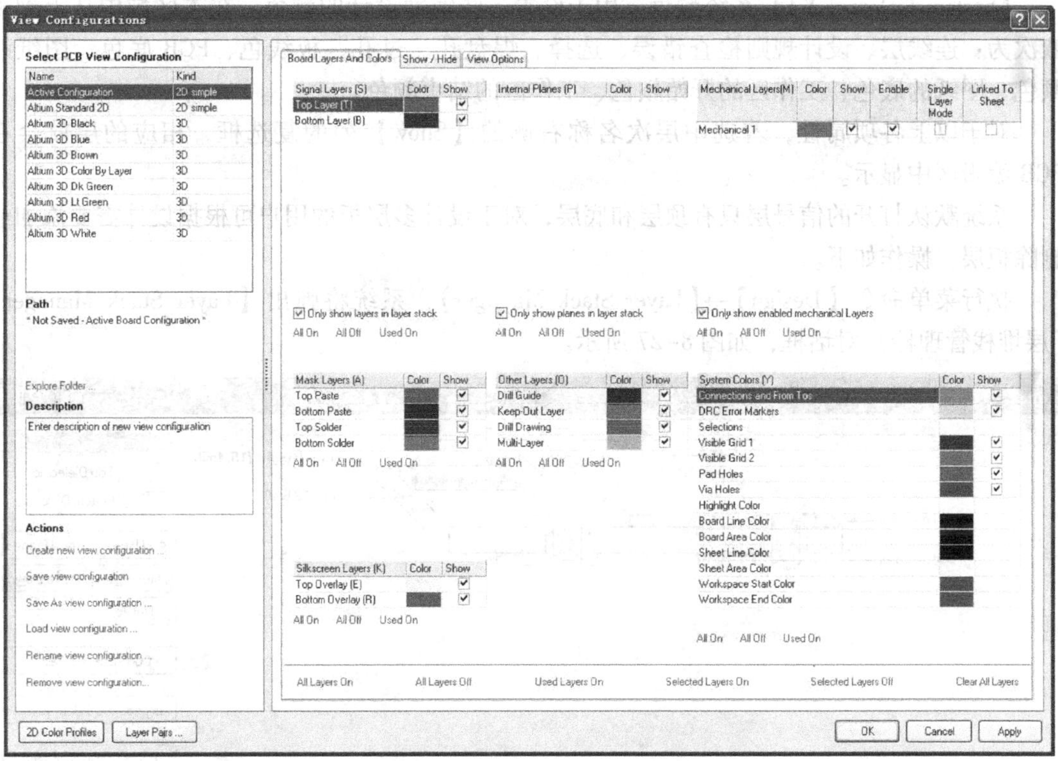

图 8-26 【Board Layers And Colors】选项卡和颜色选项区

【Board layers and Colors】板层和颜色对话框中各工作层的含义如下。

【Signal Layers [S]】信号层，用于放置铜膜导线、覆铜区、焊盘、过孔等，最多支持 32 个信号层（包括顶层（Top Layer）、底层（Bottom Layer）和 30 个中间层（Mid Layer 1 ~ 30））。单面板只能使用底层布设铜膜导线，双面板使用顶层和底层布设铜膜导线，四层以上的板材可能用到中间信号层和内部电源/地线层。

【Internal Planes［P］】内部电源/地线层，主要用于布设电源线和底线，最多可有16个内部电源/地线层（Plane 1~16）。只有多层板才会用到内部电源/地线层。

【Mechanical Layer［M］】机械层，主要用于放置PCB的物理边框尺寸、标注尺寸、装配说明等，最多可有16个机械层（Mechanical 1~16）。选中右侧的【Enable】列的复选框，相应的层就可用；若选中右侧【Linked To Sheet】复选框，则该机械层不显示，但依然可以进行操作，只是看不到操作的结果。

【Mask Layers［A］】屏蔽层，共4层，其中两层为焊锡膏层，包括顶层焊锡膏层（Top Paste）和底层焊锡膏层（Bottom Paste）。另外两层为阻焊层，分别是顶层阻焊层（Top Solder）和底层阻焊层（Bottom Solder）。

【Silkscreen Layers［K］】丝印层，主要用于放置元件的外形轮廓、标号和注释等信息，包括顶层丝印层（Top Overlay）和底层丝印层（Bottom Overlay）两层。由于元件一般都放置在顶层，所以一般只使用顶层丝印层。

【Other Layers［O］】其他层，包括钻孔指示涂层（Drill Guide）、禁止布线层（Keep-Out Layer）、钻孔涂层（Drill Drawing）、多层（Multi-Layer）。

【System Colors［Y］】系统颜色，用于设置一些辅助设计的颜色，在本区域中从上到下依次为：连线层、设计规则检查错误、选择、焊盘孔、过孔、板线色、PCB底色、图纸线颜色、图纸的底色、工作区的开始颜色、工作区的结束颜色。

对于以上各项属性，若选中层次名称右侧的【Show】列的复选框，相应的层就会在PCB编辑区中显示。

系统默认打开的信号层只有顶层和底层，对于设计多层板的用户可根据设计需要添加或删除板层。操作如下。

执行菜单命令【Design】→【Layer Stack Manager】，系统将弹出【Layer Stack Manager】（层堆栈管理器）对话框，如图8-27所示。

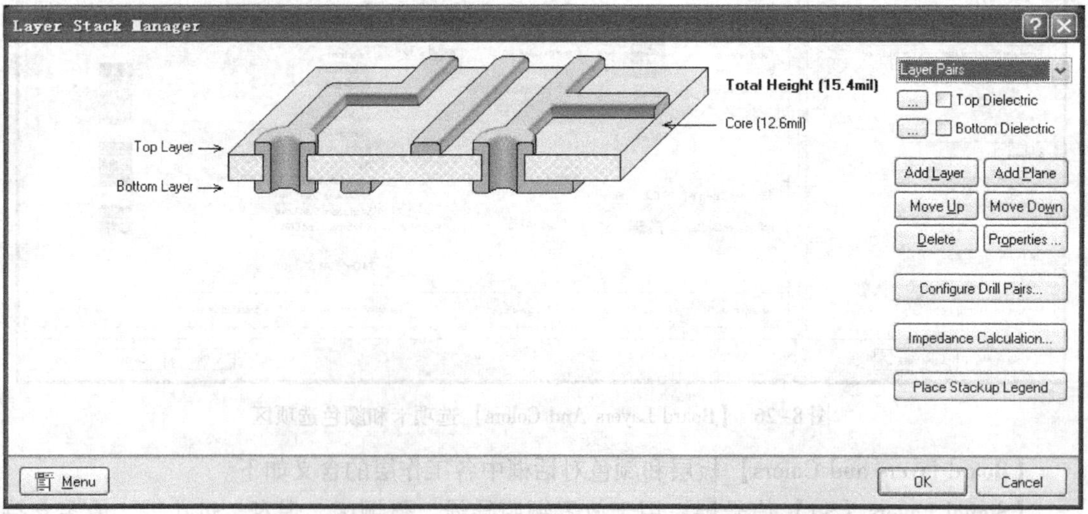

图8-27 【Layer Stack Manager】（层堆栈管理器）对话框

在右上侧下拉列表中选中一个信号层，然后单击【Add Layer】按钮，可增加中间信号层；若单击【Add Plane】按钮，则可增加内部电源/地线层；单击【Move Up】、【Move

Down】按钮可分别执行向上、向下移动；单击【Delete】按钮，可以执行删除操作；双击某层或选中该层后单击【Properties】按钮，可查看或修改该层的参数，如图 8-28 所示。

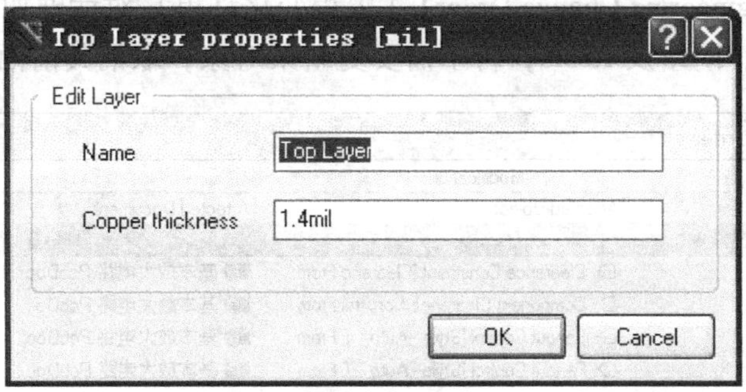

图 8-28 修改或查看参数

2. 放置元件

（1）装载元件封装库

装载 PCB 元件库与原理图元件库的装载方法相同，即在【Libraries】工作面板上单击【Libreries】按钮加载元件库，这里不再赘述。

（2）导入网络表

将原理图的数据导入 PCB 设计系统中的步骤如下。

1）首先将 PCB 文件保存在原理图文件所在的同一项目文件中。若不在同一项目中，可在【Project】工作面板中，用鼠标右键单击该项目名称，在弹出的快捷菜单中单击【Add Existing to Project】选项，在弹出的对话框中选择该 PCB 文件，如图 8-29 所示，并单击【打开】按钮，即可将此 PCB 文件保存到该项目文件中。

图 8-29 添加文件到指定项目

2）打开原理图文件，在原理图编辑环境下执行菜单命令【Design】→【Update PCB Document ＊. PcbDoc】（＊为文件名称），系统将对原理图和 PCB 文件的网络关系进行比较，然后弹出【Engineering Change Order】（工程变化订单）对话框如图 8-30 所示。系统默认更新所有元件、网络及 Room，若不需要更新某对象，取消其前面的“√”即可。

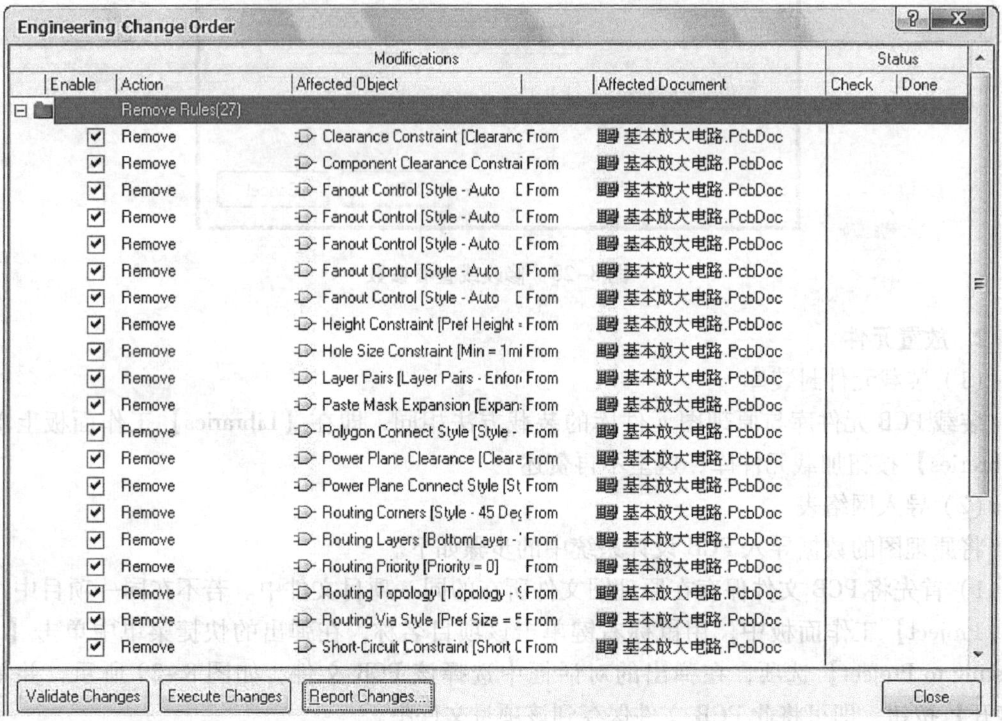

图 8-30 【Engineering Change Order】对话框

3）单击【Validate Changes】按钮，系统检查更新项能否在 PCB 文件中执行。检查结果在【Check】列表中显示，“√”表示可执行，“×”表示不可执行。如有错误，则单击【Close】按钮，退出后分析原因并修改，再次更新至全部可执行。

4）单击【Execute Changes】按钮，将原理图的网络连接导入 PCB 文件中。导入结果在【Done】列表中显示，“√”表示导入成功，“×”表示导入失败。

5）单击【Report Changes】按钮，可生成 ECO 报告文件。

6）单击【Close】按钮关闭对话框，在边框外能看到导入的元件封装，元件引脚焊盘上的虚线称为飞线，其连接关系与原理图的连接关系相同，如图 8-13 所示。

3. PCB 布局

原理图的网络连接关系载入 PCB 编辑器以后，原理图的所有元件都处于以该原理图命名的 Room 中，位于 PCB 静止布线边框外。Altium Designer Winter 09 可对元件自动布局，但针对元件较少的情况或者因设计需要，通常采用手工布局或手工与自动相结合的方式布局。

（1）手工布局

如果元件不在 Room 空间内，执行菜单命令【Tool】→【Interactive Placement】→【Arrange

Within Room】，然后将光标移到 Room 空间内单击鼠标，元件将自动按类型整齐地排列在 Room 空间内，单击鼠标右键结束操作。移动 Room 空间，所有元件都一起移动。必要时可以调节 Room 空间大小。

手工布局时应注意遵循以下原则。

1）按照信号流向，从左到右或从上到下依次输入。

2）调整元件使飞线交叉尽量少，连线尽量短。

3）元件朝向尽量一致，整齐美观。

（2）自动布局

在自动布局前首先要确认禁止布线层有封闭的禁止布线边框。单击菜单命令【Tool】→【Auto Placement】→【Auto Place】，系统将弹出如图 8-31 所示的【Auto Place】（自动布局）对话框。此对话框中有两种布局方式可供选择：分组布局和统计式布局。前者适用于元件较少的电路，后者适用于元件较多的电路。当选择分组布局时，可同时选中【Quick Component Placement】（快速元件布局）复选框。若自动布局后效果不能满足设计要求，可以进一步采用手工布局进行调整。

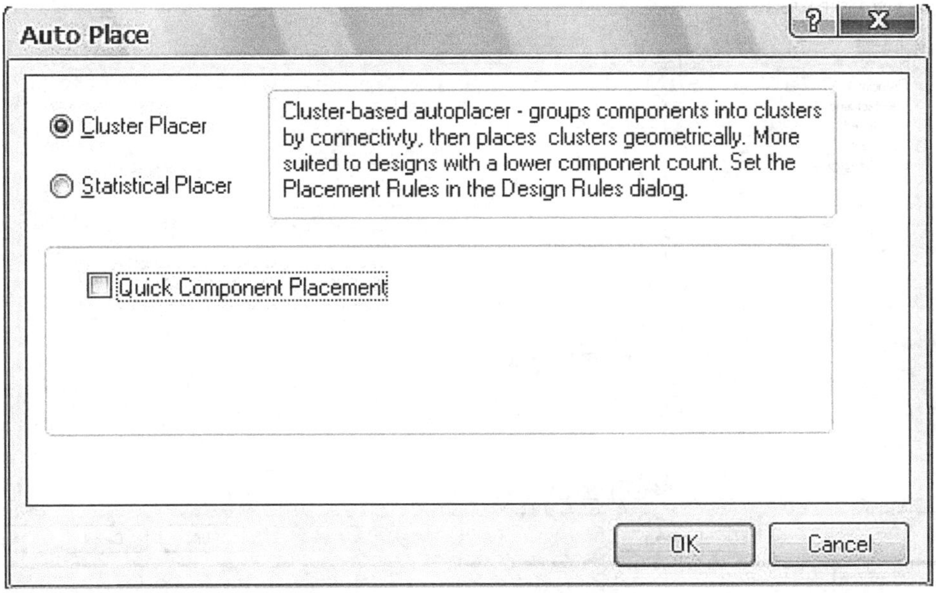

图 8-31 【Auto Place】对话框

4. PCB 布线规则设置

为了使布线结果更理想，在布线之前要根据设计要求设置布线规则。

执行菜单命令【Design】→【Rules】，弹出如图 8-32 所示的【PCB Rules and Constraints Editor】（PCB 规则和约束编辑）对话框，在对话框左侧列表中显示了各种设计规则类别。下面先介绍最常用的【Routing】（布线规则）选项内容。

1）【Width】设置布线宽度，可设置网络或层布线宽度的最大允许值（Max Width）、最小允许值（Min Width）及优先宽度（Preferred Width）。

2）【Routing Topology】设置布线的拓扑结构，即定义焊盘与焊盘之间的布线规则。其布线拓扑类型共 7 种：最短距离连接（Shortest）、水平走线（Horizontal）、垂直走线（Vertical）、简单链状连接（Daisy - Simple）、中间驱动链状连接（Daisy - MidDriven）、平衡式链状连接（Daisy - Balanced）、星形扩散连接（Starburst）。

3）【Routing Priority】设置布线优先次序，优先级由 0 ~ 100 依次升高，具有较高布线优先级的网络将优先布线。

4）【Routing Layers】设置布线板层，设定在自动布线过程中，哪些信号层可以布线。

5）【Routing Via Style】设置布线过孔形状，定义表层与内层、内层与内层之间过孔的类型与尺寸。

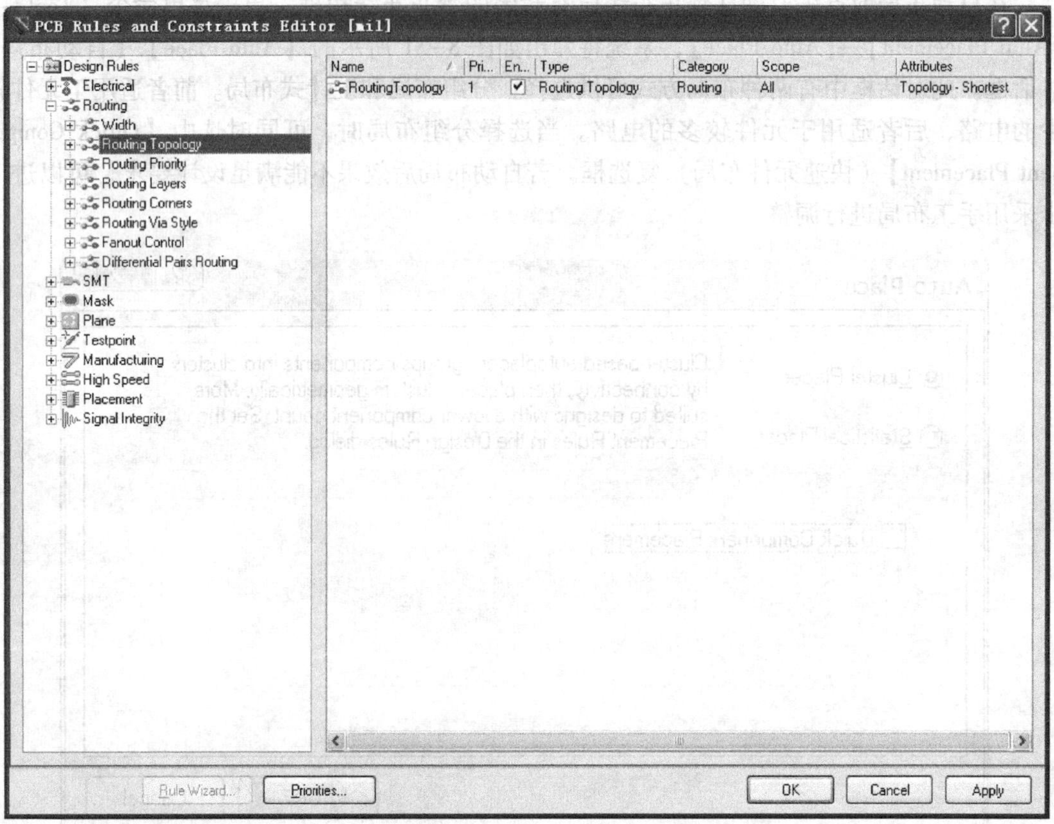

图 8-32 【PCB Rules and Constraints Editor】对话框

5. PCB 布线

(1) 布线策略

设置布线规则后，应根据需要设置布线策略。选择菜单【Auto Route】→【Setup】，系统将弹出如图 8-33 所示的【Situs Routing Strategies】（布线策略）对话框。

在【Available Routing Strategies】中可以根据需要选择布线策略，本系统提供了以下 5 种策略：Cleanup（优化布线策略）、Default 2 Layer Board（默认双面板）、Default 2 Layer With Edge Connectors（带边沿连接器的双面板）、Default Multi Layer Board（默认多层板）、Via Miser（最少过孔布线策略）。

设置完毕后，单击【OK】按钮退出对话框。

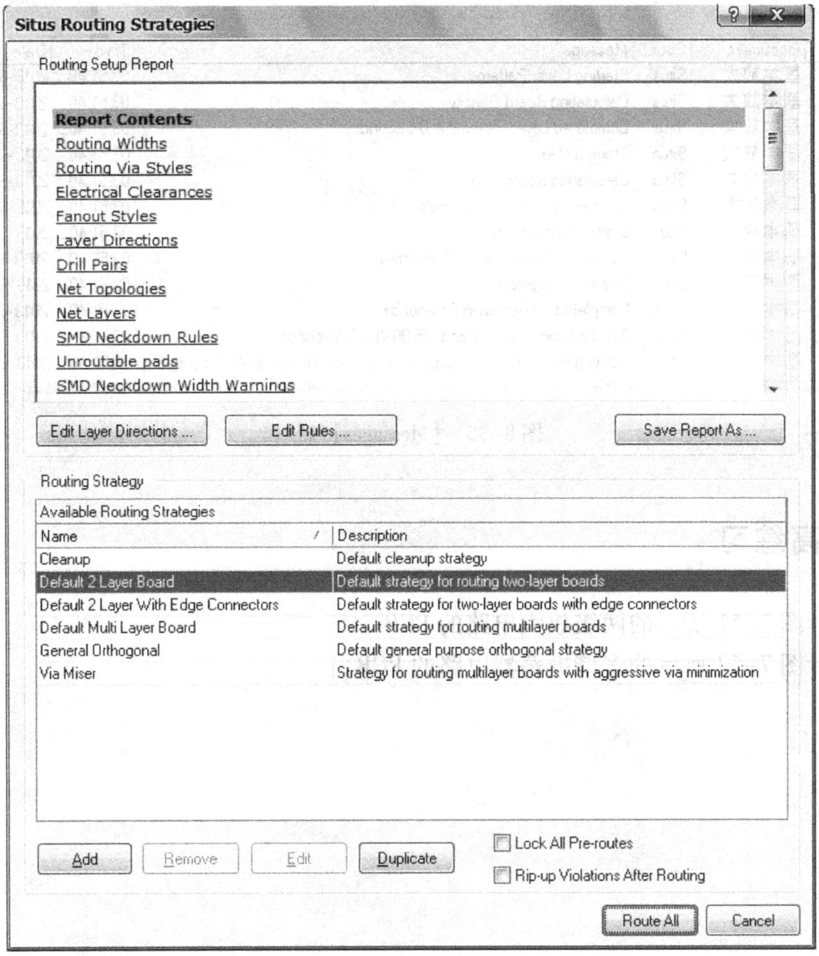

图 8-33 【Situs Routing Strategies】对话框

（2）自动布线

选择菜单【Auto Route】，系统会弹出布线方式选择子菜单，如图 8-34 所示，可在此菜单中选择不同的布线方式。

现着重介绍【All】全部对象布线方式。

1）选择菜单【Auto Route】→【All】，弹出如图 8-33 所示的【Situs Routing Strategies】（布线策略）对话框。

2）单击【Route All】按钮，系统会弹出【Messages】（自动布线信息）窗口，如图 8-35 所示。

3）布线完成后，会显示布线后的 PCB，如图 8-16 所示。

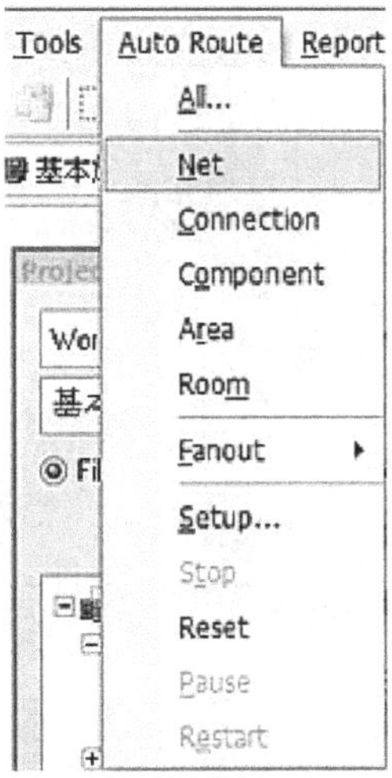

图 8-34 布线方式选择子菜单

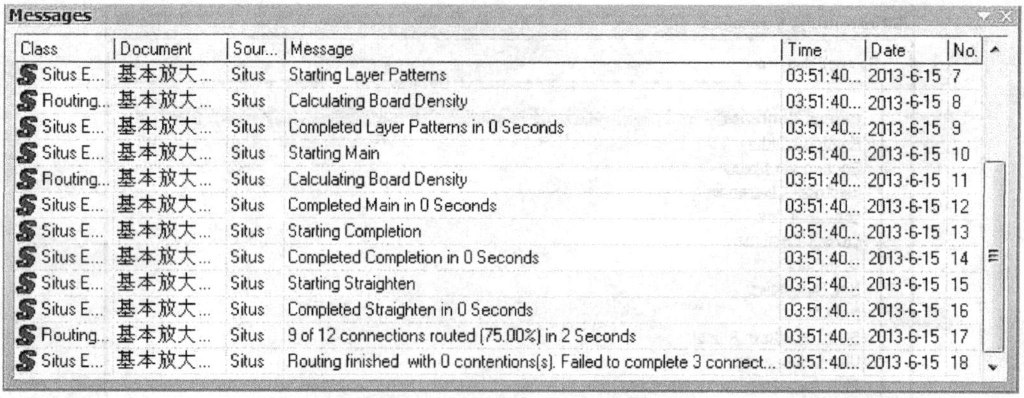

Messages

Class	Document	Sour...	Message	Time	Date	No.
Situs E...	基本放大...	Situs	Starting Layer Patterns	03:51:40...	2013-6-15	7
Routing...	基本放大...	Situs	Calculating Board Density	03:51:40...	2013-6-15	8
Situs E...	基本放大...	Situs	Completed Layer Patterns in 0 Seconds	03:51:40...	2013-6-15	9
Situs E...	基本放大...	Situs	Starting Main	03:51:40...	2013-6-15	10
Routing...	基本放大...	Situs	Calculating Board Density	03:51:40...	2013-6-15	11
Situs E...	基本放大...	Situs	Completed Main in 0 Seconds	03:51:40...	2013-6-15	12
Situs E...	基本放大...	Situs	Starting Completion	03:51:40...	2013-6-15	13
Situs E...	基本放大...	Situs	Completed Completion in 0 Seconds	03:51:40...	2013-6-15	14
Situs E...	基本放大...	Situs	Starting Straighten	03:51:40...	2013-6-15	15
Situs E...	基本放大...	Situs	Completed Straighten in 0 Seconds	03:51:40...	2013-6-15	16
Routing...	基本放大...	Situs	9 of 12 connections routed (75.00%) in 2 Seconds	03:51:40...	2013-6-15	17
Situs E...	基本放大...	Situs	Routing finished with 0 contentions(s). Failed to complete 3 connect...	03:51:40...	2013-6-15	18

图 8-35 【Messages】窗口

8.5 提高练习

1. 设计图 7-51 所示的两级放大电路的 PCB。
2. 设计图 7-52 所示的多谐振荡器电路的 PCB。

实训项目 9　数据采集器 PCB 的设计

9.1　学习要点

1）掌握层次原理图的概念和设计方法。

2）熟练应用原理图的高级编辑技巧。

3）进一步掌握 PCB 的设计。

9.2　项目描述

1）将图 9-1 所示的数据采集器的电路设计成层次电路原理图，并设计出图 9-2 所示的双面 PCB。

2）抄画图中的元件必须和样图一致，如果和标准库中的不一致或没有时，要修改或新建元件。

3）选择合适的封装，如果和标准库中的不一致或没有时，要修改或新建元件封装。

4）将创建的元件库应用于制图文件中。

5）选择合适的电路板尺寸制作电路板，要求选择符合国家标准。

9.3　项目实施

任务：设计如图 9-2 所示数据采集器的 PCB 图。

1. 新建工程

新建 PCB 工程项目，命名为“数据采集器 . PrjPcb”，并保存，如图 9-3 所示。

2. 编辑子图文件

1）绘制电源模块。选择【File】→【New】→【Schematic】命令，新建原理图文件，命名为“电源模块 . SchDoc”并保存，在原理图上放置元件并连线，如图 9-4 所示。

电源模块中的 T1 要加载制作的元件库 MySchlib，如果它在当前的项目中，可以不加载该文件。在自制的元件库中选择变压器“TRANS”。其他元件全部采用软件自带的库中的文件。

2）绘制处理模块。选择【File】→【New】→【Schematic】命令，新建原理图文件，命名为“处理模块 . SchDoc”并保存，在原理图上放置元件并连线，如图 9-5 所示。

处理模块与输入模块相连的 P04 ~ P07、P10 ~ P12 以及 CLK 信号，与输出模块相连的 P15 ~ P17、P20 ~ P27 均是不同原理图之间的连接，应该设为端口，而 RST、X1、X2 描述的是本张子图内部的连接关系，应用网络标号来表示。

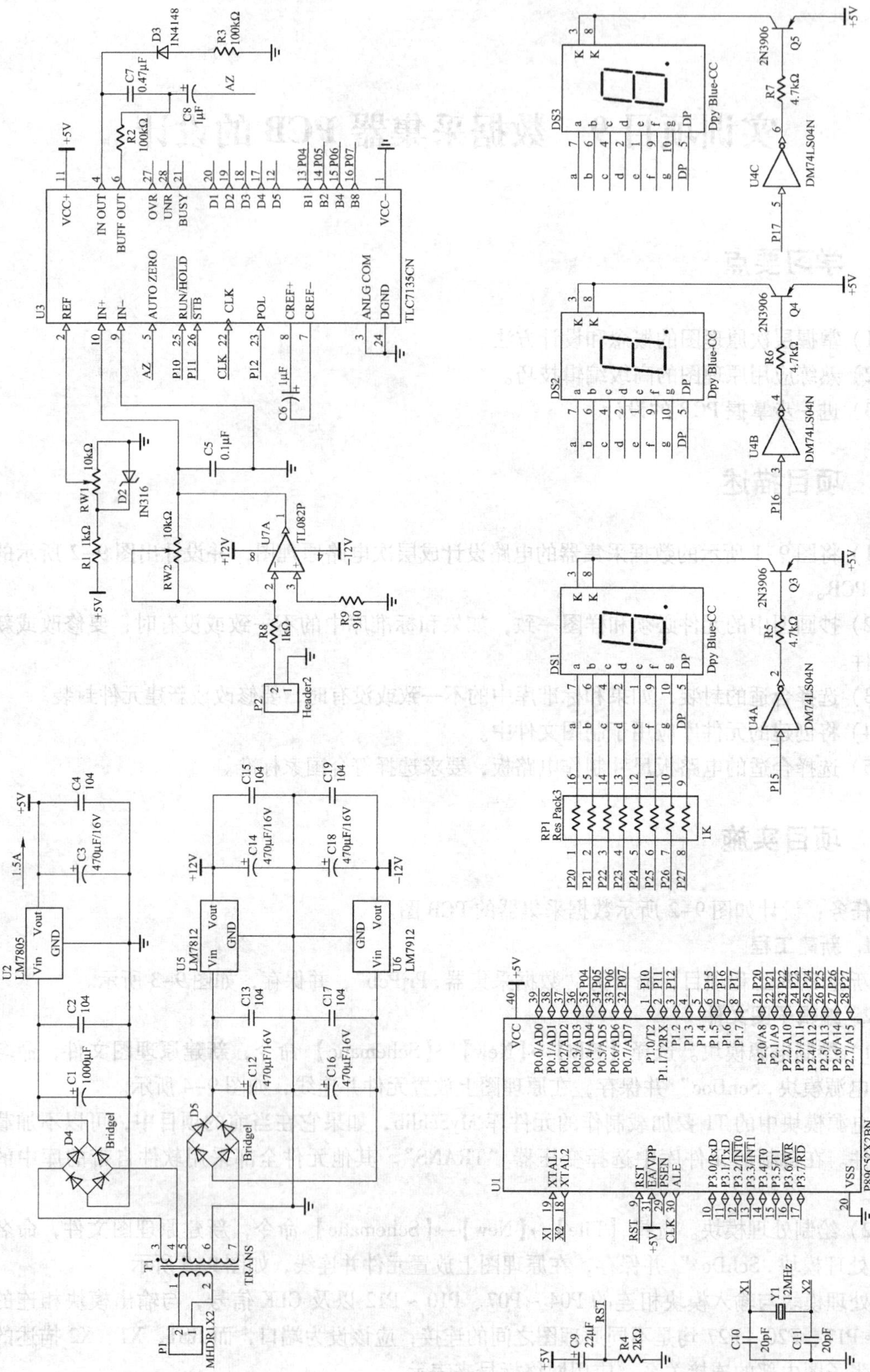

图 9-1 数据采集器原理图

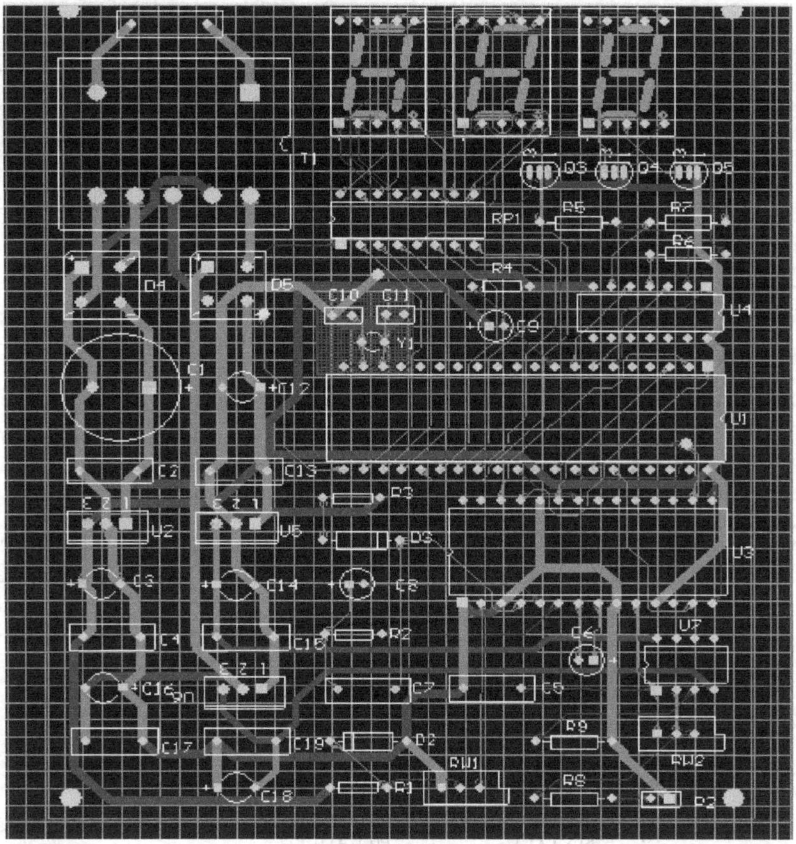
T1
Q3
Q4
Q5
RP1
R5
R7
R6
R4
D4
D5
C10
C11
C9
Y1
U4
C1
C12
U1
C2
C13
R3
U2
U5
D3
U3
C3
C14
C8
C4
C15
R2
U7
C16
C7
C5
R9
C17
C19
D2
RW1
RW2
R8
C18
R1
P2

图 9-2　数据采集器的双面 PCB

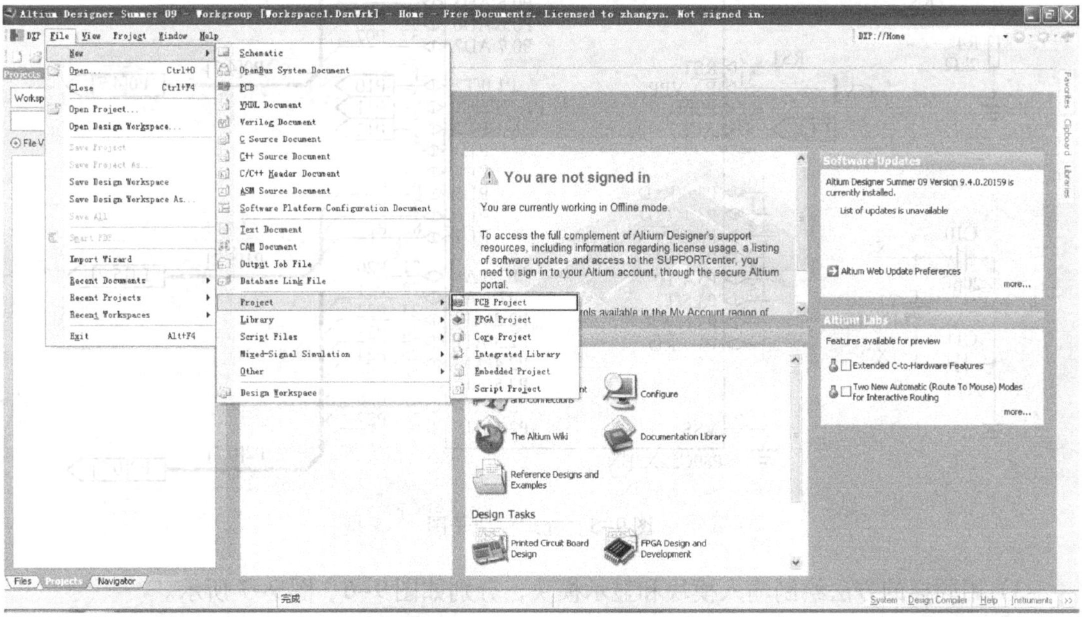
Altium Designer Summer 09 - Workgroup [Workspace1.DsnWrk] - Home - Free Documents. Licensed to zhangya. Not signed in.
DXP File View Project Window Help
New
Open... Ctrl+O
Close Ctrl+F4
Open Project...
Open Design Workspace...
Save Design Workspace
Save Design Workspace As...
Import Wizard
Recent Documents
Recent Projects
Recent Workspaces
Exit Alt+F4
Schematic
OpenBus System Document
PCB
VHDL Document
Verilog Document
C Source Document
C++ Source Document
C/C++ Header Document
ASM Source Document
Software Platform Configuration Document
Text Document
CAM Document
Output Job File
Database Link File
Project
Library
Script Files
Mixed-Signal Simulation
Other
Design Workspace
PCB Project
FPGA Project
Core Project
Integrated Library
Embedded Project
Script Project
DXP://Home
You are not signed in
You are currently working in Offline mode.
To access the full complement of Altium Designer's support resources, including information regarding license usage, a listing of software updates and access to the SUPPORTcenter, you need to sign in to your Altium account, through the secure Altium portal.
Software Updates
Altium Designer Summer 09 Version 9.4.0.20159 is currently installed.
List of updates is unavailable
Altium Web Update Preferences
more...
Altium Labs
Features available for preview
Extended C-to-Hardware Features
Two New Automatic (Route To Mouse) Modes for Interactive Routing
more...
Configure
The Altium Wiki
Documentation Library
Reference Designs and Examples
Design Tasks
Printed Circuit Board Design
FPGA Design and Development
Files
Projects
Navigator
完成
System
Design Compiler
Help
Instruments

图 9-3　新建 PCB 项目窗口

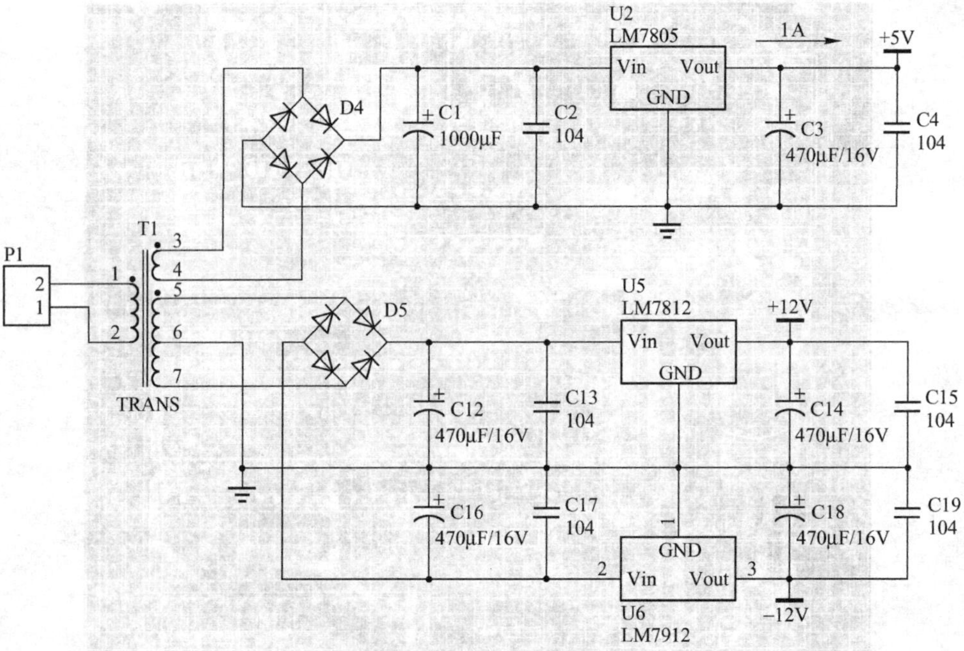

图 9-4　电源模块子图

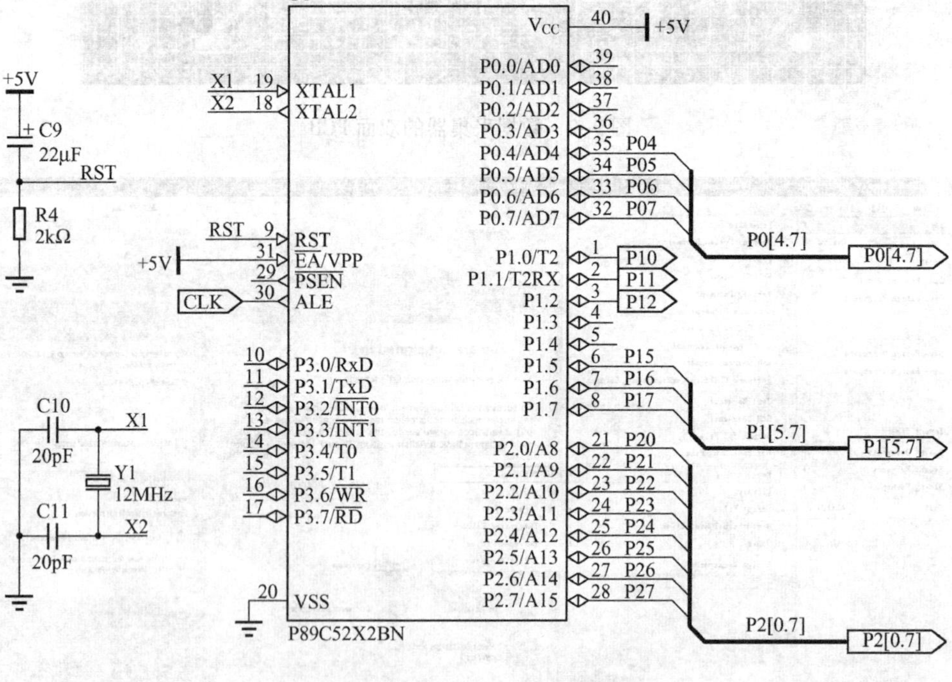

图 9-5　处理模块子图

3）用同样的方法绘制输入模块和显示模块，分别如图 9-6、图 9-7 所示。

3. 由子图文件生成方块电路

所有子图都画完后，在同一项目下新建原理图文件，命名为“母图 . SchDoc”，并保存。

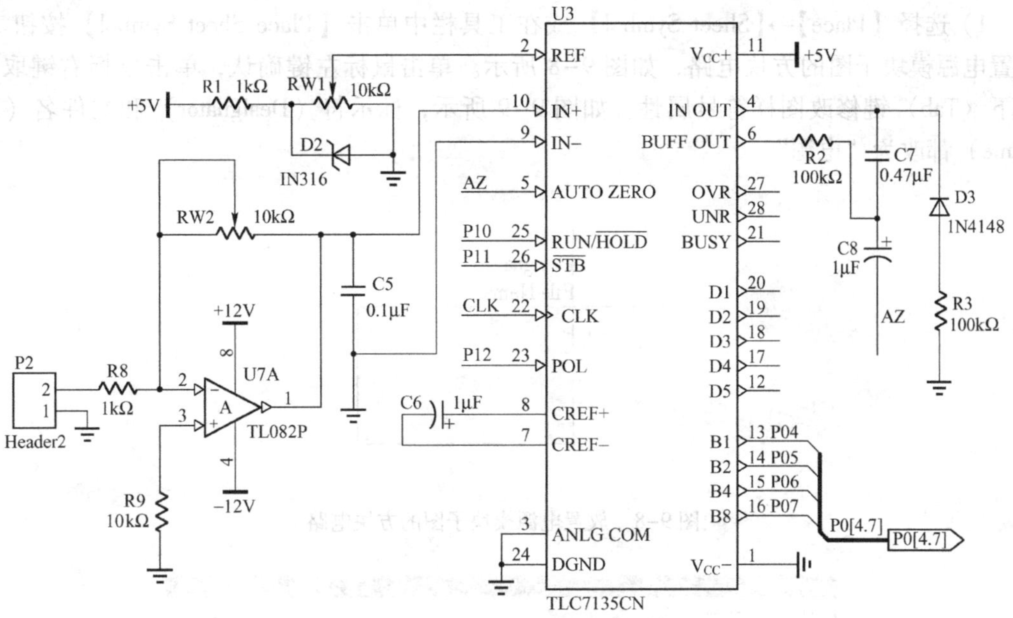
U3
REF
VCC+
+5V
R1 1kΩ
RW1
10kΩ
+5V
IN+
IN OUT
D2
IN316
IN−
BUFF OUT
R2
100kΩ
C7
0.47μF
D3
1N4148
AZ
AUTO ZERO
OVR
UNR
BUSY
RW2 10kΩ
P10
RUN/HOLD
P11
STB
C8
1μF
C5
0.1μF
+12V
CLK
CLK
AZ
R3
100kΩ
D1
D2
D3
D4
D5
P2
R8
1kΩ
U7A
TL082P
P12
POL
Header2
C6 1μF
CREF+
CREF−
B1
B2
B4
B8
P04
P05
P06
P07
P0[4.7]
R9
10kΩ
−12V
ANLG COM
DGND
VCC−
TLC7135CN

图 9-6 输入模块子图

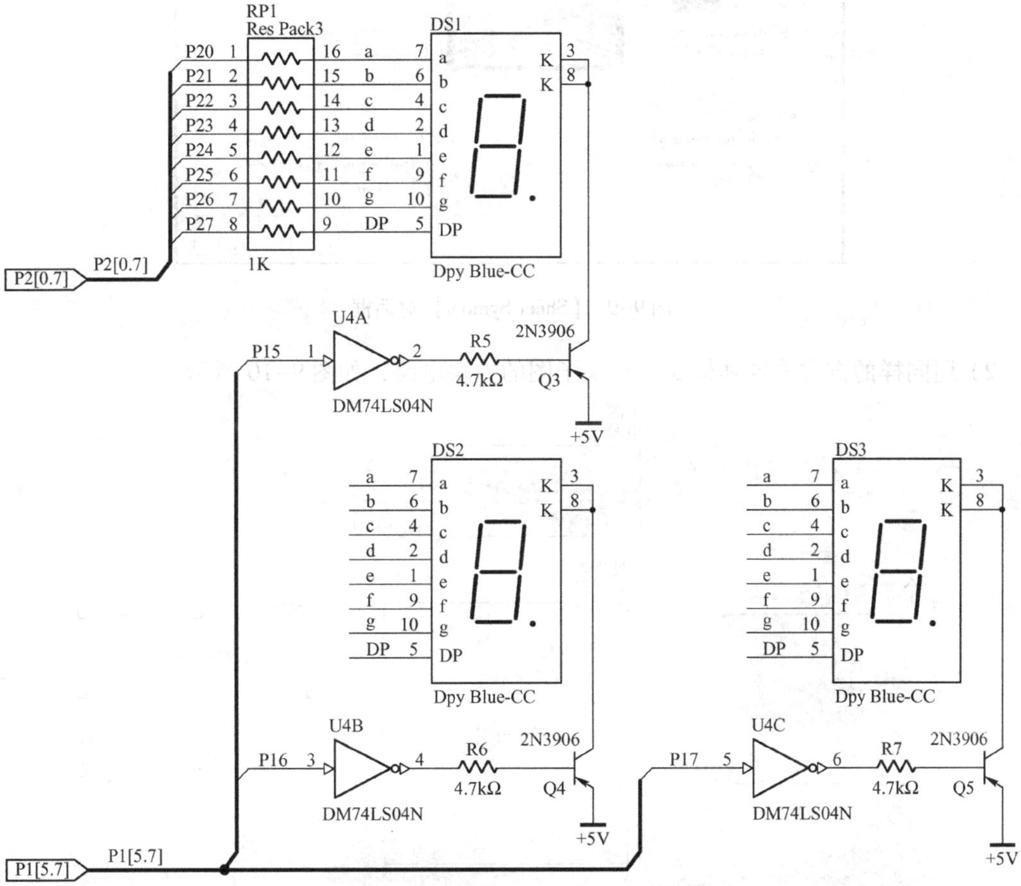
RP1
Res Pack3
DS1
P20
P21
P22
P23
P24
P25
P26
P27
P2[0.7]
1K
Dpy Blue-CC
U4A
P15
R5
4.7kΩ
2N3906
Q3
DM74LS04N
+5V
DS2
DS3
Dpy Blue-CC
Dpy Blue-CC
U4B
P16
R6
4.7kΩ
2N3906
Q4
DM74LS04N
+5V
U4C
P17
R7
4.7kΩ
2N3906
Q5
DM74LS04N
+5V
P1[5.7]

图 9-7 显示模块子图

1）选择【Place】→【Sheet Symbol】或在工具栏中单击【Place Sheet Symbol】按钮，放置电源模块子图的方块电路，如图 9-8 所示。单击鼠标左键确认，单击鼠标右键取消。按下〈Tab〉键修改图样符号属性，如图 9-9 所示，标示符（Designator）和文件名（File Name）都改为“电源”。

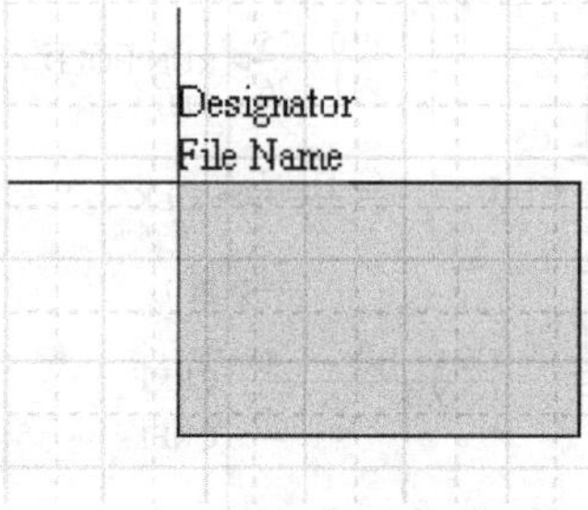

图 9-8　放置电源模块子图的方块电路

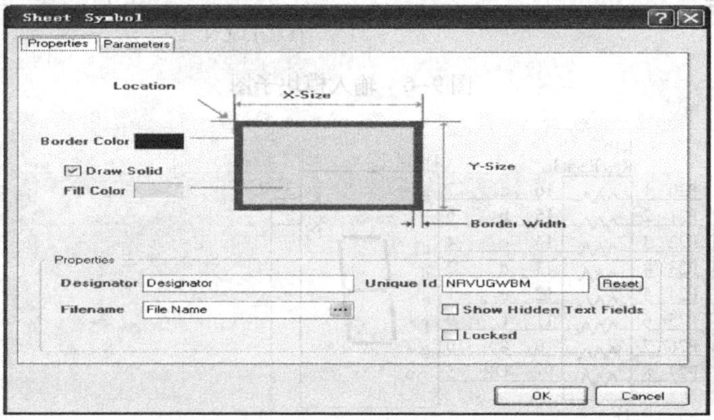

图 9-9　【Sheet Symbol】对话框

2）用同样的方式放置其他 3 个模块子图的方块电路，如图 9-10 所示。

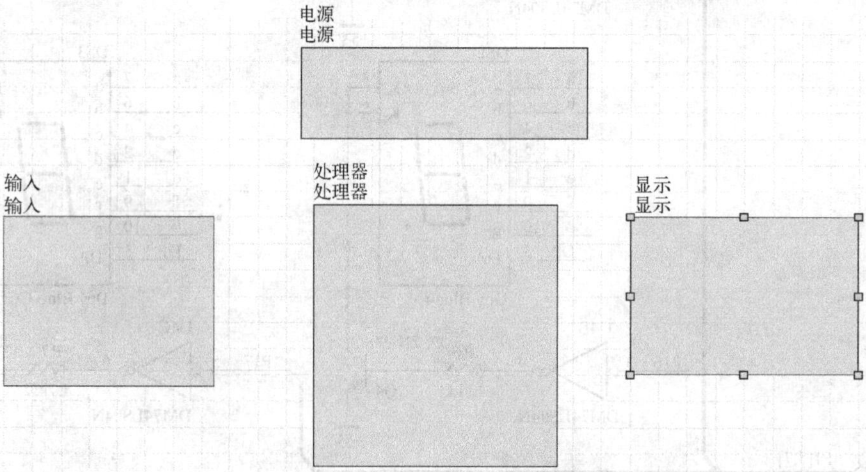

图 9-10　放置完成的方块电路

3）放置图样入口，选择【Place】→【Sheet Entry】或在工具栏中单击【Place Sheet Entry】按钮，放置结果如图 9-11 所示。按〈Tab〉键修改图样入口属性，改变名称，如图 9-12 所示。

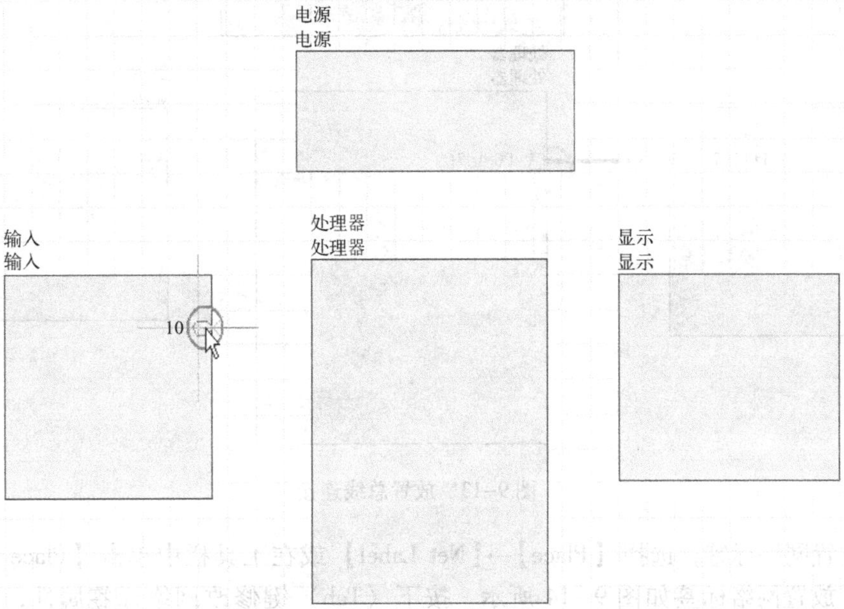

图 9-11　放置图纸入口

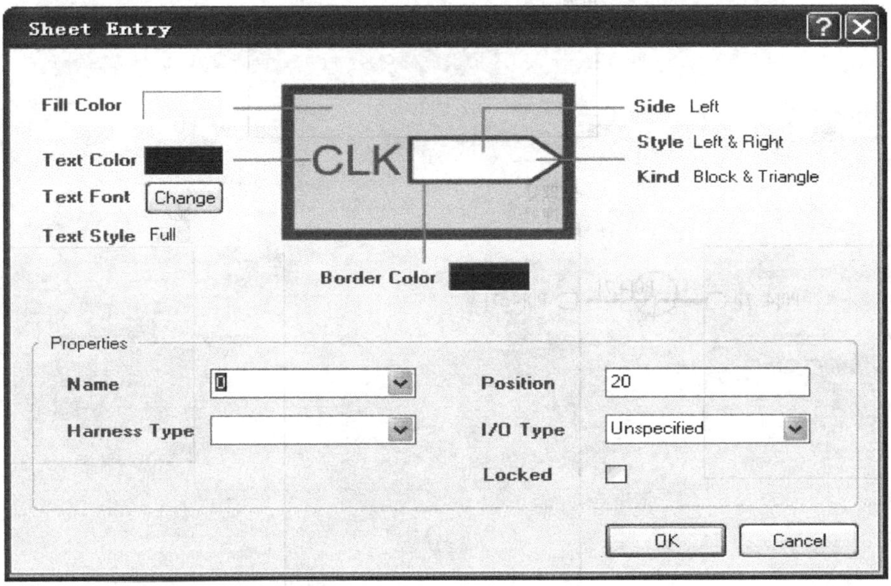

图 9-12　【Sheet Entry】对话框

4）放置总线连接，选择【Place】→【Bus】或在工具栏中单击【Place Bus】按钮，总线放置如图 9-13 所示。

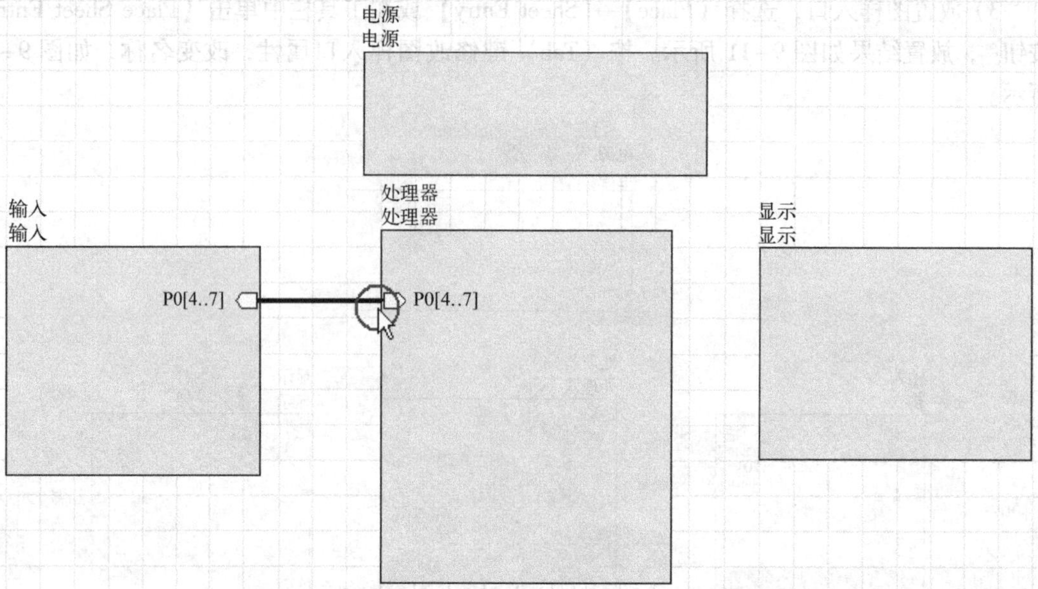

图 9-13　放置总线连接

5）放置网络标签，选择【Place】→【Net Label】或在工具栏中单击【Place Net Label】按钮 Net，放置网络标签如图 9-14 所示。按下〈Tab〉键修改网络标签属性，如图 9-15 所示。

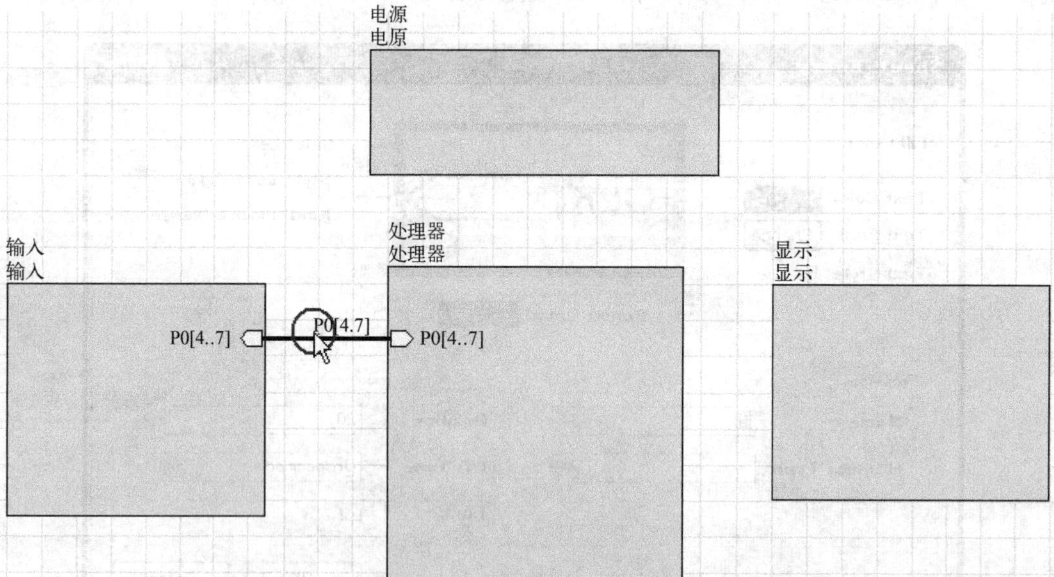

图 9-14　放置网络标签

6）最后，调整端口的位置，将相同名称的端口用导线或总线连接起来。端口为总线端口的要用总线相连，并放置总线的网络标号。连线后的母图如图 9-16 所示。

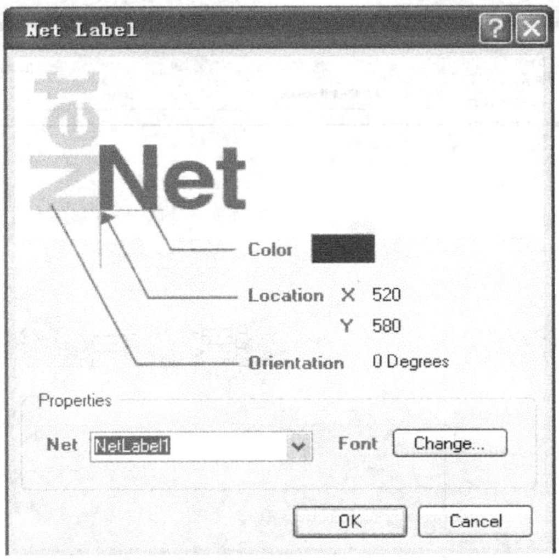

图 9-15 【Net Label】对话框

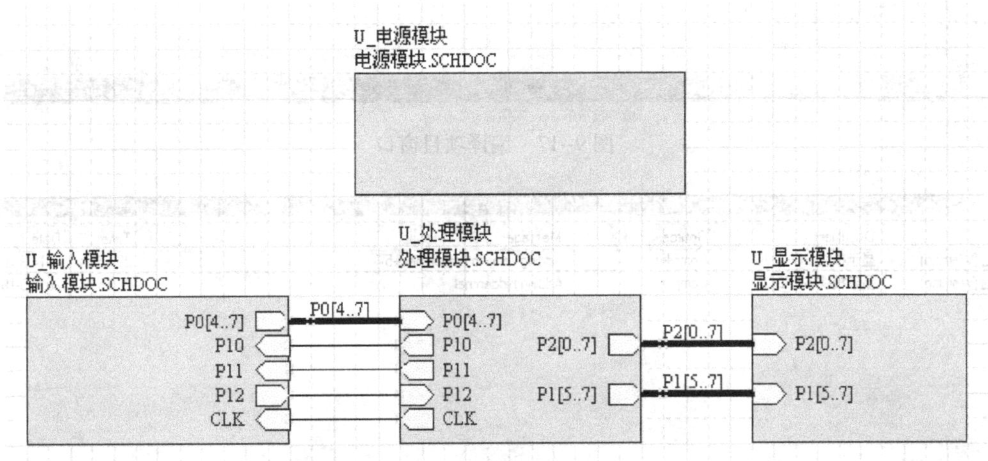

图 9-16 连线后的母图

4. 生成层次结构

1）执行菜单命令【Project】→【Compile PCB Project 数据采集器 . PRJPCB】，打开编译项目窗口，如图 9-17 所示，单击【System】控制中心面板中的【Messages】面板，会弹出【Messages】窗口，如图 9-18 所示，按照前面章节所讲，修改错误，直至全部正确。

2）执行菜单命令【Reports】→【Report Project Hierarchy】，系统就会生成设计层次报表"数据采集器 . rep"文档，并自动添加到当前项目中。

3）双击打开该文件，可打印该层次报表。

5. 生成项目的网络表

打开母图，执行菜单命令【Design】→【Netlist For Project】→【Protel】，会在"Generated"文件下生成网络表文件"数据采集器 . net"，双击可以浏览本项目的网络表文件。

6. 设计完成

最后保存所有文件及项目，层次原理图设计完成。

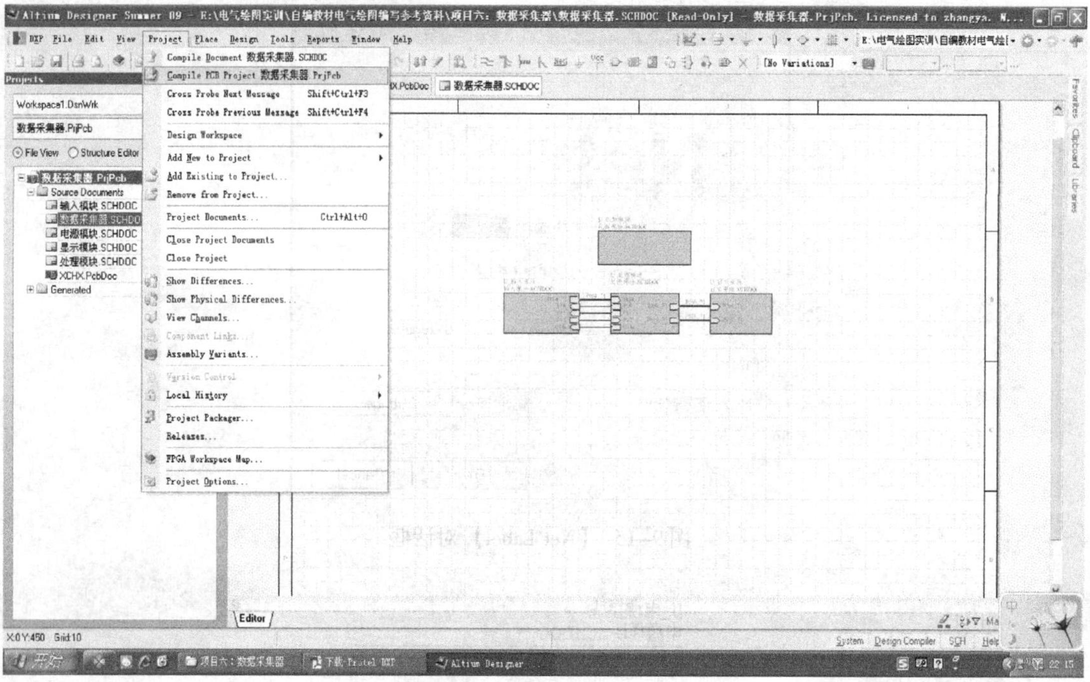

图 9-17 编译项目窗口

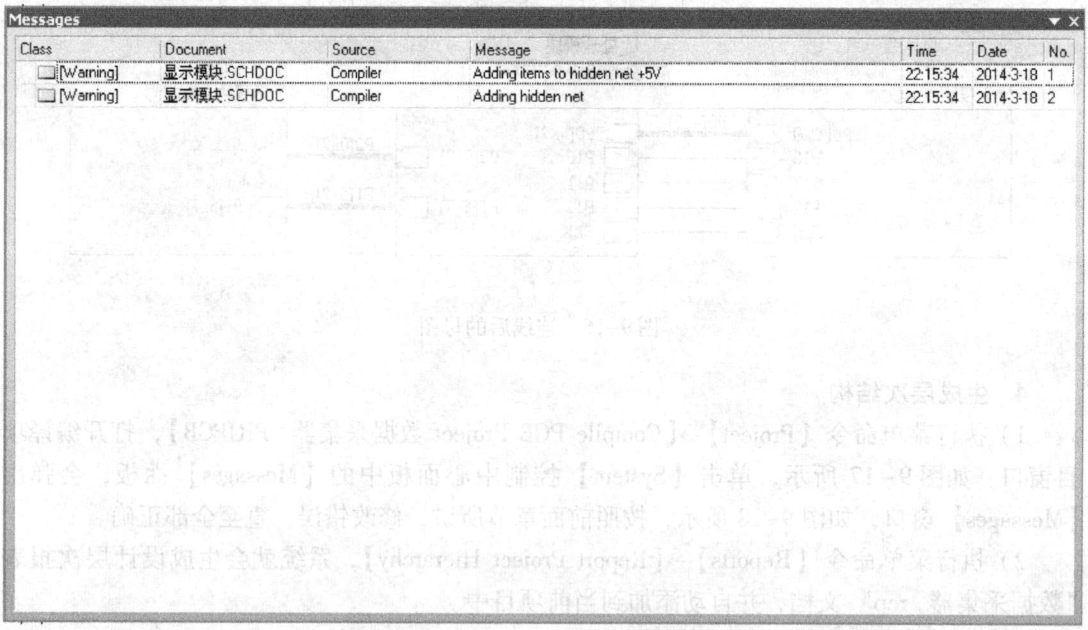
Messages
Class
Document
Source
Message
Time
Date
No.
[Warning]
显示模块.SCHDOC
Compiler
Adding items to hidden net +5V
22:15:34
2014-3-18
1
[Warning]
显示模块.SCHDOC
Compiler
Adding hidden net
22:15:34
2014-3-18
2

图 9-18 【Messages】窗口

7. 建立新模板

选择【File】→【New】→【PCB】命令，如图 9-19 所示。将 PCB 文件添加到 PCB 项目中，完成后保存 PCB 文件，命名为“数据采集器.PcbDoc”。如图 9-20 所示。

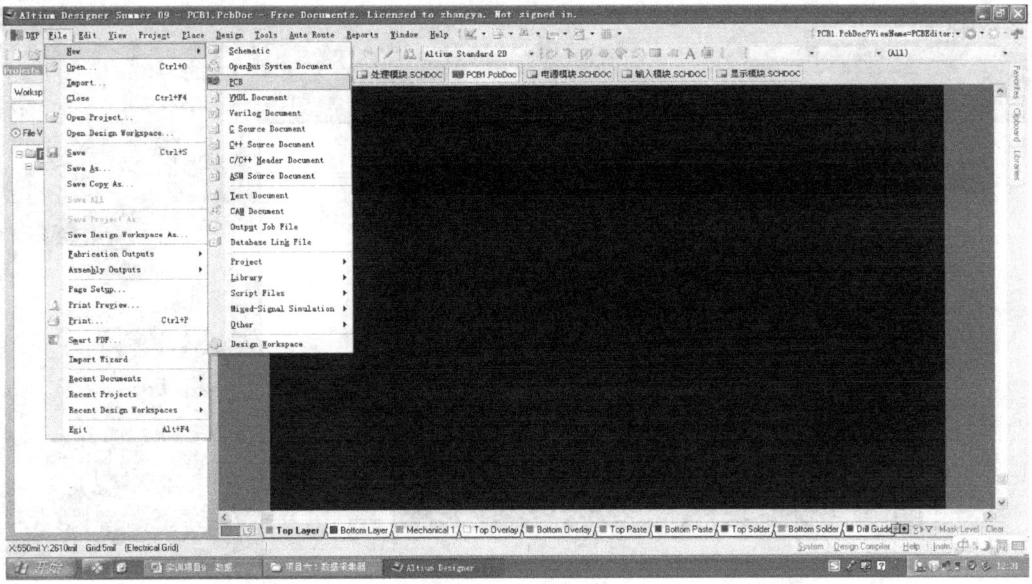

图 9-19　新建 PCB 文件

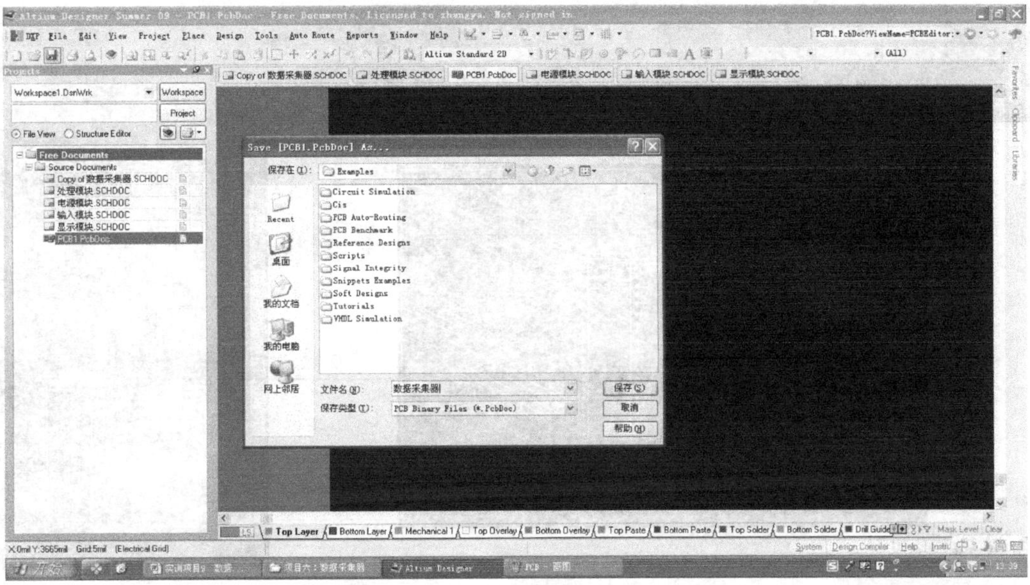

图 9-20　添加 PCB 文件到 PCB 项目

8. 导入网络表

参照实训项目 8 设计基本放大电路 PCB 的项目实施中第 3 步“导入网络表”，将网络表和元件加载到电路板中，如图 9-21 所示。

9. 元件手工布局及调整

1）通过 Room 空间移动元件。执行菜单命令【Tools】→【Component Placement】→【Arrange Within Room】，移动光标至电源模块的 Room 空间内，单击鼠标左键，元件自动按类型整齐地排列在 Room 空间内，单击鼠标右键结束操作，如图 9-22 所示。其余三个模块按同样方法操作。最后，执行菜单命令【View】→【Refresh】即可。

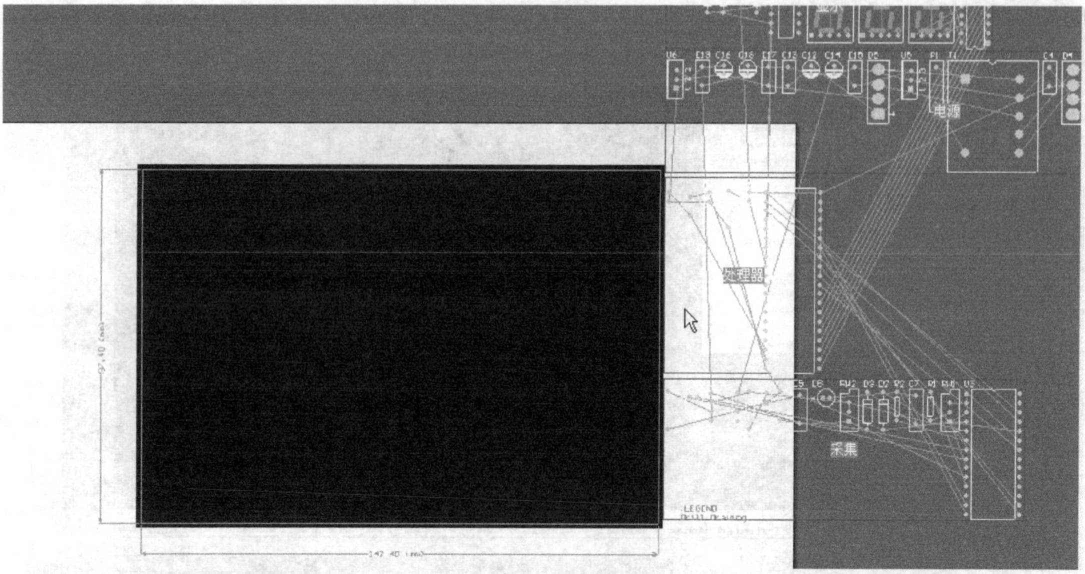

图 9-21　载入网络表和元件后的 PCB

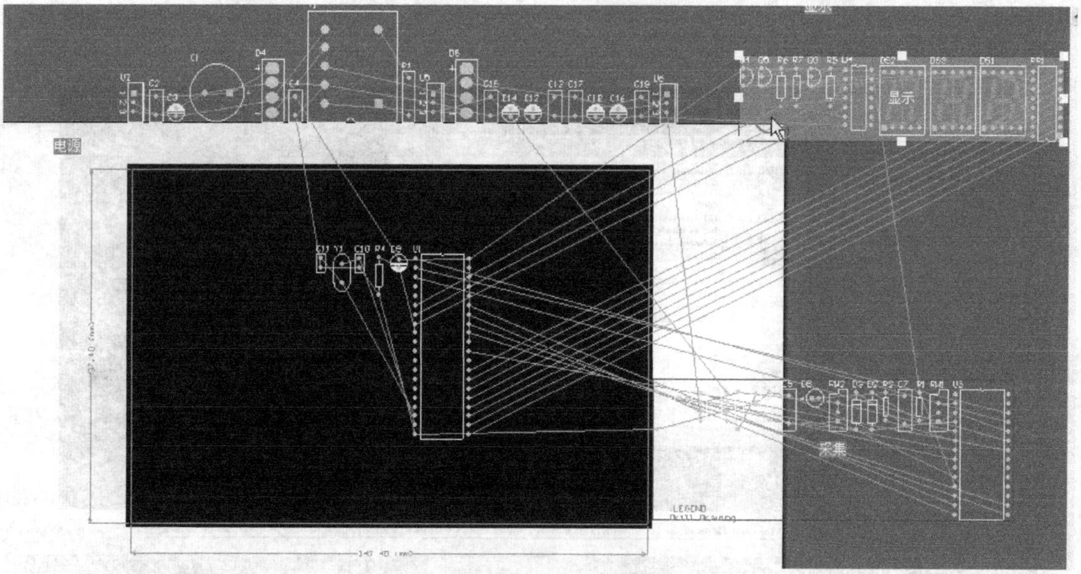

图 9-22　通过 Room 空间移动元件

2）手工布局调整。元件调入 Room 空间后，删除 Room 空间，开始手工布局调整。用鼠标左键按住元件不放，拖动鼠标可以移动元件，移动中按〈Space〉键可以旋转元件，按照布局原则完成布局。布局后，调整元件标识信息的位置，使之不要在焊盘、过孔和元件下面。

选择所有元件，执行【Edit】→【Align】→【Move All Components Origin to Grid】命令，将元件移动到网络点上。

10. 调整边框的大小

边框大小选择 97.4 mm × 147.4 mm，最后手工调整好的 PCB，如图 9-23 所示。

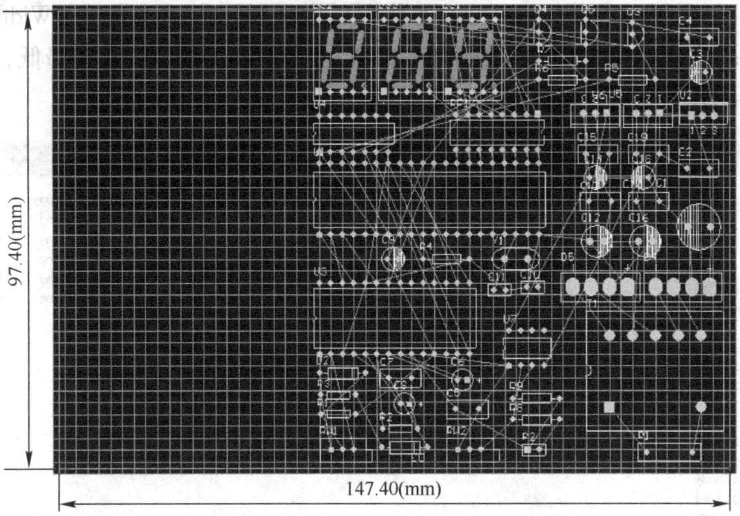

图 9-23　手工调整好的 PCB

11. PCB 布线规则设置

1）线宽选择：+5 V 和 GND 网络的线宽为 60 mil，+12 V 和 -12 V 网络的线宽为 30 mil，其余信号线线宽为 10 mil。

2）对于晶振电路，禁止在晶振电路周围以及对层走信号线，在对层设置覆铜。

3）执行【Design】→【Rules】命令，弹出【PCB Rules and Constraints Editor】对话框，如图 9-24 所示，将【Minimum Clearance】设为“8 mil”。在【Routing】下的【Width】选

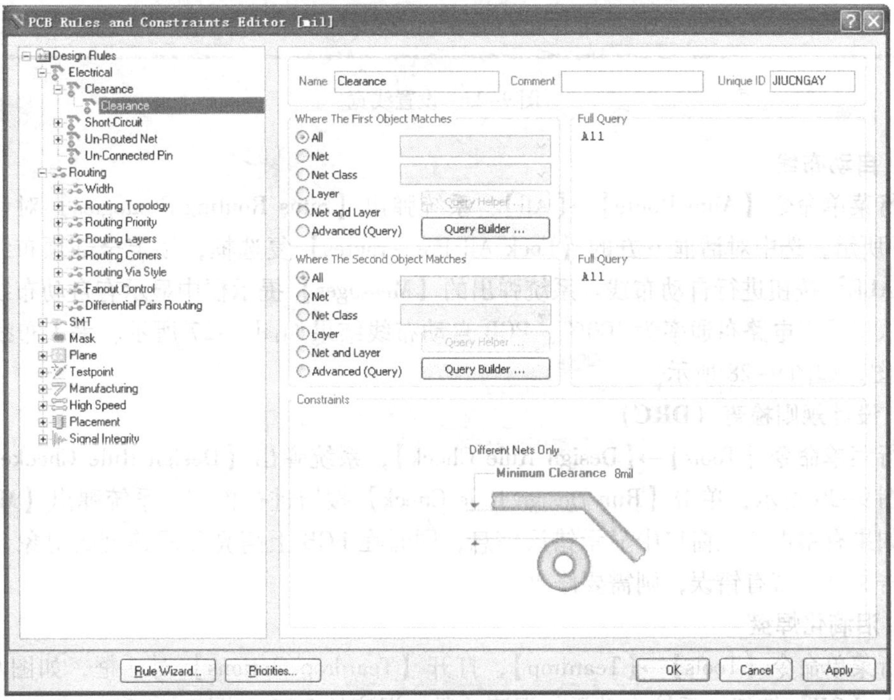

图 9-24　PCB 规则和约束编辑器

项中新建 GND、+5 V、+12 V、-12 V（分别对应 Width_4、Width_1、Width_2、Width_3）网络的线宽，并设定 GND 的优先级最高，+5 V、+12 V、-12 V 依次降低，其余信号线优先级最低，如图 9-25 所示。

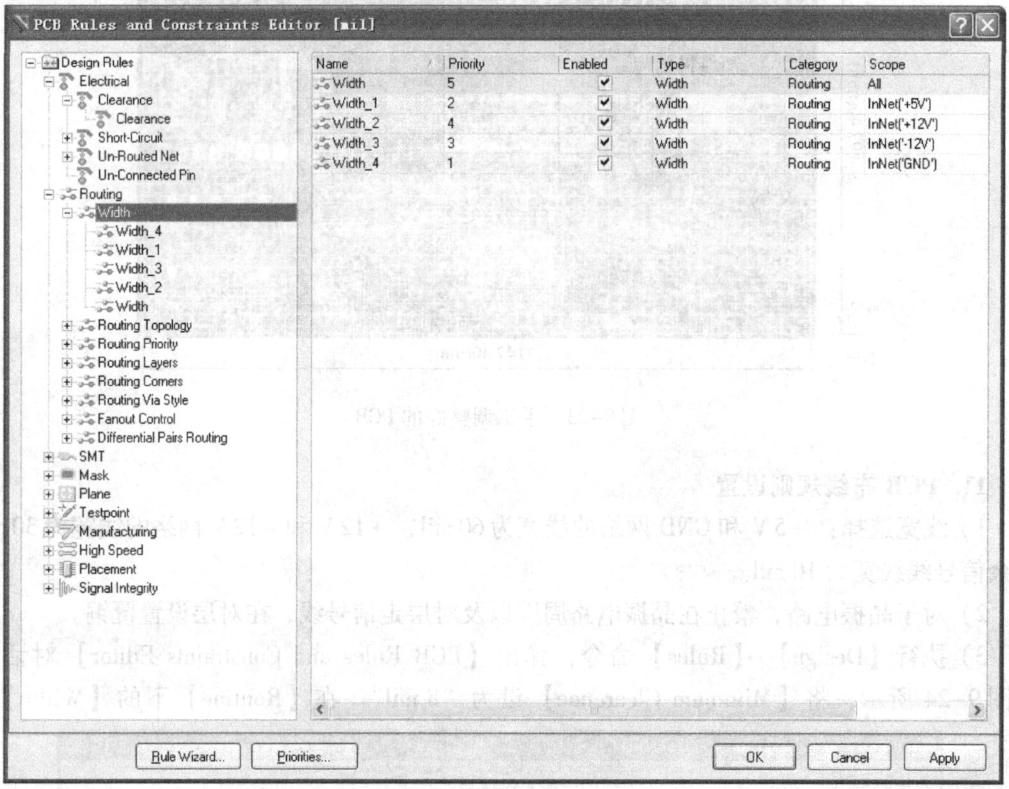

图 9-25　设置线宽

12. 自动布线

执行菜单命令【Auto Route】→【All】，系统弹出【Situs Routing Strategies】对话框，如图 9-26 所示，选中对话框下方的【Lock All Pre - routes】复选框，锁定全部预布线，单击【Route ALL】按钮进行自动布线。系统弹出的【Messages】提示框中显示有自动布线的状态信息，从中看出电路布通率为 100%。PCB 自动布线结果如图 9-27 所示。手工布线调整后的 PCB 图，如图 9-28 所示。

13. 设计规则检查（DRC）

执行菜单命令【Tools】→【Design Rule Check】，系统弹出【Design Rule Checker】对话框，如图 9-29 所示，单击【Run Design Rule Check】按钮进行检测。系统弹出【Messages】窗口，如果有错误将在窗口中显示错误信息，同时在 PCB 上高亮显示违规的对象，并生成一个报告文件。若有错误，则需要修改。

14. 泪滴化焊盘

执行菜单命令【Tools】→【Teardrop】，打开【Teardrop Options】对话框，如图 9-30 所示，单击【OK】按钮，系统自动添加泪滴。添加泪滴的 PCB 如图 9-31 所示。

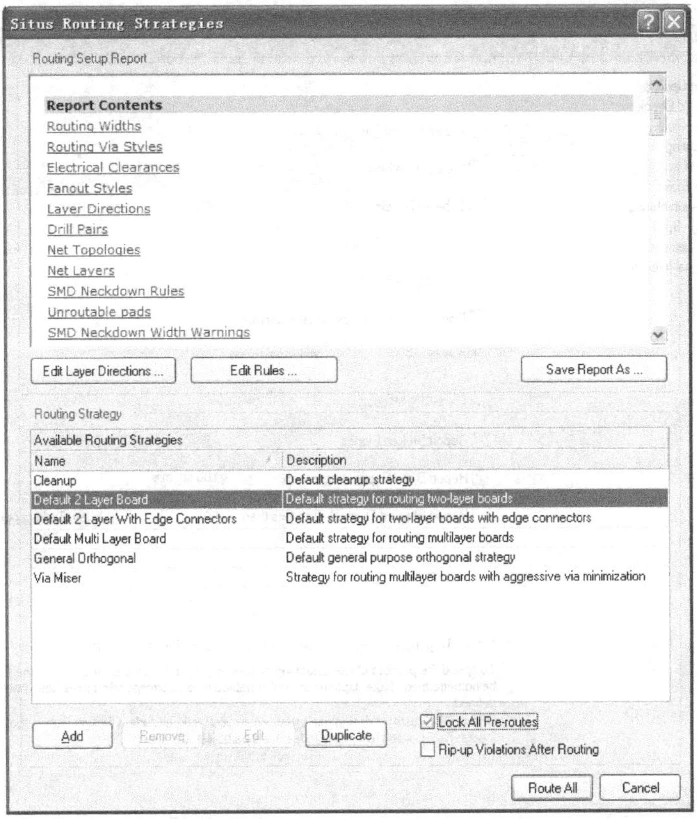

图 9-26 【Situs Routing Strategies】对话框

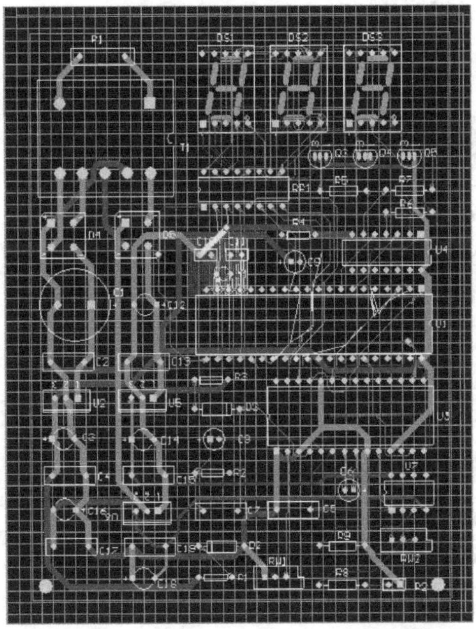

图 9-27 PCB 自动布线结果

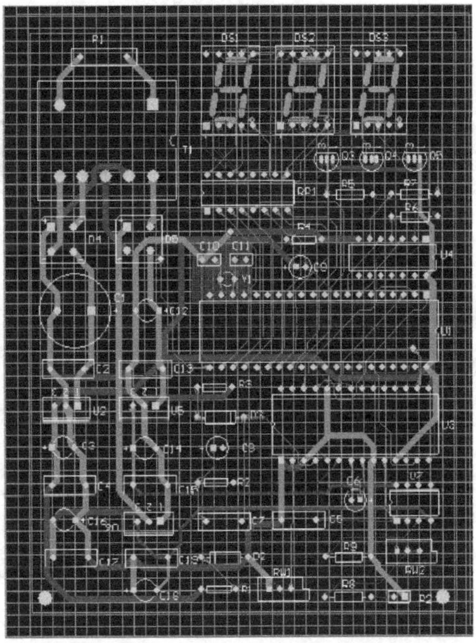

图 9-28 手工布线调整后的 PCB

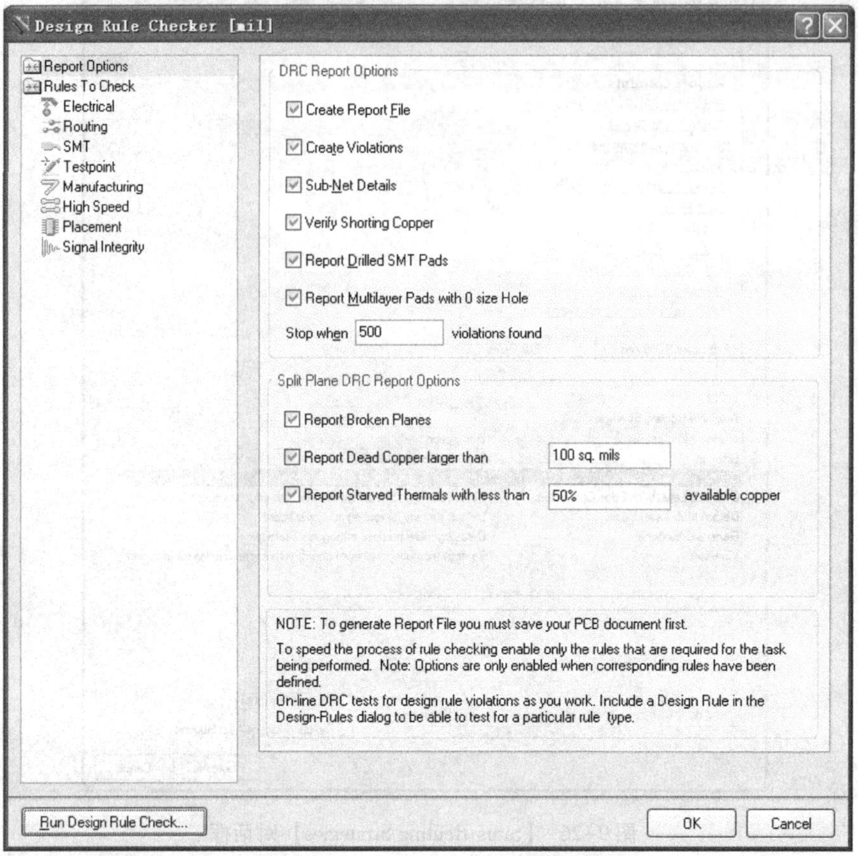

图 9-29 【Design Rule Checker】对话框

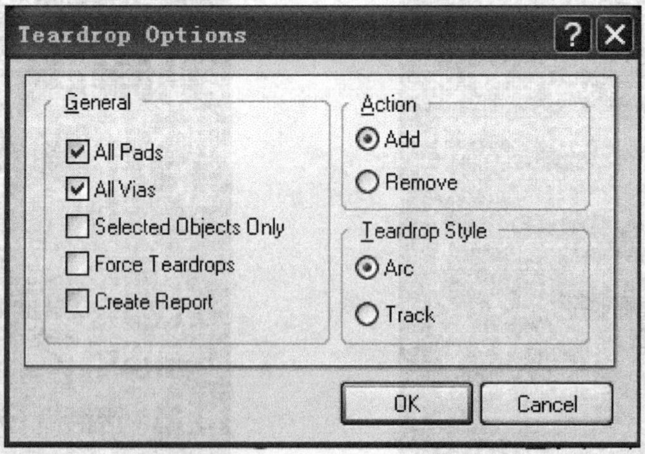

图 9-30 【Teardrop Options】对话框

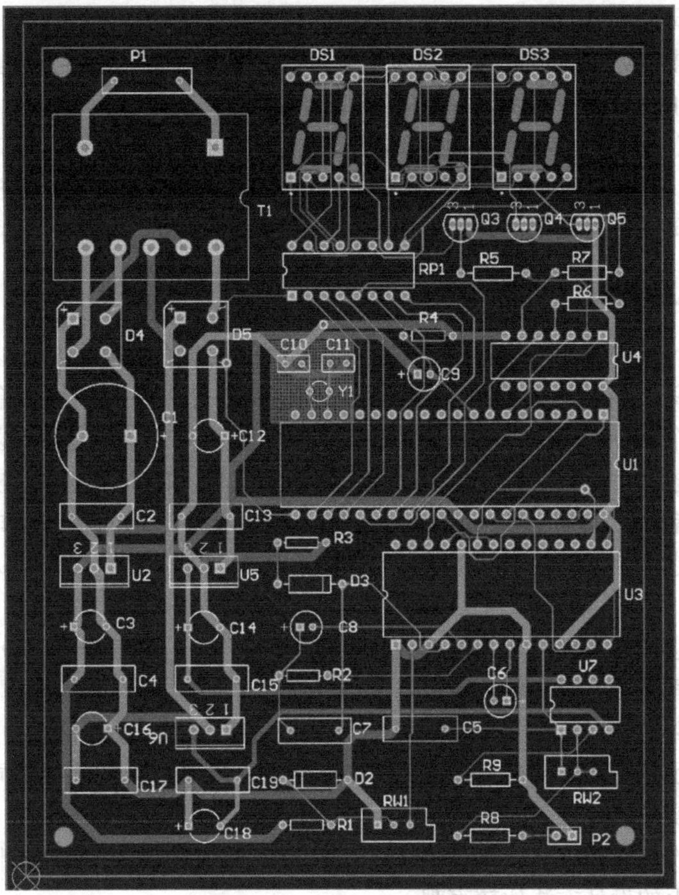

图 9-31　添加泪滴的 PCB

9.4　相关知识点

9.4.1　层次电路设计概念

1. 层次原理图的概念

为了解决大型电路原理图无法画出的问题，可采用层次原理图的设计思想。层次原理图的设计思想代表了当前电路设计的主流，Altium Designer Winter 09 提供了强大的层次原理图功能。层次原理图的设计思想是将整张大图按功能分割成若干较小的子图，子图还可以继续向下细分。同一个项目中，可以包含多个分层的多张原理图。

使用层次原理图还有一个很重要的意义，那就是它在原理图设计中引进了“自上而下”或“自下而上”的设计思想。这样可以首先分析整个电路的总体构成，然后按功能细分成多个功能模块，适合大型电路图的小组开发、多人合作共同开发的模式。

采用层次化设计后，原理图按照某标准划分为若干功能部分，分别绘制在多张原理图纸上，这些图纸被称为该设计系统的子图。同时，这些子图将由一张总原理图来说明它们之间的联系，此原理图被称为该设计项目的母图（或父图）。各子图与母图，各张子图之间的信号传递是通过在母图和各子图上放置相同名字的端口来实现的。

因此，层次电路原理图设计又被称为化整为零、聚零为整的设计方法。

2. 层次电路的构成

1）子图。该原理图中包含与其他原理图建立电气连接的输入/输出端口。

2）母图。母图中包含代表各子图的图样符号，各子图之间的连接通过各模块电路的端口来实现。通过母图，可以很清楚地看出整个电路系统的结构。

9.4.2 层次电路的设计方法

层次电路设计首先需要将原理图分割成子图模块，分割的基本原则是以电路功能单元为模块。例如，图 9-1 所示的数据采集器的原理图，将其分为电源模块、输入模块、处理模块和显示模块 4 个部分。其中处理模块为核心，它与其他几个模块之间有以下连接关系。

电源模块：电源模块是一个独立模块，用于产生 ±12V 和 +15V 电源，实际上它和其他各模块之间均有电源关联，但是 Altium Designer Winter 09 不需要将电源和地作为端口列出。

输入模块：它和处理模块之间的连线有 P04 ~ P07、P10 ~ P12 以及 CLK（即主振时钟）信号。

显示模块：它和处理模块之间的连线主要是 P15 ~ P17 位选信号和 P20 ~ P27 数据信号。

其他几块之间除了电源和地，再没有其他联系。

绘制层次电路时，通常约定 I/O 端口是全局的，而网络标号是局部的。也就是说，I/O 端口只能用来表示各子图之间的连接关系，不表示同一图纸内部的连接，同一图纸内部的连接用网络标号来实现。

层次电路的设计主要有自上而下和自下而上两种设计方法，两种设计方法也可混合使用。其中自下而上的设计方法比较直观。

1. 自上而下设计层次电路

层次原理的自上而下设计方法是指将电路方块电路生成电路原理图，在绘制原理图之前对电路的模块划分比较清楚。在设计时首先设计出包含各电路方块电路的母图，然后再由母图中的各方块电路图创建与之对应的子电路图。

设计思想：新建 PCB 工程项目→绘制母图→从方块电路生成子图→编辑子图→生成层次结构。

1）建立母图“＊. SchDOC”：在主菜单中选择【Place】→【Sheet Symbol】命令，单击键盘上的〈Tab〉键，改变“Sheet Symbol”的属性，放置母图中所需的子图符号；再选择【Place】→【Add Sheet Entry】，按〈Tab〉键修改端口属性，按要求放置；最后连线完成母图。

2）由子图符号建立子图“＊. SchDOC”：在主菜单中选择【Design】→【Create Sheet From Sheet Symbol】命令，单击某个子图符号，系统自动在项目中新建一个名为“＊. SchDOC”的原理图文件，置于母图文件下层。在子图文件中自动布置了与母图中子图符号一致的端口。最后在新建的子图中绘制相应原理图。

2. 自下而上设计层次电路

自下而上设计方法中，首先设计出下层基本模块的子原理图，子原理图设计和常规原理图设计方法相同，然后在母图中放置由这些子原理图产生的方块电路，层层向上组织，最后生成总图（母图）。这是一种被广泛采用的层次原理图设计方法。

设计思想：新建 PCB 工程项目→绘制所有子图文件→从子图文件生成方块电路→生成层次结构。

1）建立子图“＊. SchDOC”：绘制子图原理图，须在子图中放置端口。

2）建立母图“＊. SchDOC”：在与子图同一项目下建母图，选择【Place】→【Sheet Symbol】放置方块电路并修改属性；再选择【Place】→【Sheet Entry】放置图纸入口并修改属性；最后放置总线或导线并放置网络标签。

3. 层次原理图的切换

当进行较大规模的原理图设计时，所需的层次式原理图的张数非常多，设计者常需要在多张原理图之间进行切换。层次电路文件之间的切换方法有以下几种：直接用设计管理器切换文件，由上层电路图文件切换到下层电路图文件，由下层电路图文件切换到上层电路图文件等。

对于简单的层次式原理图，利用鼠标双击设计管理器中对应的文件名即可切换到对应的原理图上。对于复杂的层次式原理图，比如从总图切换到某个方块电路对应的子图上，或者要从某一个层次原理子图切换到它的上层原理图上，可以使用相应的命令进行切换。

（1）设计管理器切换原理图层次

直接用设计管理器切换文件是最简单而有效的方法。具体操作步骤如下。

1）设计管理器中，用鼠标左键单击层次模块的电路原理图文件前面的“＋”号，使其树状结构展开。

2）如果需要在文件之间切换，用鼠标左键单击设计管理器中的原理图文件，原理图编辑器就自动切换到相应的层次电路图。

（2）从母图切换到子图

操作步骤如下。

1）打开层次原理图的总图，执行菜单命令【Tools】→【Up/Down Hierarchy】。

2）此时鼠标箭头变为十字光标，在图纸中移动十字光标到一个方块电路上，然后单击鼠标左键。

3）此时在工作窗口中就会打开所切换的方块电路所代表的原理图子图，这时鼠标箭头仍保持为十字光标。单击鼠标右键即可退出切换工作状态。

（3）从子图切换到母图

从子图切换到母图的操作步骤如下。

1）打开层次原理图的子图，执行菜单命令【Tools】→【Up/Down Hierarchy】。

2）将光标移到子图中的某个输入/输出端口（Port）上，单击鼠标左键。

3）此时工作区窗口自动切换到此原理图子图的方块电路上，并且十字光标停留在用户单击的 I/O 端口同名的方块电路的出入点上。然后单击鼠标右键可退出切换工作状态。

9.4.3 原理图编辑器高级设计功能

1. 端口放置

要将一个电路和另外一个电路连接起来，除了可以利用导线进行连接外，还可以通过 I/O（Input & Output）输入/输出端口使某些端口（Port）具有相同的名称，这样就可以将它们视为同一网络或者认为它们在电气上是相互连接的。

端口放置：【Place】→【Port】

I/O 端口和电源及接地端口一样，具有很多不同的属性，未放置前按〈Tab〉键，进入【Port Properties】（端口属性）对话框，如图 9-32 所示。

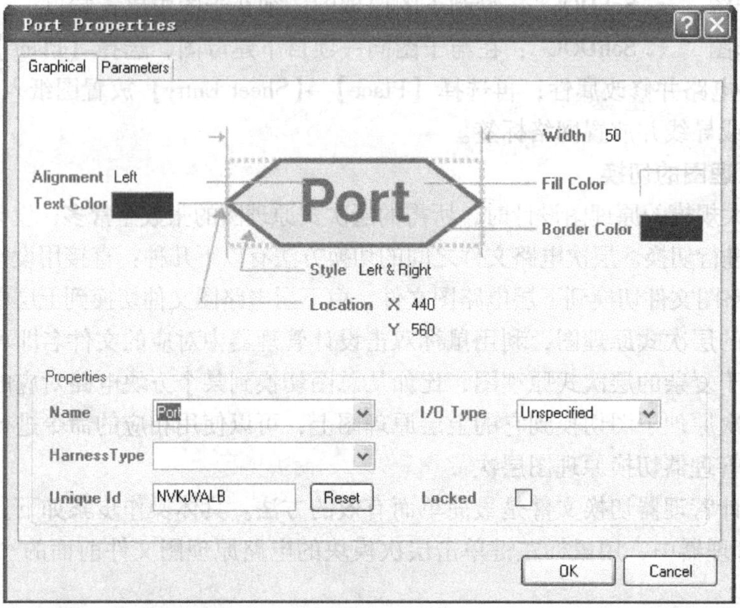

图 9-32 【Port Properties】对话框

2. 网络标号放置

除了通过画导线来进行电气连接之外，网络标号（Net Label）也具有电气连接特性。所谓网络标号，就是电气接点，其用途是将两个或两个以上没有相互连接的网络，通过命名为同一网络标号的方法，使它们在意义上属于同一网络。具有相同网络标号的电源、引脚、导线等在电气连接上是连接在一起的。在一些复杂应用（如层次电路或多重式电路中各个模块电路之间的连接）中，直接使用导线连接方式，会使图样显得杂乱无章，使用网络标号则可以使得图样清晰易读，这对于利用网络表进行印制电路板自动布线是非常重要的。

网络标签的放置：【Place】→【Net Label】（网络标号实现电气连接）或者单击工具栏中的 按钮。

未放置前按〈Tab〉键，进入【Net Label】（网络标号端口属性）对话框，如图 9-15 所示。

3. 总线和总线分支线放置

所谓总线，就是代表数条并行导线的一条线。为了便于读图，看清不同元器件间的电器连接关系，可以绘制总线以简化原理图。当为总线设置了网络标号后，相同网络标号的导线之间已经具备了实际的电气连接关系。一般用总线将这些设置了网络标号的并行总线进行连接。总线（Bus）、网络标号（Net Label）和总线分支线（Bus Entry）是配合使用的。导线或元件引脚和总线相连是通过总线分支线（Bus Entry）来实现的。

总线放置：【Place】→【Bus】或单击工具栏中的 按钮。

总线分支线放置：【Place】→【Bus Entry】或单击工具栏中的 按钮。

未放置前按〈Tab〉键，进入【Bus】（总线）和【Bus Entry】（总线分支线）的属性对话框，如图 9-33 所示。

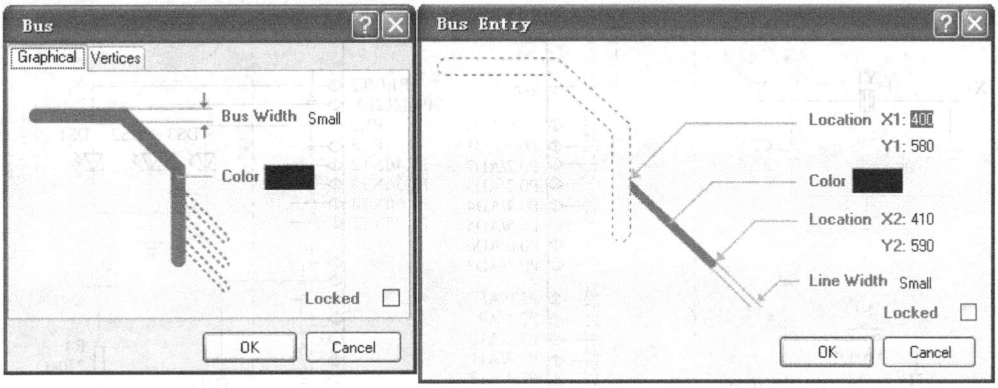

图 9-33 【总线】和【总线分支线】属性对话框

4. 图片及文字编辑

（1）插入图片

在原理图中插入图片的前提是要有一个现成的图片文件，下面介绍制作图片文件的简单方法。

1）制作图片。例如：利用 Windows 附件中提供的画笔，把桌面上的浏览器图标用抓图的方法进行处理（格式为 . jpg），作为单独的图像文件存放在 D 盘上，命名为 IE. jpg。

2）执行菜单命令【Place】→【Drawing Tools】→【Graphic】，先定义好放置图片的大致位置和面积（用鼠标拖曳），在打开的对话框中指定图片文件的位置及文件名，单击【打开】按钮放置图片，将其移动到合适的位置。

（2）插入字符串和文本框

执行菜单命令【Place】→【Text String】可以在原理图中插入字符串并能进行文字修改；也可以执行菜单命令【Place】→【Text Frame】在原理图中插入文本框。

字符串可以直接放置。文本框的放置方法是在放置时先选择文本框左侧顶点位置，单击鼠标放置，再将鼠标移到右侧顶点位置单击，则文本框放置结束（文本框的大小可以用鼠标拖曳修改）。

（3）图形工具栏的使用

在编辑操作中还会用到软件提供的图形工具栏，可以在原理图上绘制直线、曲线、圆弧和矩形等各种图形，主要用于自定义元件和画轮廓。这里要说明的是，利用图形工具栏绘制的各种图形是不具有任何电气特性的元件，对电路的电气连接没有任何影响，画出的线条没有电气特性，这一点和导线不同，也是图形工具与布线工具的关键区别。

9.5 提高练习

1. 请将图 9-34 所示的声光报警电路按功能模块用自下而上的方法绘制成层次电路原理图，设计 PCB，其中母图如图 9-35 所示。

2. 请将图 9-36 所示的信号发生器电路按功能模块绘制成层次电路原理图，设计 PCB。

3. 请将如图 9-37 所示超声波测距仪电路按功能模块绘制成层次电路原理图，设计 PCB，其中母图如图 9-38 所示。

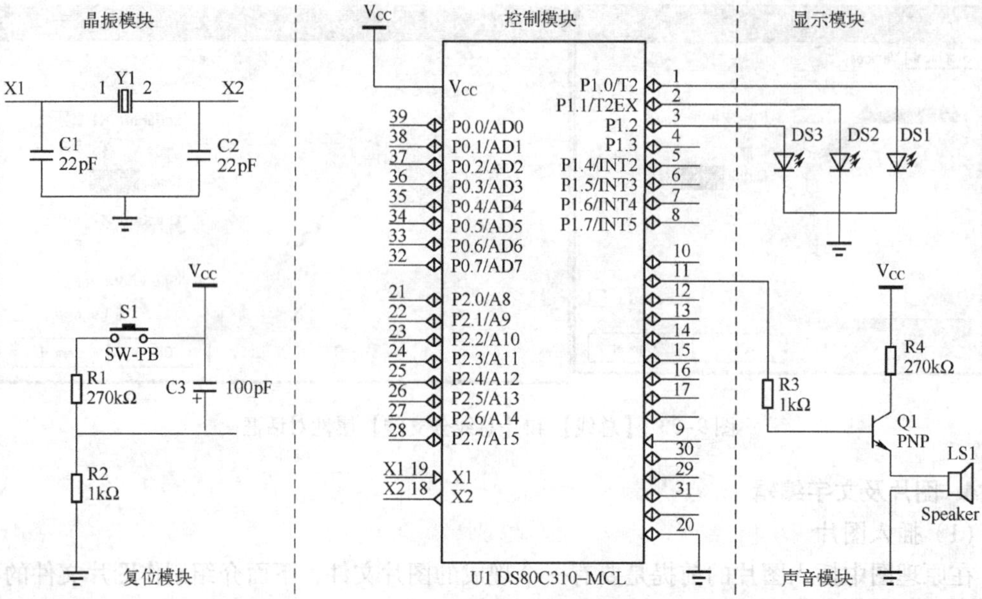

图 9-34　声光报警电路原理总图

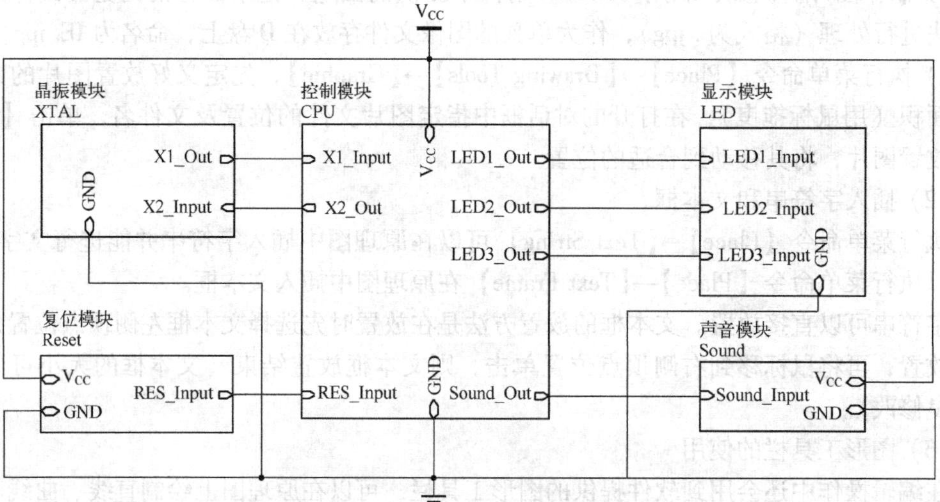

图 9-35　声光报警电路母图

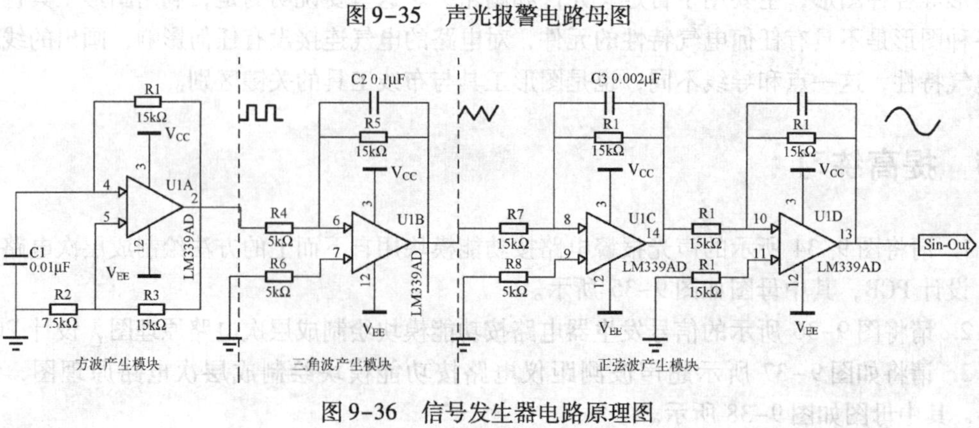

图 9-36　信号发生器电路原理图

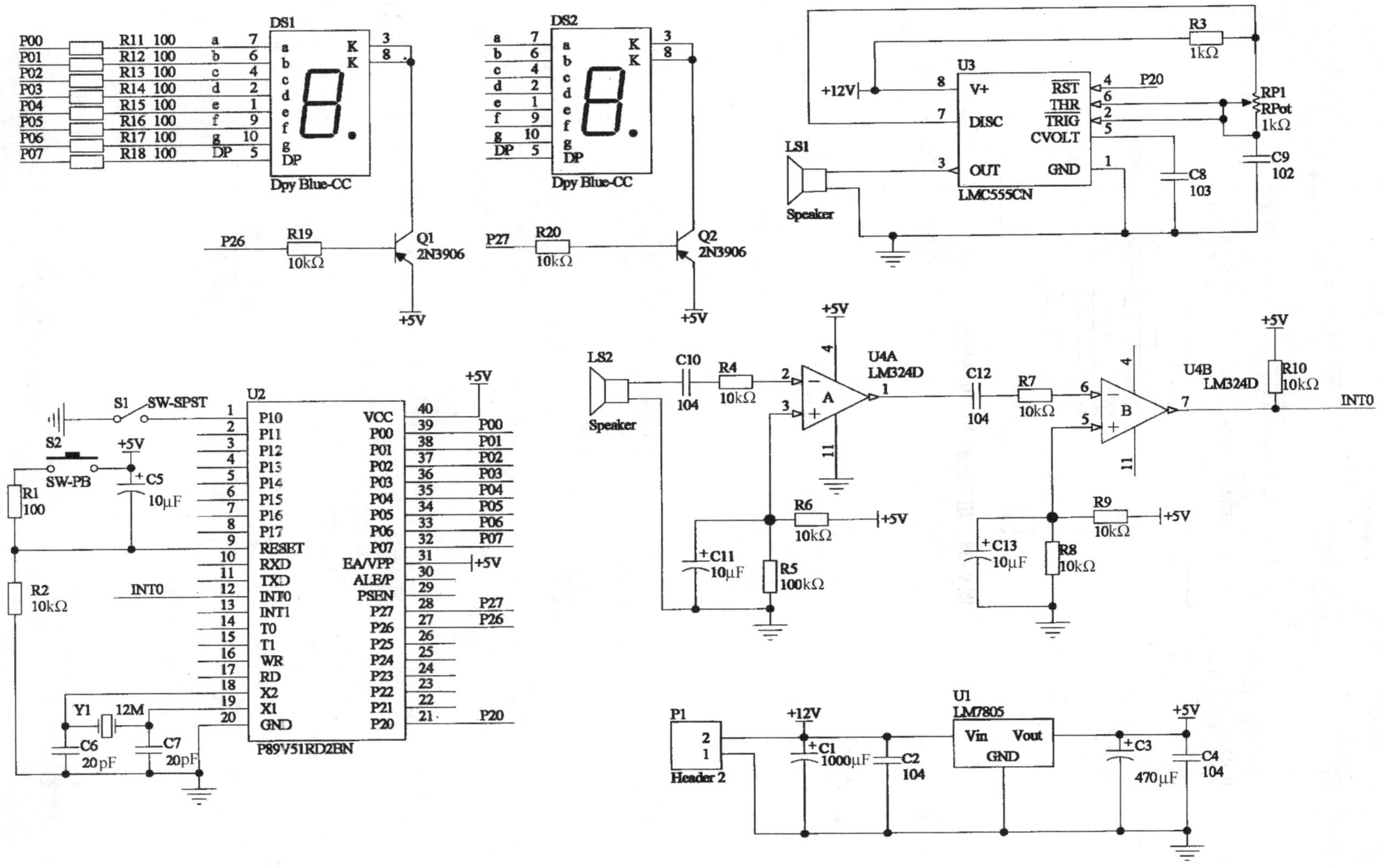

DS1
Dpy Blue-CC
DS2
Dpy Blue-CC
R11 100
R12 100
R13 100
R14 100
R15 100
R16 100
R17 100
R18 100
R19 10kΩ
R20 10kΩ
Q1 2N3906
Q2 2N3906
P26
P27
+5V
U3
LMC555CN
V+
DISC
OUT
RST
THR
TRIG
CVOLT
GND
+12V
P20
R3 1kΩ
RP1 RPot 1kΩ
C8 103
C9 102
LS1 Speaker
U2
P89V51RD2BN
S1 SW-SPST
S2 SW-PB
C5 10μF
R1 100
R2 10kΩ
INT0
Y1 12M
C6 20pF
C7 20pF
LS2 Speaker
C10 104
R4 10kΩ
U4A LM324D
R6 10kΩ
R5 100kΩ
C11 10μF
C12 104
R7 10kΩ
U4B LM324D
R9 10kΩ
R8 10kΩ
C13 10μF
R10 10kΩ
P1 Header 2
U1 LM7805
Vin
Vout
C1 1000μF
C2 104
C3 470μF
C4 104

图9-37 超声波测距仪电路

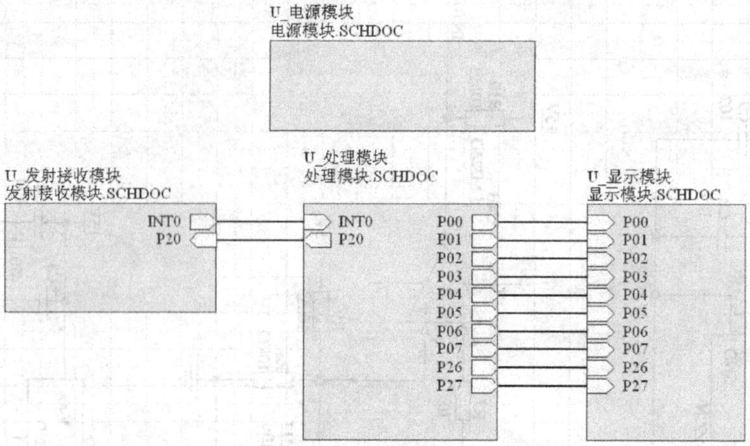

图 9-38　超声波测距仪电路母图

实训项目 10　AT89C2051 单片机的元件集成库的设计

10.1　学习要点

1）了解原理图库、模型和集成库的概念。
2）熟练掌握创建原理图库的方法。
3）熟练掌握创建元器件封装库的方法。
4）熟练掌握创建集成库的方法。

10.2　项目描述

1）掌握原理图库的创建方法。
2）掌握元器件封装库的创建方法。

10.3　项目实施

任务：设计如图 10-29 所示 AT89C2051 单片机的元件集成库。

1. 创建新的原理图元件

1）启动 Altium Designer Winter 09，新建一个库文件包，如图 10-1 所示。

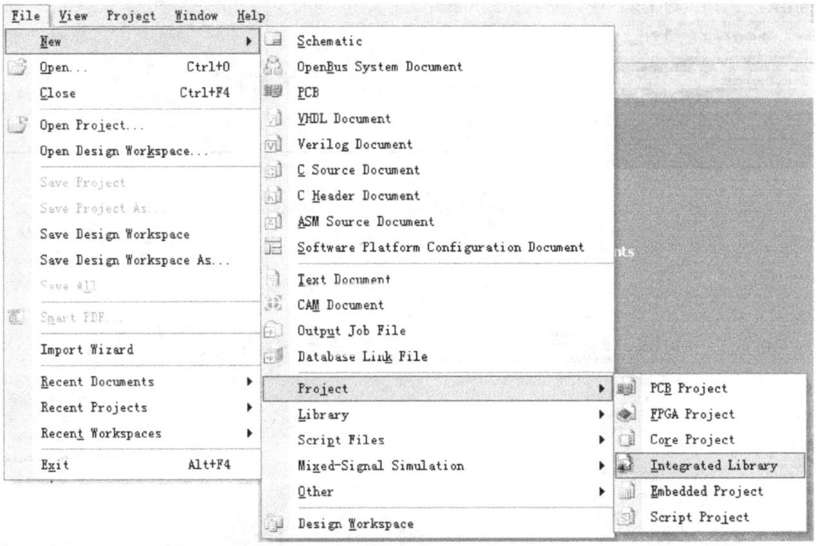

图 10-1　新建库文件包

2）在【Projects】工作面板上右键单击库文件包名，在弹出的快捷菜单上单击【Save Project as】命令，在弹出的对话框中选定适当的路径，然后输入名称“AT89C2051 Integrated_Library1. LibPkg”，单击【保存】按钮。注意如果不输入扩展名的话，系统会自动添加。如图 10-2 所示。

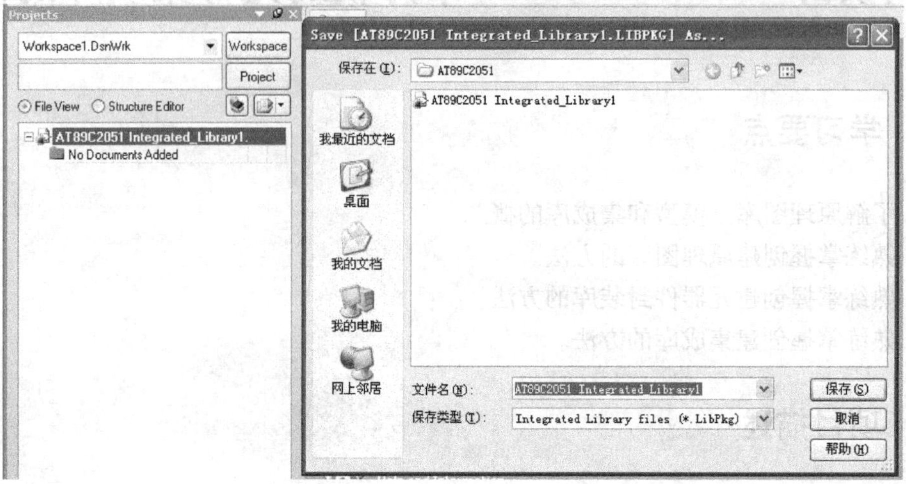

图 10-2　保存库文件包

3）添加空白原理图文件，执行【File】→【New】→【Library】→【Schematic Library】命令，【Projects】工作面板将显示新建的原理图库文件，默认名为“Schlib1. SchLib”，自动进入原理图新元件的编辑界面，如图 10-3 所示。

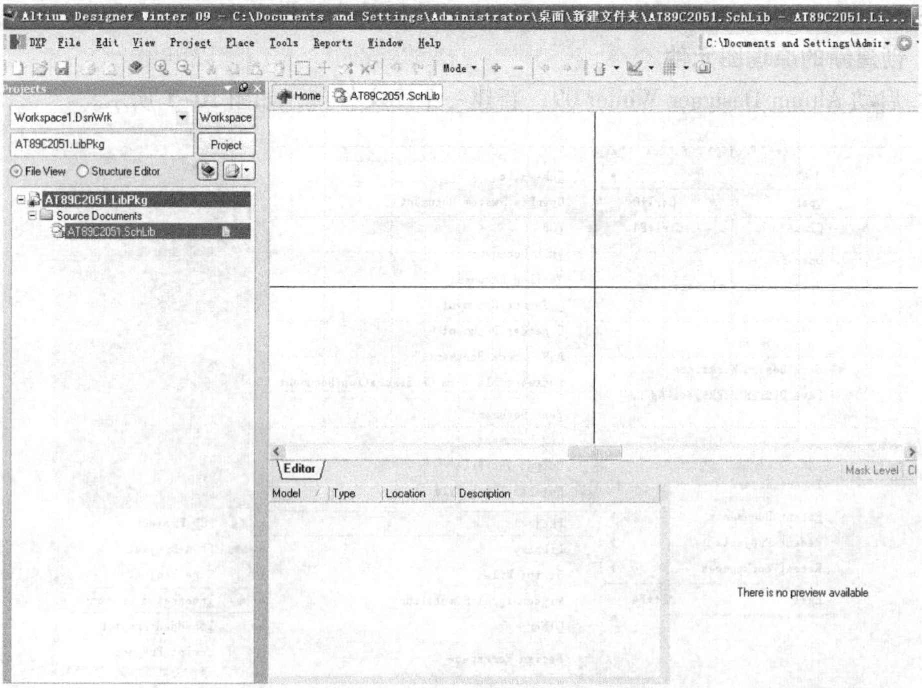

图 10-3　原理图编辑界面

4）单击【File】→【Save as】命令，将库文件保存为“AT89C2051 Schlib1. SchLib”。

5）单击主设计窗口右下角的【SCH】按钮并从弹出的菜单中选择【SCH Library】，打开【SCH Library】工作面板。如图10-4所示。

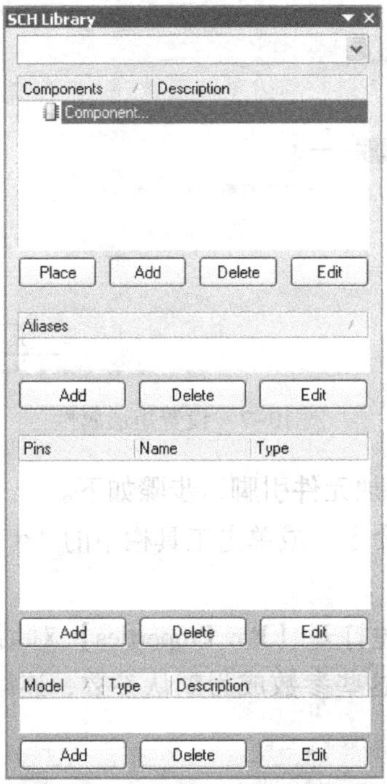

图10-4 【SCH Library】工作面板

6）在【SCH Library】工作面板上的【Components】列表中选中【Components_1】选项，执行【Tools】→【Rename Component】命令，弹出【Rename Component】对话框，输入一个新的、可唯一标识该元件的名称，如AT89C2051，如图10-5所示。

7）创建AT89C2051单片机的主体。在原理图编辑界面的第四象限画矩形框，大小为100×160 mil；执行【Place】→【Rectangle】命令或单击□图标，此时鼠标箭头变为十字光标，并附带有一个矩形，在图样中移动十字光标到坐标原点（0，0），单击确定矩形的一个顶点，然后继续移动十字光标到另一位置（100，160），单击确定矩形的另一个顶点，这时矩形放置完毕。十字光标此时仍然带有矩形的形状，还可以继续绘制其他矩形。画矩形、放引脚等的下拉工具栏如图10-6所示。

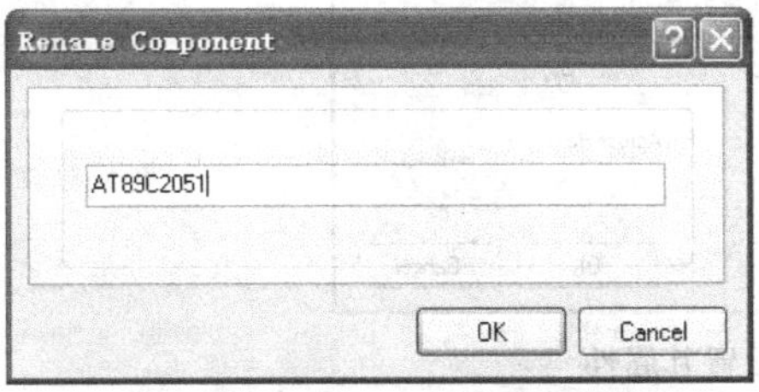

图10-5 元件重命名

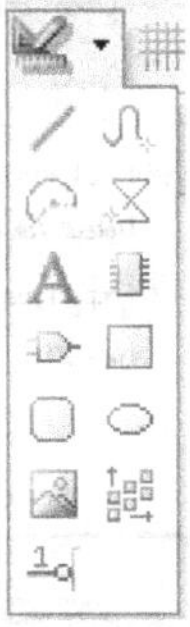

图10-6 画矩形、放引脚等的下拉工具栏

8）在图样中双击矩形，弹出如图 10-7 所示对话框，可在此对话框中设置矩形的属性。

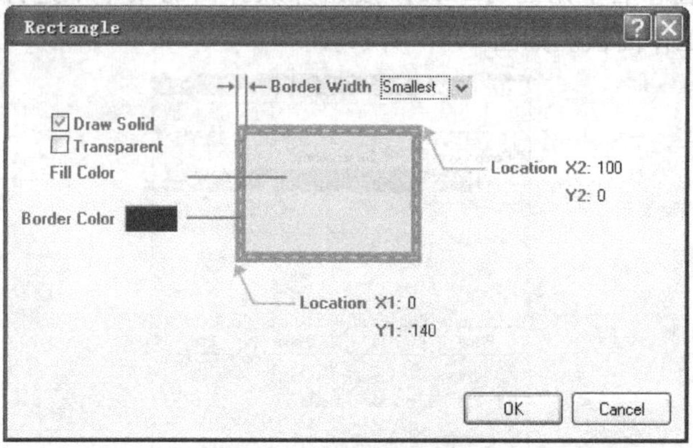

图 10-7　设置矩形属性

9）为 AT89C2051 单片机添加元件引脚，步骤如下。

① 单击【Place】→【Pin】命令，或单击工具栏中的 按钮，光标处浮现引脚，带电气属性。

② 放置之前，按〈Tab〉键打开【Pin Properties】对话框，设置引脚的各项参数，如图 10-8所示。则放置引脚时，这些参数成为默认参数，连续放置引脚时，引脚的编号和引脚名称中的数字会自动增加。

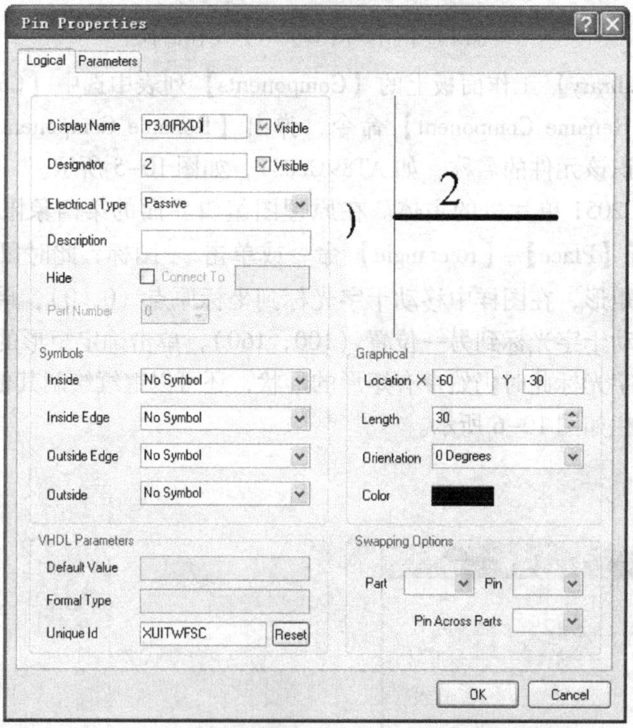

图 10-8　放置引脚前设置其属性

③ 在【Pin Properties】对话框的【Display Name】文本框中输入引脚的名字“P3.0 (RXD)”，在【Designator】文本框中输入唯一（不重复）的引脚编号 2。如果设计者想在放置元件时，引脚名和标识符可见，则需选中【Visible】复选框。

④ 在【Electrical Type】下拉列表中设置引脚的电气类型，该参数可用于在原理图设计图样中编译项目或分析原理图文档时检查电气连接是否错误，在本例的 AT89C2051 单片机中，大部分引脚的【Electrical Type】设置为“Passive”，如果是 V_{CC} 或 GND 引脚，则【Electrical Type】设置为“Power”。

⑤ 继续添加元件剩余引脚，确保引脚名、编号、符号和电气属性是正确的。放置完所有引脚的元件如图 10-9 所示。

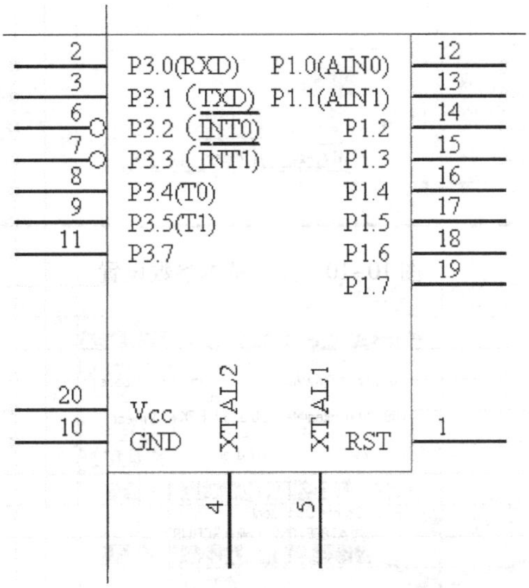

图 10-9　新建元件 AT89C2051 引脚图

10）对绘制好的 AT89C2051 元件设置原理图元件属性。在【SCH Library】工作面板的【Components】列表中选择元件，单击【Edit】按钮或双击元件名，打开【Library Component Properties】对话框，进行参数设置，如图 10-10 所示。

【Default Designator】：输入放置元件的标识符，如要显示标识符，需选中【Visible】复选框。

【Comment】：输入元件注释内容，如 AT89C2051，该注释会在元件放置到原理图设计图样上时显示，如需要显示注释，需选中【Visible】复选框。

【Description】：输入描述字符串，如对于单片机可输入“单片机 AT89C2051”，该字符会在库搜索时显示在【Libraries】工作面板上。

2. 创建新的元器件封装

1）在 AT89C2051 Integrated_Library1. LibPkg 库文件包中添加一个 PCB 库。首先在 AT89C2051 Integrated_Library1. LibPkg 上单击鼠标右键，在弹出的快捷菜单中选择【Add New To Project】→【PCB library】命令，建立一个名为“AT89C2051 PcbLib1. PcbLib”的 PCB 库文档。如图 10-11 所示。

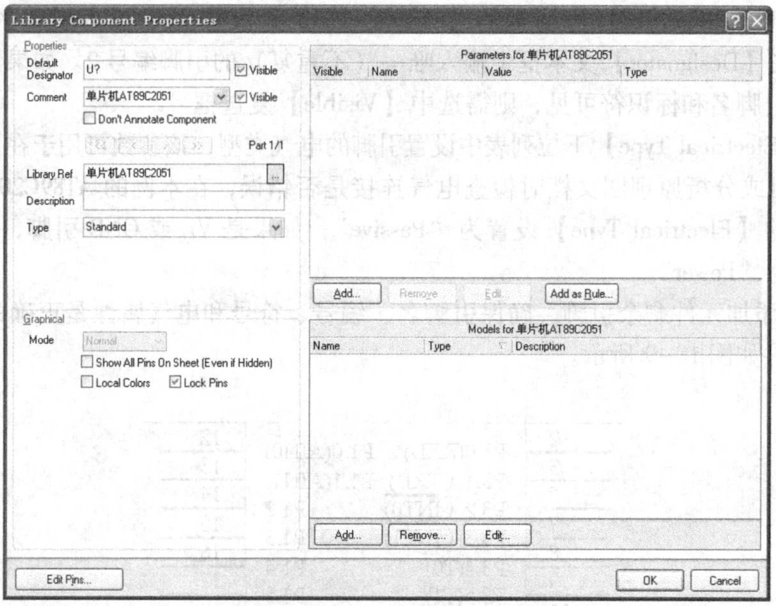

图 10-10　元件基本参数设置

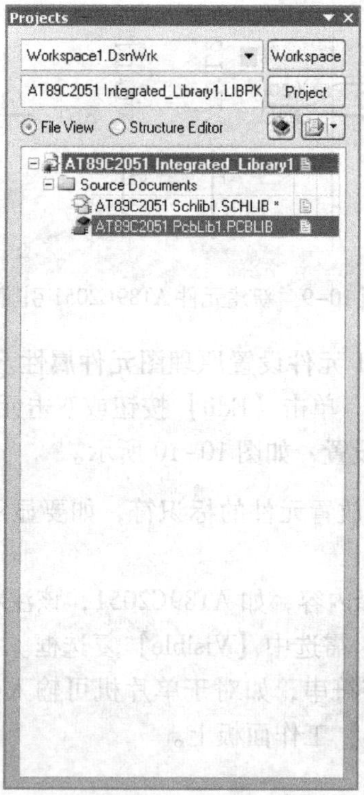

图 10-11　添加了封装库后的库文件包

2）单击【PCB Library】标签进入【PCB Library】工作面板。

3）单击一次 PCB Library Editor 工作区的灰色区域并按〈Page Up〉键进行放大，直到能够看清栅格为止，如图 10-12 所示。

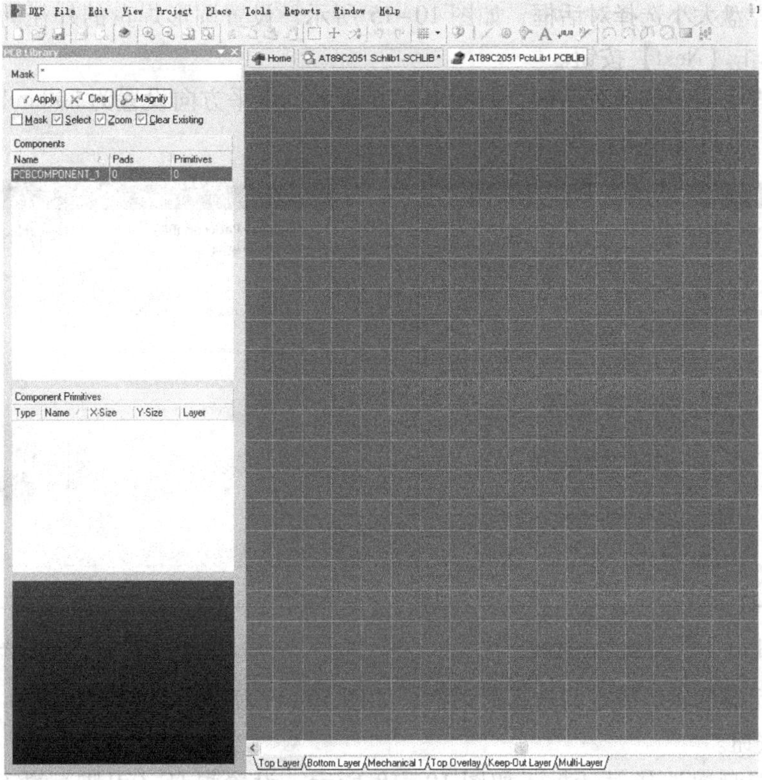

图 10-12　PCB Library Editor 工作区

4）使用 PCB Component Wizard 封装向导创建 AT89C2051 的封装，步骤如下。

① 执行【Tools】→【Component Wizard】命令，或者直接在【PCB Library】工作面板上的【Components】列表中右键单击，在弹出的快捷菜单中选择【Component Wizard】命令，弹出【Component Wizard】对话框，单击【Next】按钮，进入向导。如图 10-13 所示。

② 对所用到的选项进行设置。建立 DIP20 封装需要进行如下设置：在模型样式栏中选择【Dual In - line Packages（DIP)】选项（封装的模型是双列直插），单位选择【Imperial (mil)】选项（英制），如图 10-14 所示，单击【Next】按钮。

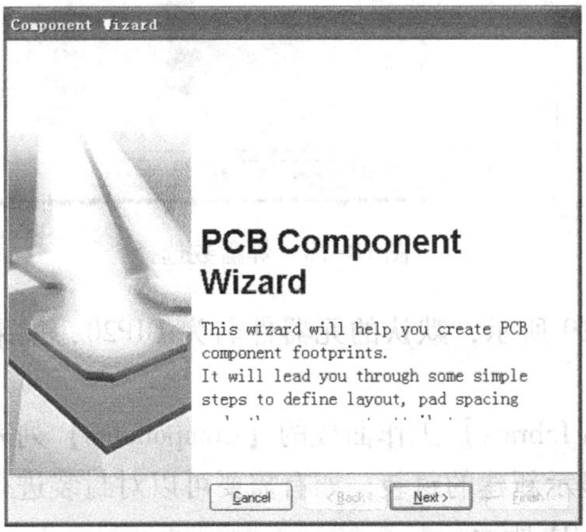

图 10-13　封装向导界面

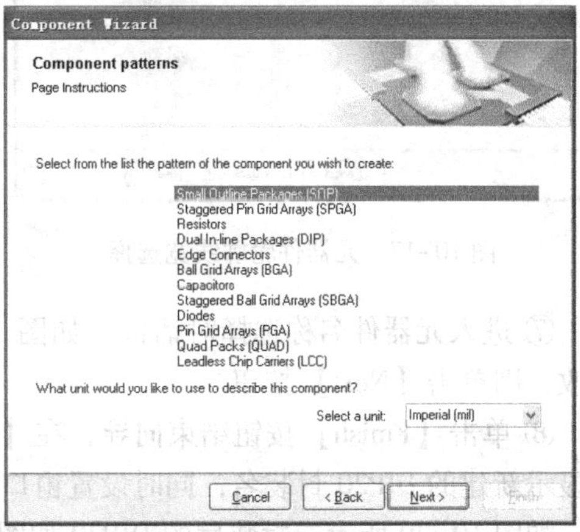

图 10-14　封装模型与单位选择

③ 进入焊盘大小选择对话框，如图 10-15 所示，设置圆形焊盘的外径为 50 mil，内径为 25 mil，单击【Next】按钮。

④ 进入焊盘间距选择对话框，如图 10-16 所示，水平方向设置为 300 mil，垂直方向设置为 100 mil，单击【Next】按钮。

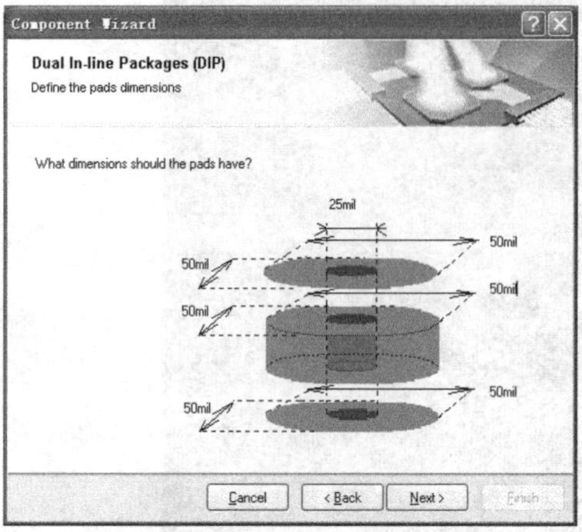

图 10-15 焊盘大小选择

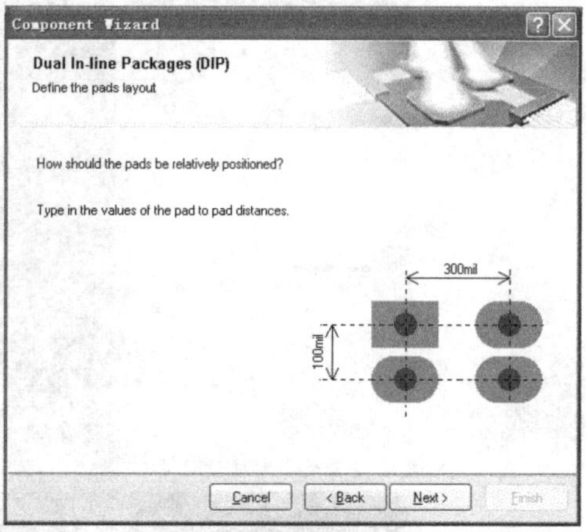

图 10-16 焊盘间距选择

⑤ 进入元器件轮廓线宽的选择对话框，如图 10-17 所示，选择默认设置（10 mil），单击【Next】按钮。

⑥ 进入焊盘数选择对话框，如图 10-18 所示，设置焊盘（引脚）数目为 20，单击【Next】按钮。

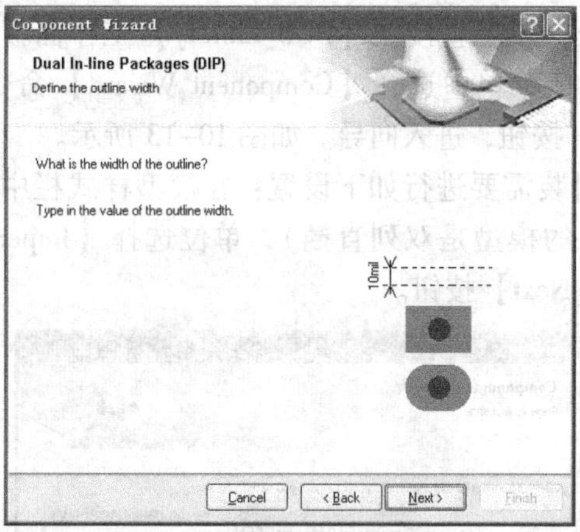

图 10-17 元器件轮廓线宽选择

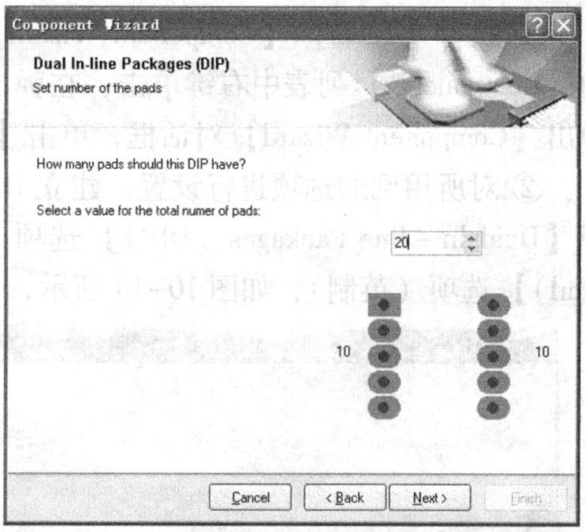

图 10-18 焊盘数选择

⑦ 进入元器件名称选择对话框，如图 10-19 所示，默认的元器件名为 DIP20，如果不修改，则单击【Next】按钮。

⑧ 单击【Finish】按钮结束向导，在【PCB Library】工作面板的【Components】列表中会显示新建的 DIP20 封装名，同时设置窗口会显示新建的封装，如有需要可以对封装进行修改。如图 10-20 所示。封装后的 DIP20 如图 10-21 所示。

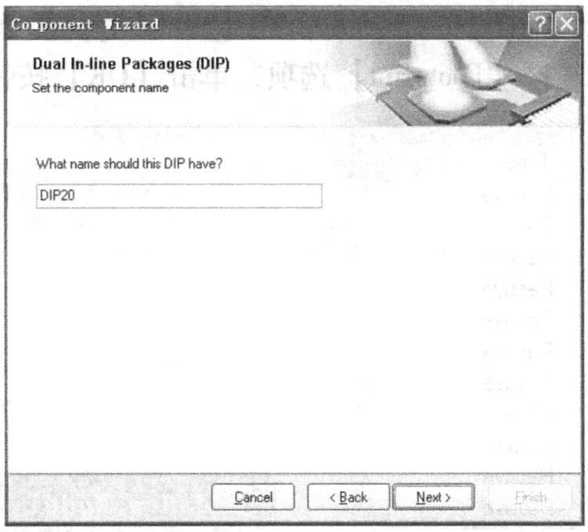

图 10-19　确定元器件名称

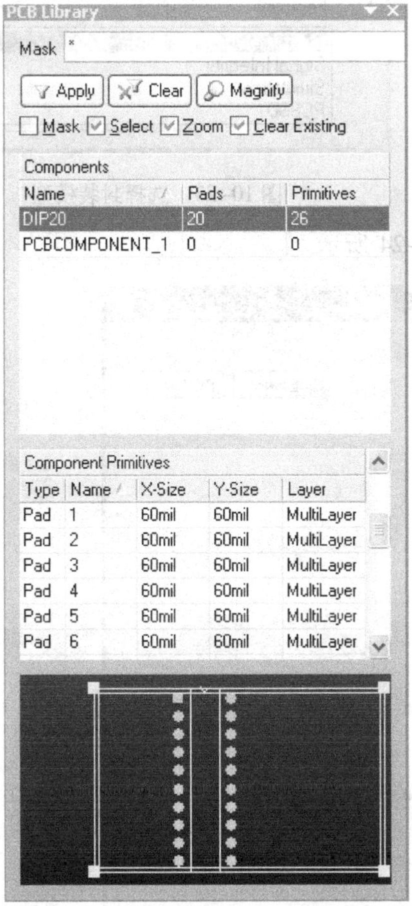

图 10-20　【PCB Library】中显示新建的 DIP20

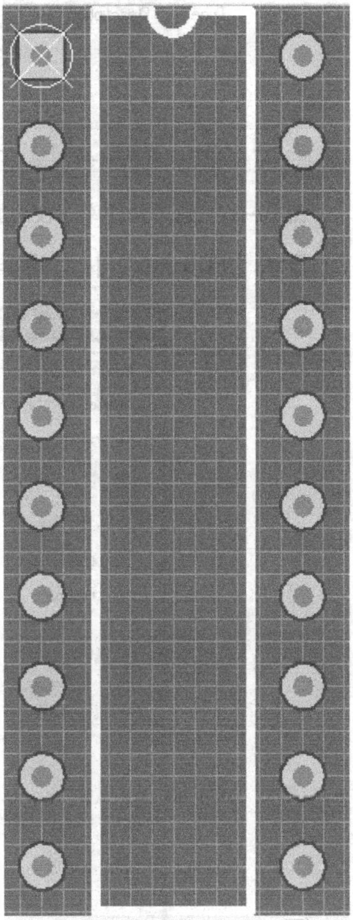

图 10-21　建立 DIP20 封装

⑨ 执行【File】→【Save】命令，保存库文件。

3. 为原理图元件添加模型

1）在库元件属性对话框的【Model】区域单击【Add】按钮，如图 10-22 所示，弹出

【Add New Model】对话框，如图 10-23 所示，在【Model Type】选项区，单击右侧的下拉按钮，从弹出的下拉列表中选择【Footprint】选项，单击【OK】按钮。

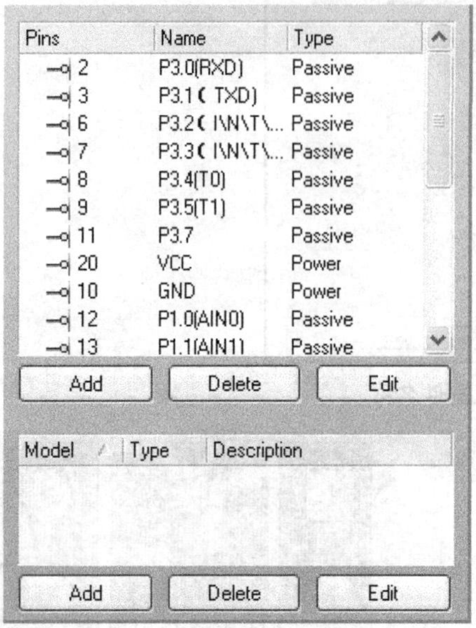

图 10-22　通过元件库面板添加模型

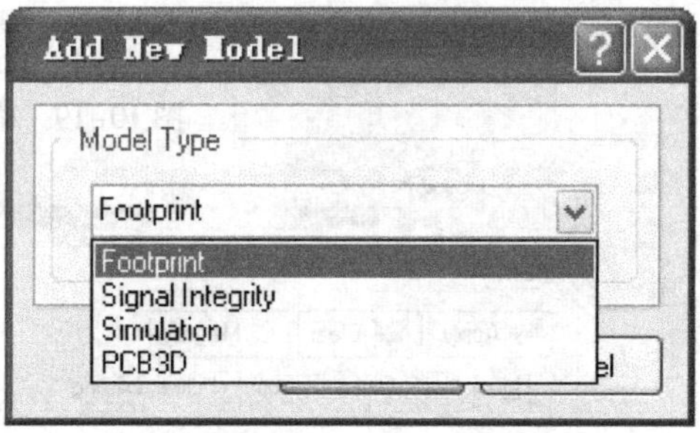

图 10-23　选择封装模型

2）显示【PCB Model】对话框，如图 10-24 所示。

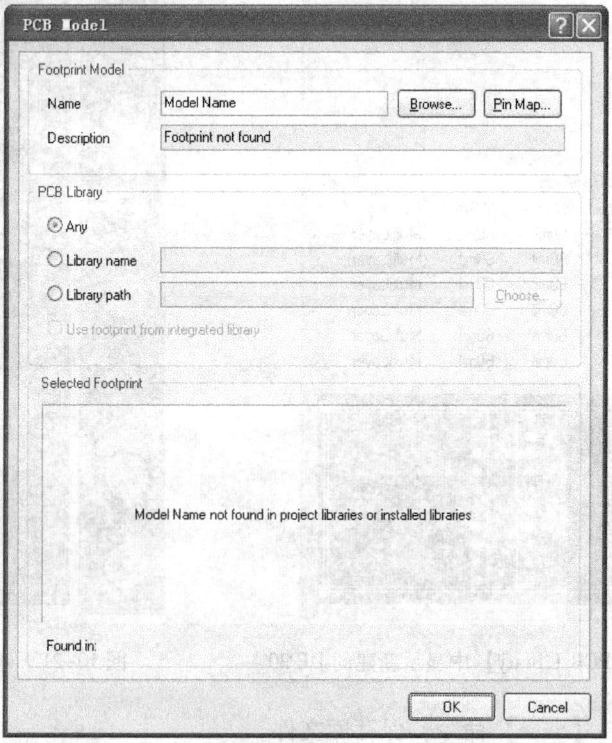

图 10-24　【PCB Model】对话框

3）在【Footprint Model】选项区内的【Name】文本框中输入封装名 DIP20，在【PCB Library】选项区选择【Any】单选按钮，单击【Browse】按钮打开【Browse Libraries】对话框，如图 10-25 所示。这时可以浏览所有已经添加到库项目和安装库列表的模型。

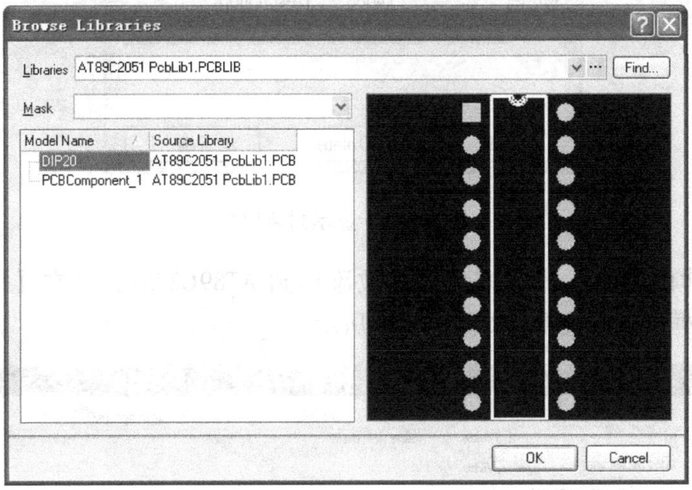

图 10-25 【Browse Libraries】对话框

4）在 AT89C2051 PcbLib1. PCBLIB 封装库中选中 DIP20，再单击【OK】按钮，返回【PCB Model】对话框，如图 10-26 所示。

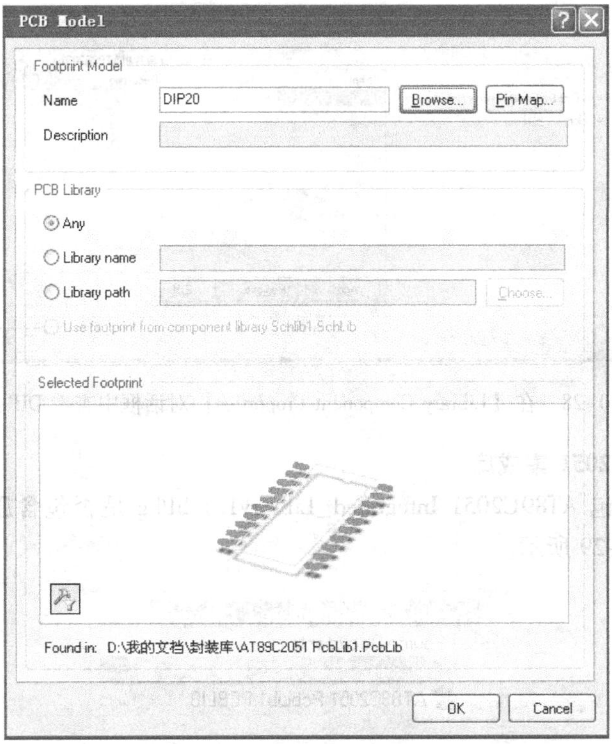

图 10-26 为 AT89C2051 添加的封装模型

5）在【PCB Model】对话框中单击【OK】按钮添加封装模型，此时在工作区底部【Model】列表中会显示该封装模型，如图 10-27 所示。

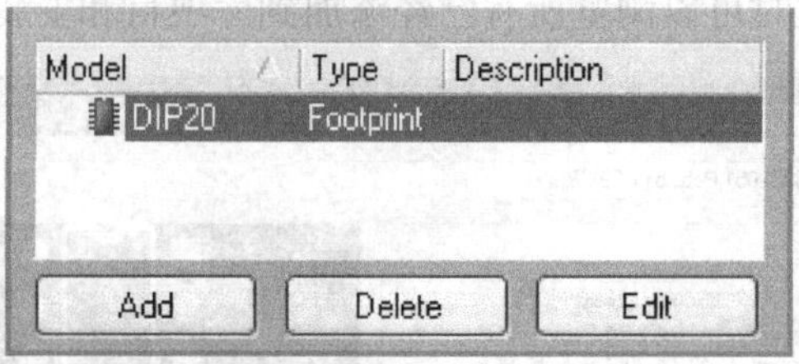

图 10-27　显示封装模型

6）此时创建的 DIP20 封装模型已经被添加到 AT89C2051，可在【Library Component Properties】对话框中进行查看，如图 10-28 所示。

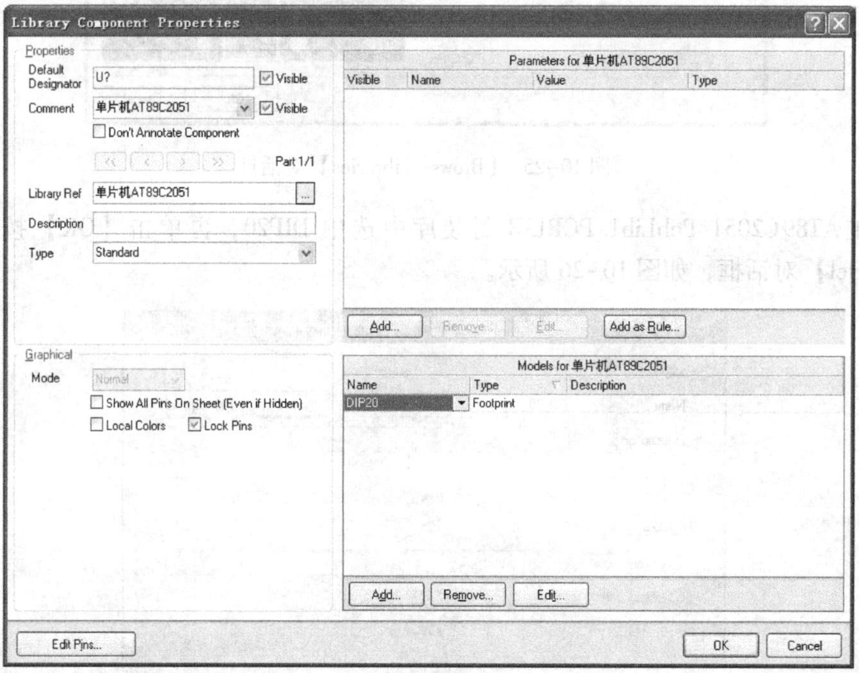

图 10-28　在【Library Component Properties】对话框中查看 DIP 封装

4. 创建 AT89C2051 集成库

1）检查库文件包 AT89C2051 Integrated_Library1. LibPkg 是否包含原理图库文件和 PCB 图库文件，如图 10-29 所示。

图 10-29　库文件包中包含的文件

2）编译库文件包，执行【Project】→【Complie Integrated_Library】命令将库文件包中的源库文件和模型文件编译成一个集成库文件。系统将在【Messages】面板显示编译过程中的所有信息，系统会生成名为 AT89C2051 Integrated_ Library1. INTLIB 的集成库文件，并将其自动保存于 Project Outputs For AT89C2051 Integrated_Library1 文件夹下，同时新生成的集成库会自动添加到当前安装库列表中，供以后使用。如图 10-30 所示。

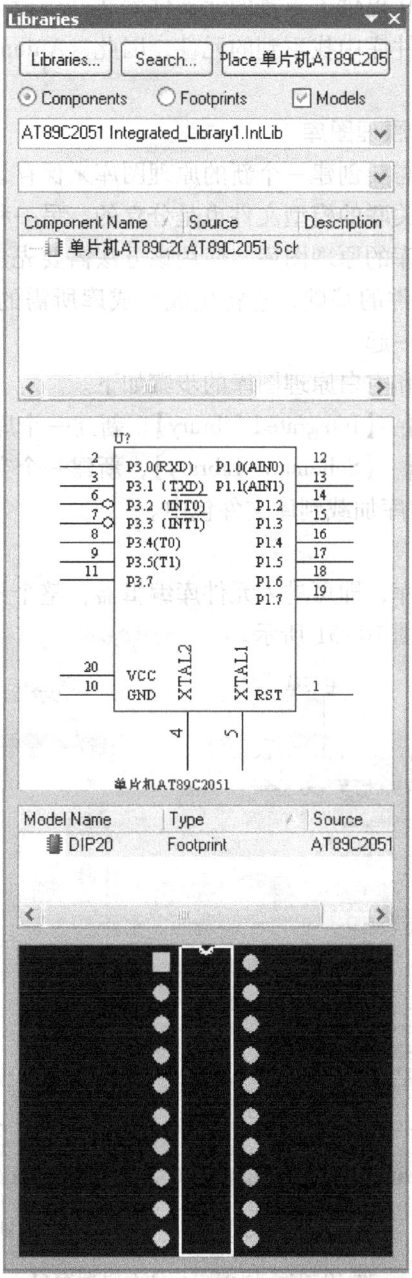

图 10-30 【Libraries】工作面板中查看新建的集成库

10.4 相关知识点

10.4.1 创建原理图元器件库

Altium Designer Winter 09 提供了丰富的元器件库文件供设计者使用，但在实际的设计过程中总会出现一些当前元器件库中找不到的元件，因此，Altium Designer Winter 09 提供了相应的制作元器件的工具。

1. 创建新的库文件包和原理图库

设计者创建元件之前，需要创建一个新的原理图库来保存设计内容。这个新创建的原理图库可以是分立的库，与之关联的模型文件也是分立的。另一种方法是创建一个可被用来结合相关库文件编译生成集成库的原理图库，使用该方法需要先建立一个库文件包，库文件包(.LibPkg 文件）是集成库文件的基础，它将生成集成库所需的那些分立的原理图库、封装库和模型文件有机地结合在一起。

新建一个集成库文件包和空白原理图库的步骤如下。

1）执行【File】→【New】→【Integrated Library】，新建一个库文件包，并保存。

2）执行【File】→【New】→【Schematic Library】，新建一个空白原理图库，并保存。

3）将新建的空白原理图库加载到库文件包中。

2. 原理图元件编辑器

打开或新建原理图元件库，即可进入元件库编辑器，整个界面由主菜单、绘图工具、工作面板和工作窗口组成，如图 10-31 所示。

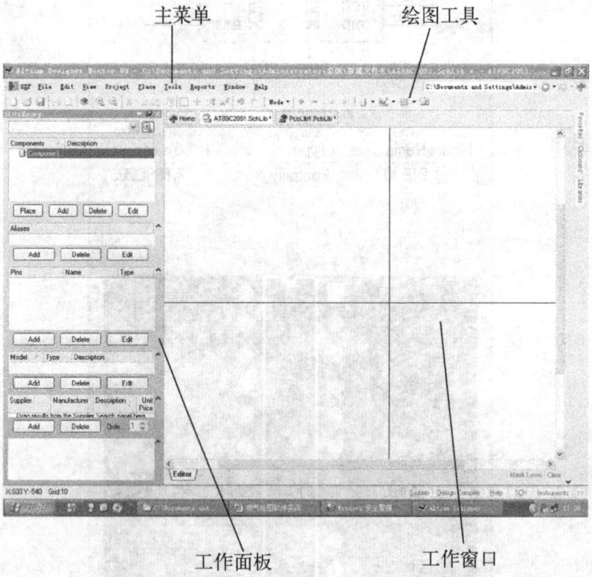

图 10-31　原理图元件编辑器窗口

（1）主菜单

主菜单栏如图 10-32 所示。

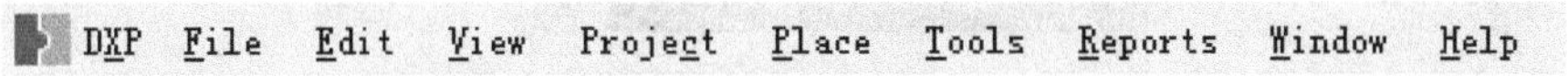

图 10-32　主菜单栏

【DXP】：系统菜单，主要有用户自定义、优先设定、系统信息添加等功能。

【File】（文件）：主要用于各种文件操作，包括新建、打开、保存等功能。

【Edit】（编辑）：主要用于完成各种编辑操作，包括撤销、复制、粘贴等功能。

【View】（查看）：主要用于改变工作窗口大小、打开与关闭工具栏、显示格点等功能。

【Project】（项目管理）：用于项目操作。

【Place】（放置）：用于放置元件符号的组成部分。

【Tools】（工具）：主要用于新建元件、元件重命名等功能。

【Reports】（报告）：用于产生元件报告、检查元件规则等。

【Window】（视窗）：用于改变窗口的显示方式、切换窗口。

【Help】（帮助）：提供帮助功能。

（2）标准工具栏

标准工具栏包括新建、打开、保存、打印、放大、缩小、编辑等常用工具。如图 10-33 所示。

（3）绘图工具栏

元件的模型和相关符号可以通过绘图工具栏来完成，如图 10-34 所示。

图 10-33　标准工具栏

图 10-34　绘图工具栏

下面，介绍常用绘图工具和部分常用绘图符号。

绘制直线。

绘制椭圆弧。

绘制圆角矩形。

绘制贝塞尔曲线。

绘制多边形。

绘制椭圆形。

放置字符。

创建新元件。

放置元件引脚。

放置图形。

阵列粘贴。

在当前元件中添加一个元件子部分，通常用于一个元件包含几个独立部分的情况。

（4）工作面板

进入原理图编辑器后，选择工作面板标签中的【Library Editor】选项，即可显示【SCH Library】工作面板，通过操作工作面板，可以浏览和编辑文件，如图 10-35 所示。

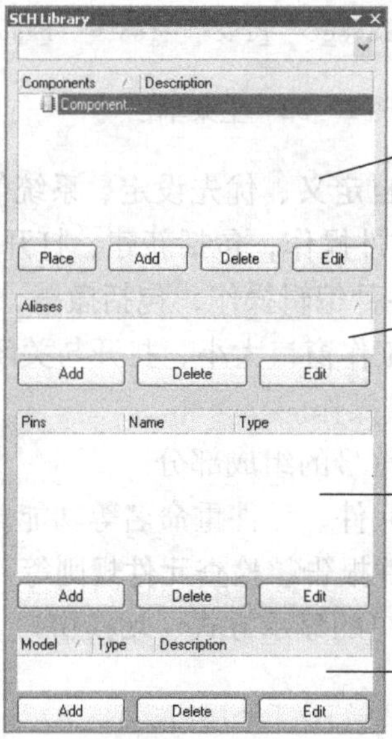

图 10-35　工作面板

工作面板包括元件栏、别名栏、引脚栏和模型栏 4 个部分。

1）元件栏。

元件栏中列出了当前元件库中的所有元件。各按钮功能如下。

【Place】（放置）:将元件放置到当前原理图中。

【Add】（添加）：在库中添加一个元件。

【Delete】（删除）：删除选定的元件。

【Edit】（编辑）：编辑选定的元件。

2）别名栏。

选定元件栏中一个元件，将在别名栏中列出该元件的别名。各按钮功能如下。

【Add】（添加）：给选定元件添加一个别名。

【Delete】（删除）：删除选定元件的别名。

【Edit】（编辑）：编辑选定元件的别名。

3）引脚栏。

引脚栏列出了选定元件的所有引脚信息，包括引脚编号、名称、类型。各按钮功能如下。

【Add】（添加）：添加一只引脚。

【Delete】（删除）：删除一只引脚。

【Edit】（编辑）：编辑一只引脚。

4）模型栏。

模型栏列出了该元件的其他模型信息，包括模型的类型、描述信息等。各按钮功能如下。

【Add】（添加）：添加其他模型。

【Delete】（删除）：删除选定的模型。

【Edit】(编辑)：编辑选定的模型属性。

3. 创建新的原理图元件

若在元器件库中没有设计者需要的元件，则可利用创建元件的工具栏自己创建元件，如创建 AT89C2051 单片机，具体的创建方法详见 10.3；若在元器件库中有相似的元件，则可从已有的库文件中复制一个元件，然后修改该元件以满足设计者的需要。下面以数码管元件为例讲解创建新原理图元件的方法，具体的步骤如下。

1）首先在原理图中查找数码管 DPY BLUE - CA，在【Libraries】工作面板中，单击【Search】按钮，弹出【Search Libraries】对话框，如图 10-36 所示。

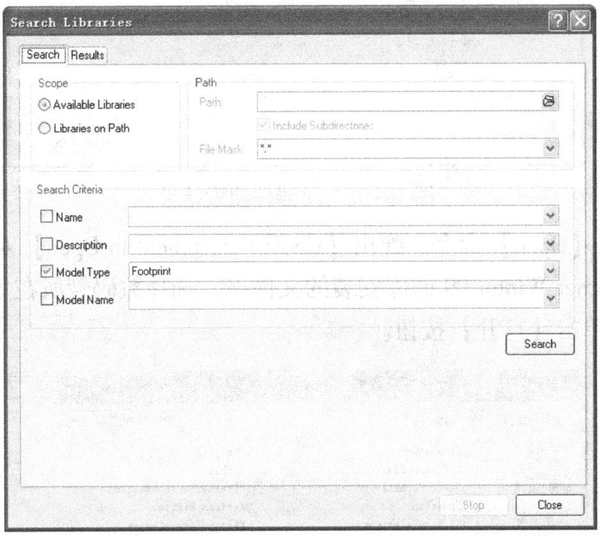

图 10-36 【Search Libraries】对话框

单击【Search】按钮，弹出如图 10-37 所示对话框。在【Field】选项区域，选择【Name】；在【Operator】处选择【contains】；在【Value】处输入数码管的名字 * DPY * 。单击【Search】按钮，查找的结果如图 10-38 所示。

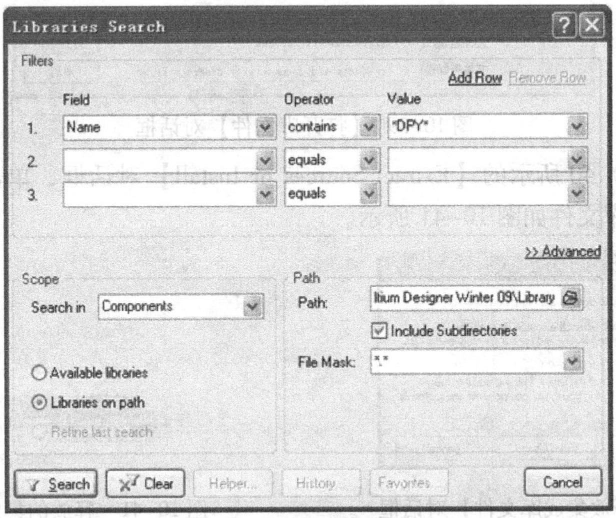

图 10-37 查找数码管

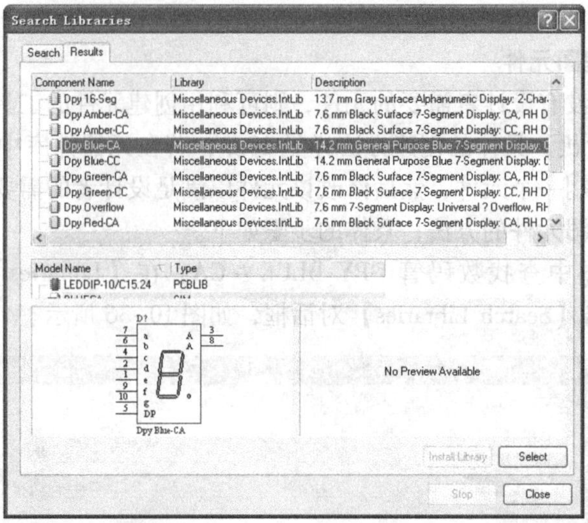

图 10-38　元器件搜索结果

2）单击【File】→【Open】命令，弹出【Choose Document to Open】对话框，如图 10-39 所示，找到 Altium Designer Winter 09 的库安装的文件夹，选择数码管所在集成库文件 Miscellaneous Devices. Intlib，单击【打开】按钮。

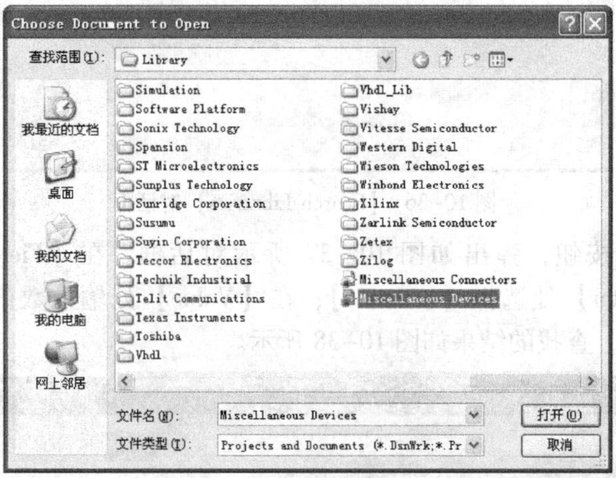

图 10-39　【打开库文件】对话框

3）弹出如图 10-40 所示的【Extract Sources or Install】对话框，单击【Extract Sources】按钮，释放的集成库文件如图 10-41 所示。

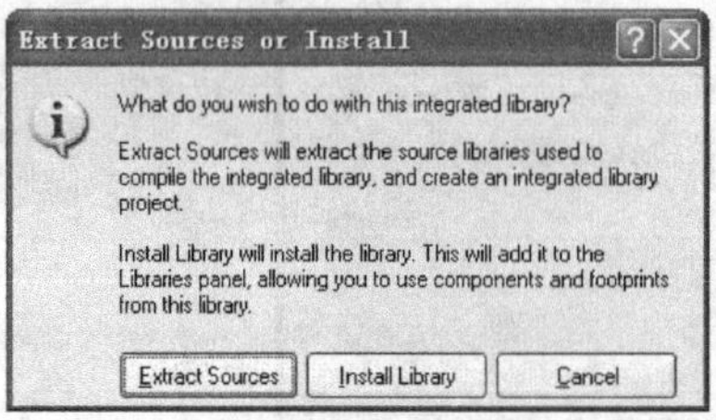

图 10-40　【释放集成库文件】对话框

图 10-41　释放的集成库文件

4）在【SCH Library】工作面板的【Components】列表中选择想复制的元件，该元件将显示在设计窗口中。如图 10-42 所示。

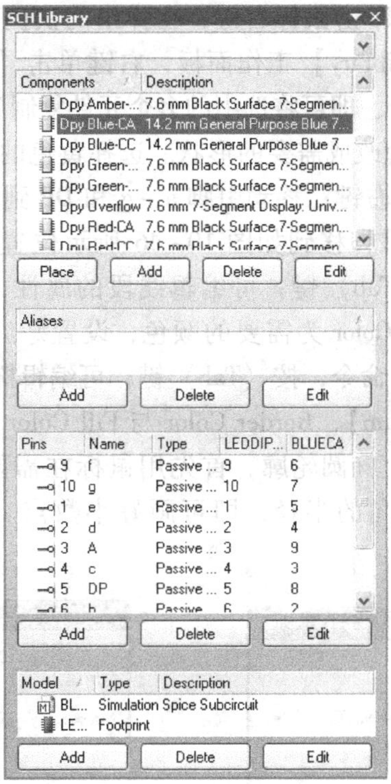

图 10-42 【SCH Library】工作面板中显示的数码管元件

5）执行【Tools】→【Copy Components】命令，将弹出【Destination Library】（目标库）对话框，如图 10-43 所示。选择想复制元件到目标库的库文件，单击【OK】按钮，元件将被复制到目标库文档中（元件可从当前库中复制到任一个已打开的库中）。

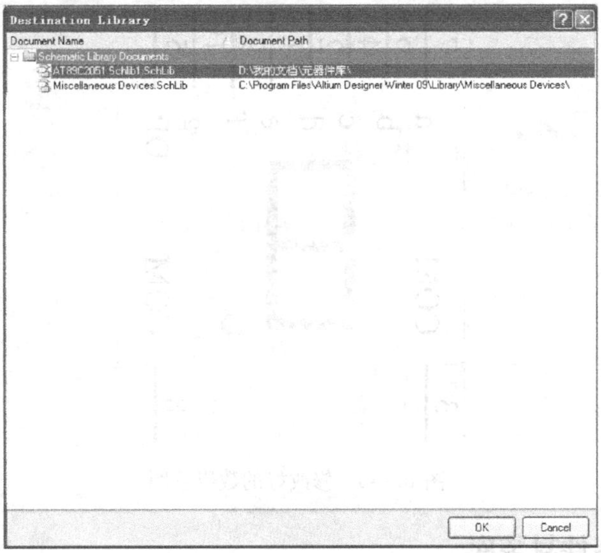

图 10-43 【Destination Library】对话框

设计者可以通过【SCH Library】工作面板一次复制一个或多个元件到目标库，按住〈Ctrl〉键单击元件名可以离散的选中多个元件或按住〈Shift〉键单击元件名可以连续的选中多个元件，保持选中状态并单击鼠标右键，在弹出的快捷菜单中选择【Copy】命令，打开目标文件库，选择【SCH Library】工作面板，右键单击【Components】列表，在弹出的快捷菜单中选择【Paste】命令，即可将选中的多个元件复制到目标板。

6）修改元件是指把数码管改成需要的形状。选择黄色的矩形框，根据需要的大小把矩形框拖动到合适的位置，单击右键；移动引脚 a ~ g 和 DP 到顶部，选中引脚时，按〈Tab〉键，可编辑引脚的属性，把引脚移到如图 10-46 所示位置；改动中间的“8”字，执行【Place】→【Line】命令，按〈Tab〉键，可编辑线段的属性，如图 10-44 所示，选线宽为【Mediam】，线型为【Solid】，Color 为需要的颜色，设置好后，单击【OK】按钮；画小数点：执行【Place】→【Ellipse】命令，按〈Tab〉键，可编辑椭圆的属性，如图 10-45 所示，选【Border Width】为【Medium】，Border Color 与 Fill Color 的颜色一致，设置好后，单击【OK】按钮，光标处“悬浮”椭圆轮廓，首先用鼠标在需要的位置确定圆心，再确定 X 方向的半径，最后确定 Y 方向的半径，即可画好小数点。修改好的数码管如图 10-46 所示。

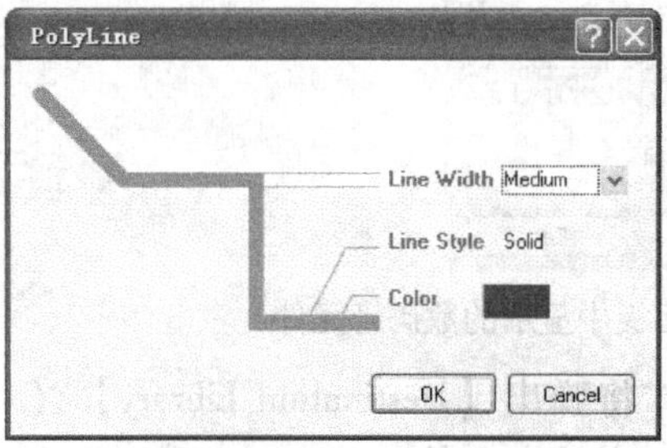

图 10-44　线段的属性编辑对话框

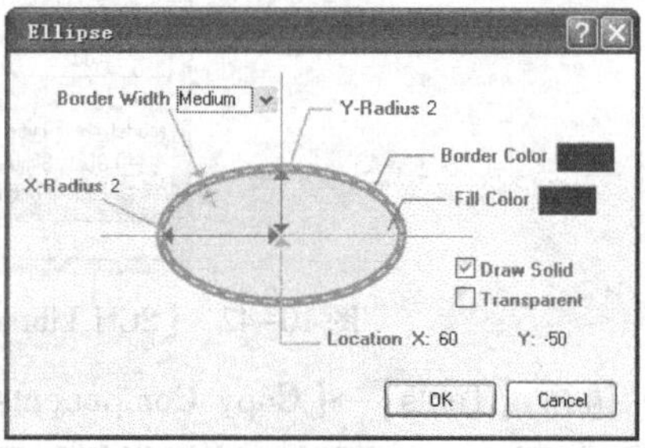

图 10-45　椭圆的属性编辑对话框

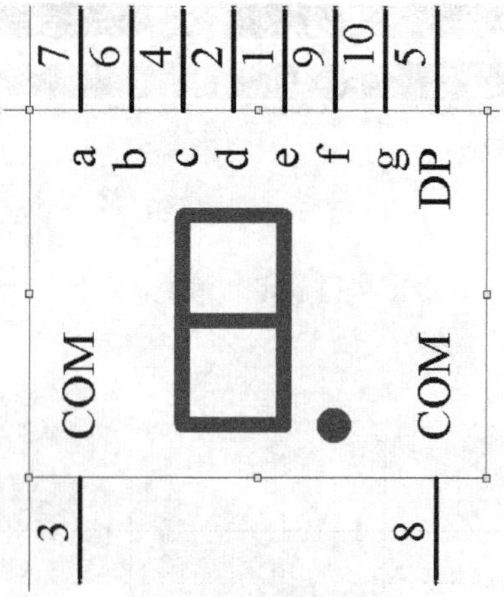

图 10-46　修改好的数码管图

10.4.2　创建元器件封装库

Altium Designer Winter 09 提供了丰富的 PCB 元件库，并可以通过下载不断更新元件库，能够满足一般 PCB 设计要求，但是，也有部分元件封装在库中没有收录或库中的元件与实物元件有一定的差异，这就需要设计自己的 PCB 元件库。

1. 新建 PCB 库

1）执行菜单【File】→【New】→【Library】→【PCB Library】命令，建立一个新的空白 PCB 库。

2）重新命名该 PCB 库文档，并保存。

2. PCB 元件编辑器

打开或新建 PCB 元件库，选择界面右下角的 PCB 库，即可进入 PCB 元件库编辑器界面，整个界面由菜单栏、主工具栏、绘图工具栏、工作面板和工作窗口组成，如图 10-47 所示。

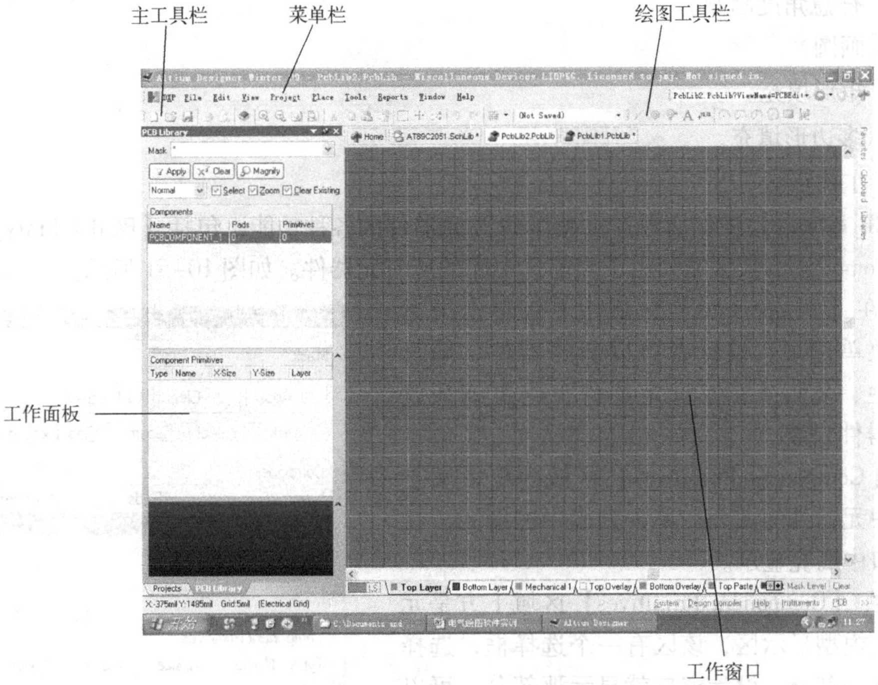

图 10-47　PCB 元件编辑器界面

（1）菜单栏

PCB 元件库菜单栏如图 10-48 所示，通过操作菜单栏，可以完成绘制原理图元件操作。

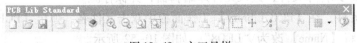

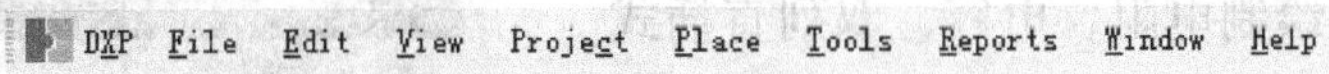

图 10-48　菜单栏

（2）主工具栏

主工具栏包括新建、打开、保存、打印、放大、缩小、编辑等常用工具。如图 10-49 所示。

图 10-49　主工具栏

（3）绘图工具栏

元件的封装绘制可以通过 PCB 绘图工具栏来完成，如图 10-50 所示。

图 10-50　绘图工具栏

放置直线。

放置过孔。

放置焊盘。

放置字符串。

放置位置坐标。

中心法画圆。

边缘法画圆。

任意角度画圆。

画圆。

矩形填充。

多边形填充。

（4）工作面板

【PCB Library】工作面板提供操作 PCB 元器件的各种功能，包括【PCB Library】工作面板的【Components】区域列出了当前选中库的所有元器件。如图 10-51 所示。

1）在【Components】区域中右键单击鼠标将显示菜单选项，设计者可以新建器件、编辑器件属性、复制或粘贴选定器件、或更新开放 PCB 的器件封装。

2）【Component Primitives】区域列出了属于当前选中元器件的图元。单击列表中的图元，在设计窗口中高亮显示。

3）在【Component Primitives】区域下方是元器件封装模型显示区，该区有一个选择框，选择框选择哪一部分，设计窗口就显示那部分，可以调节选择框的大小。

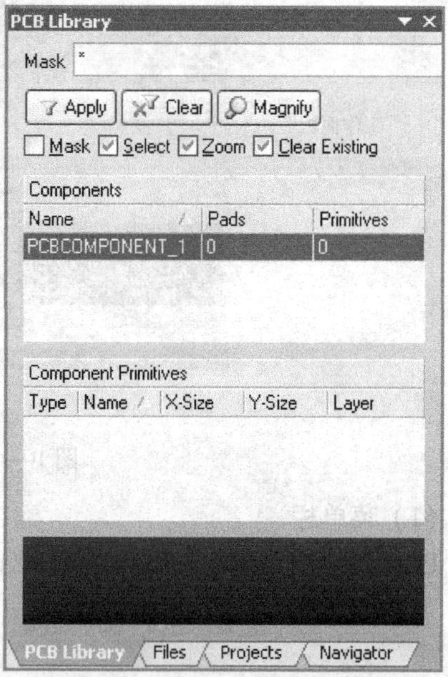

图 10-51　【PCB Library】工作面板

3. 制作 PCB 的元件库

PCB 元件库的绘制可采用向导或手工绘制，向导工具一般用于绘制电阻、电容、双列直插式 IC（DIP）等规则元件，手工绘制主要用于绘制一些不规则元件，在 10.3 节中已详细介绍了利用向导生成 AT89C2051 的 DIP20 的封装模型，下面以数码管的 PCB 元件库创建为例来讲解手工绘制的方法。

1）新建 PCB 元件库文件，进入元件库编辑器，并保存。

2）重命名元件，在【PCB Library】工作面板中双击元件名，弹出【PCB Library Component】对话框，将【Name】改为“LED8”，如图 10-52 所示。

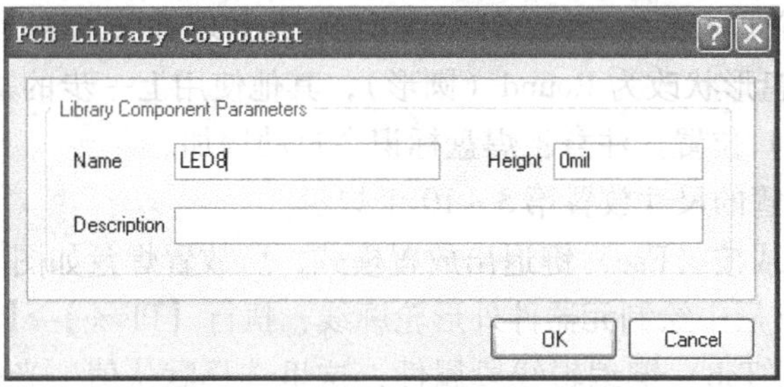

图 10-52 重命名元件

3）放置焊盘。单击工具栏中的 按钮，为元件库添加焊盘，在放置焊盘之前，需按〈Tab〉键，弹出【Pad】对话框，更改焊盘属性，设置与实物一致的焊盘参数。如图 10-53 所示。

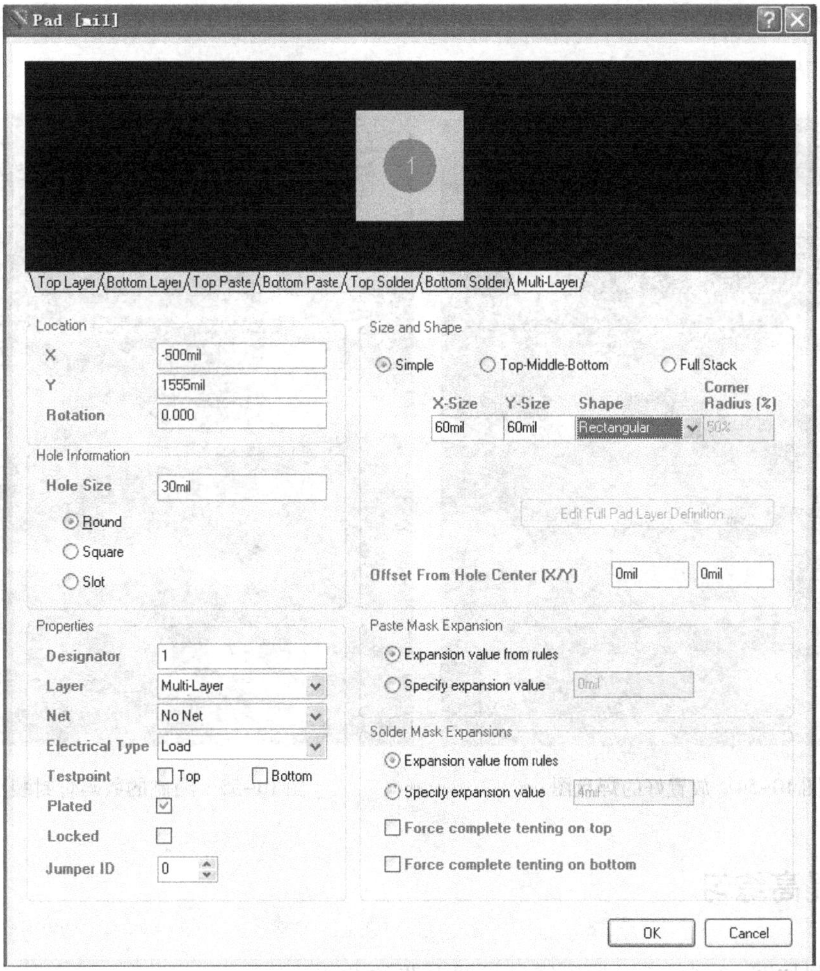

图 10-53 设置焊盘属性

4）利用状态栏显示坐标，将第一个焊盘拖到（X：0，Y：0）位置，单击或按〈Enter〉键确认放置。

5）放置完第一个焊盘后，第二个焊盘会自动出现在光标处，按〈Tab〉键，弹出【Pad】对话框，将焊盘形状改为Round（圆形），其他使用上一步的默认值，将第二个焊盘放到（X：100，Y：0）位置。注意：焊盘标识会自动增加。

6）根据实际数码管的尺寸放置第3～10个焊盘。

7）单击鼠标右键或按〈Esc〉键退出放置模式，所放置焊盘如图10-54所示。

8）在TOP Overlay层中绘制元器件外形轮廓线，执行【Place】→【Line】命令或单击 按钮。放置线段前可按〈Tab〉键编辑线段属性，这里选择默认值，光标移到（-60，-60）处单击，绘出线段的起始点，移动光标到（460，-60）处单击绘出第一段线，移动光标到（460，660）处单击，绘出第二段线，移动光标到（-60，660）处单击绘出第三段线，然后移动光标到起始点（-60，-60）处单击，绘出第四段线，数码管的外框绘制完成。如图10-55所示。

9）绘制数码管的“8”字，执行【Place】→【Line】命令或单击 按钮，绘出“8”字，单击鼠标右键或按〈Esc〉键退出线段放置模式。建好的数码管封装符号如图10-55所示。

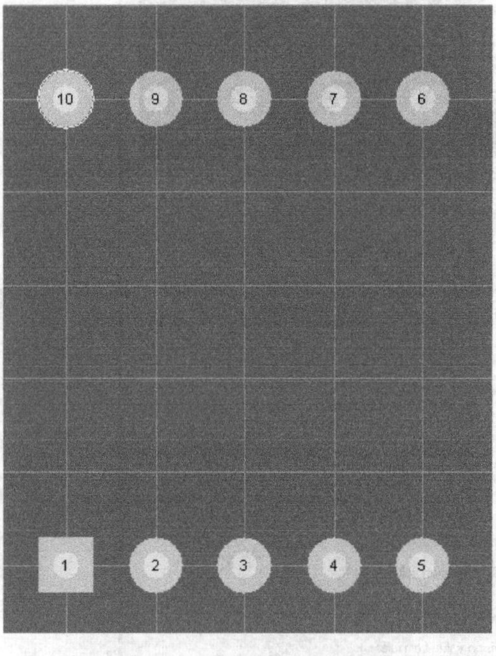

图10-54　放置好的焊盘图

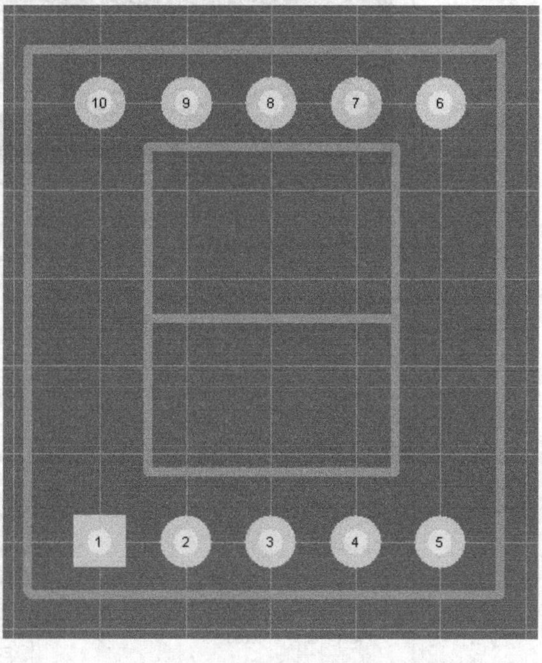

图10-55　绘制的数码管封装图

10.5　提高练习

1. 绘制如图10-56所示数码管显示器电路的PCB。
2. 绘制如图10-57所示跑马灯显示电路的PCB。

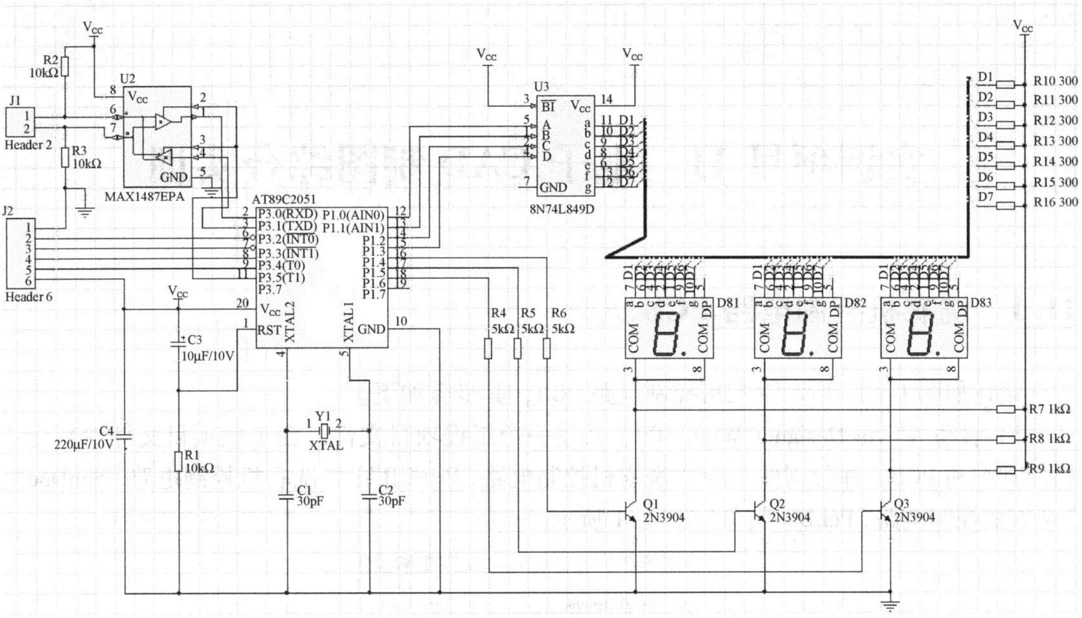
AT89C2051
MAX1487EPA
8N74L849D
Header 2
Header 6
2N3904
D81
D82
D83

图 10-56　数码管显示器电路

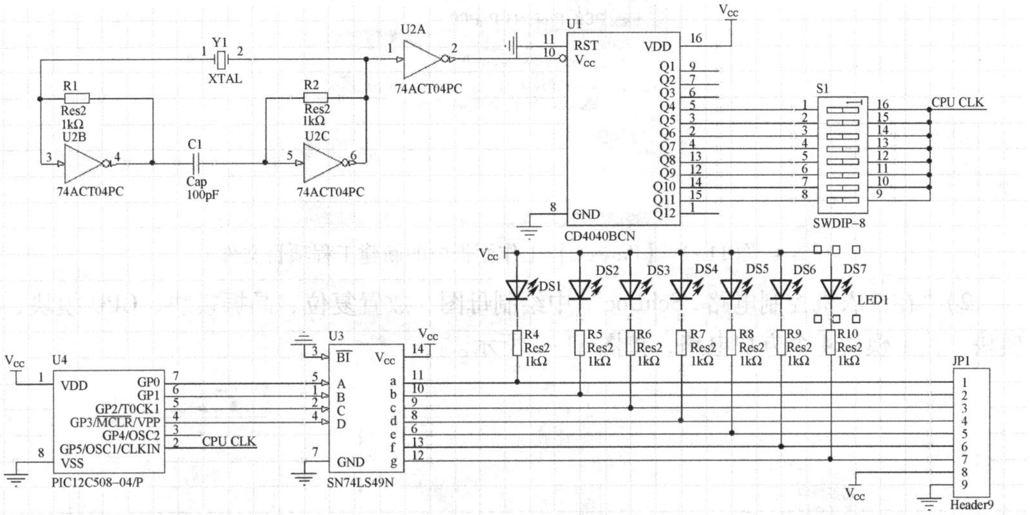
74ACT04PC
CD4040BCN
SWDIP-8
CPU CLK
PIC12C508-04/P
SN74LS49N
Header9
LED1

图 10-57　跑马灯显示电路

实训项目 11　电子 CAD 制图综合实训

11.1　洗衣机控制电路 PCB 设计

设计如图 11-14 所示洗衣机控制电路 PCB，其步骤如下。

1）启动 Altium Designer Winter 09，新建一个工程项目文件，在工程项目文件中新建空白原理图和 PCB，并分别保存为“洗衣机控制电路．PrjPCB”，“洗衣机控制电路．SchDoc”，“洗衣机控制电路．PcbDoc”，如图 11-1 所示。

图 11-1　【Projects】工作面板中的新建工程项目文件

2）“在洗衣机控制电路．SchDoc”中绘制母图，放置复位、晶振模块、CPU 模块、显示模块、控制模块 4 个方块电路，如图 11-2 所示。

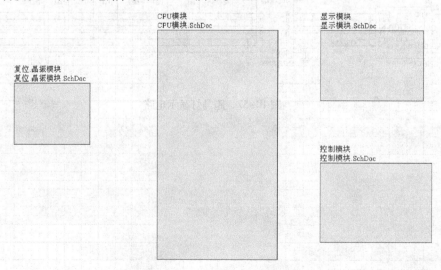

图 11-2　放置 4 个方块电路

3）在 4 个方块电路中放置方块电路端口，并修改其属性，如图 11-3 所示。

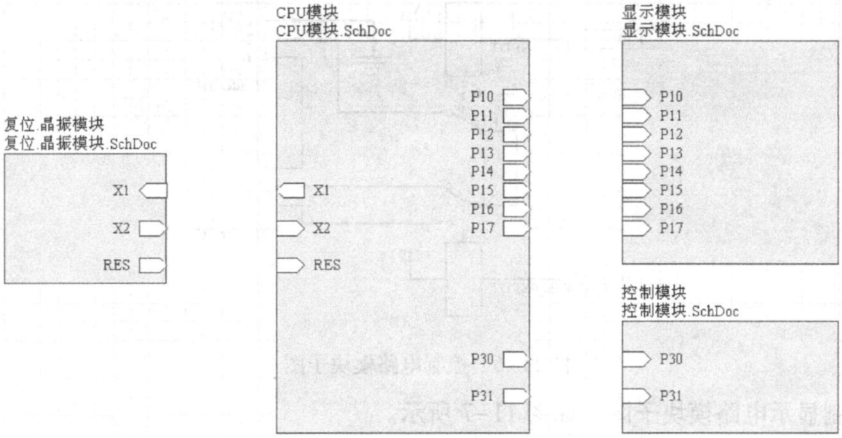

图 11-3　母图中放置方块电路端口

4）根据各方块电路的电气连接关系，用导线或总线将端口连接起来，连线完成后的层次原理图母图，如图 11-4 所示。

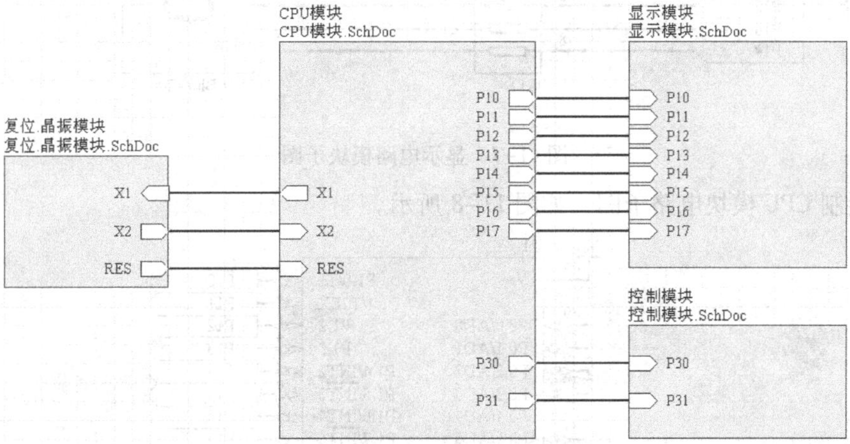

图 11-4　层次原理图中的母图

5）绘制复位晶振电路模块子图，如图 11-5 所示。

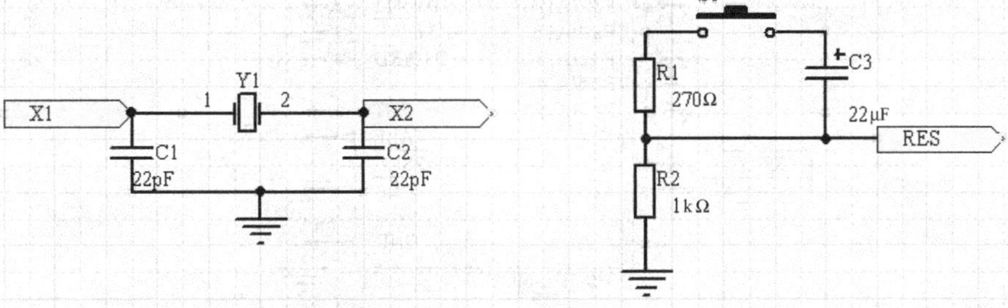

图 11-5　复位晶振电路模块子图

6）绘制控制电路模块子图，如图 11-6 所示。

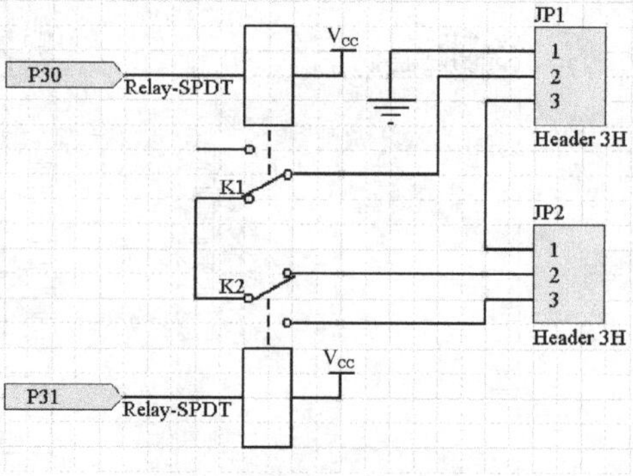

图 11-6　控制电路模块子图

7）绘制显示电路模块子图，如图 11-7 所示。

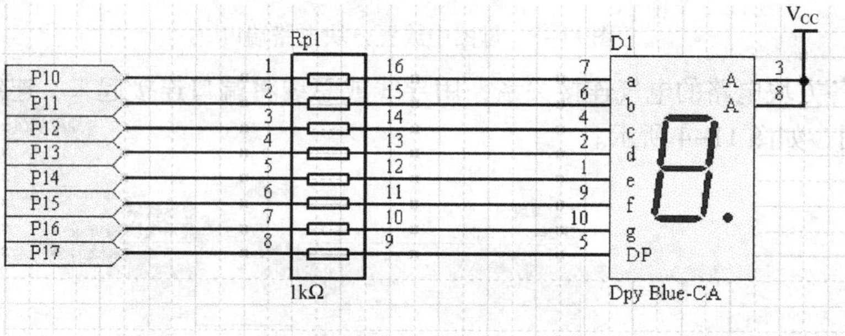

图 11-7　显示电路模块子图

8）绘制 CPU 模块电路子图，如图 11-8 所示。

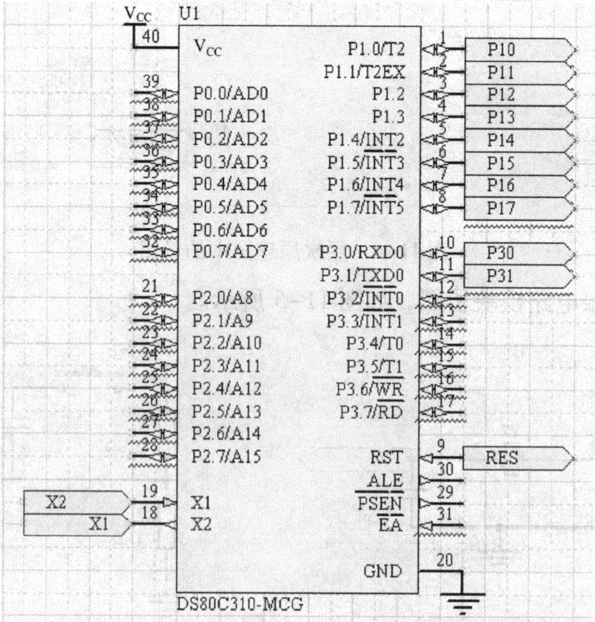

图 11-8　CPU 模块电路子图

9）保存这 4 张子图。

10）编译“洗衣机控制电路 . SchDoc”，在【Messages】工作面板中查看错误，并修改，保证原理图无错误。

11）在“洗衣机控制电路 . PrjPCB”中利用向导建立一块长 100 mm，宽 80 mm 的 PCB，如图 11-9 所示。

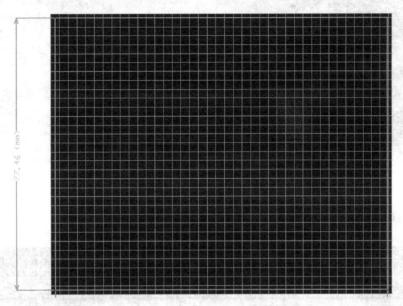

图 11-9　新建 PCB

12）打开新建立的 PCB 文件，装入网络表和元件封装，分别如图 11-10、图 11-11 所示。

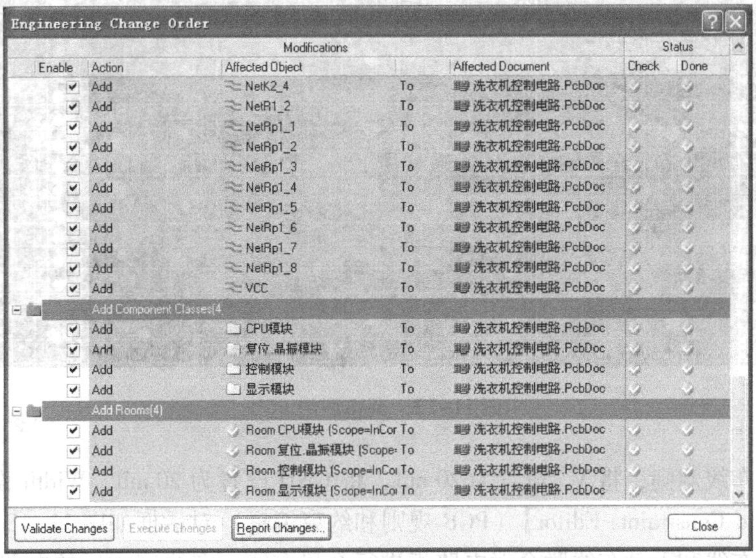

图 11-10　装入网络表

图 11-11　装入元件封装

13）手动调整元件位置，调整后的 PCB 如图 11-12 所示。

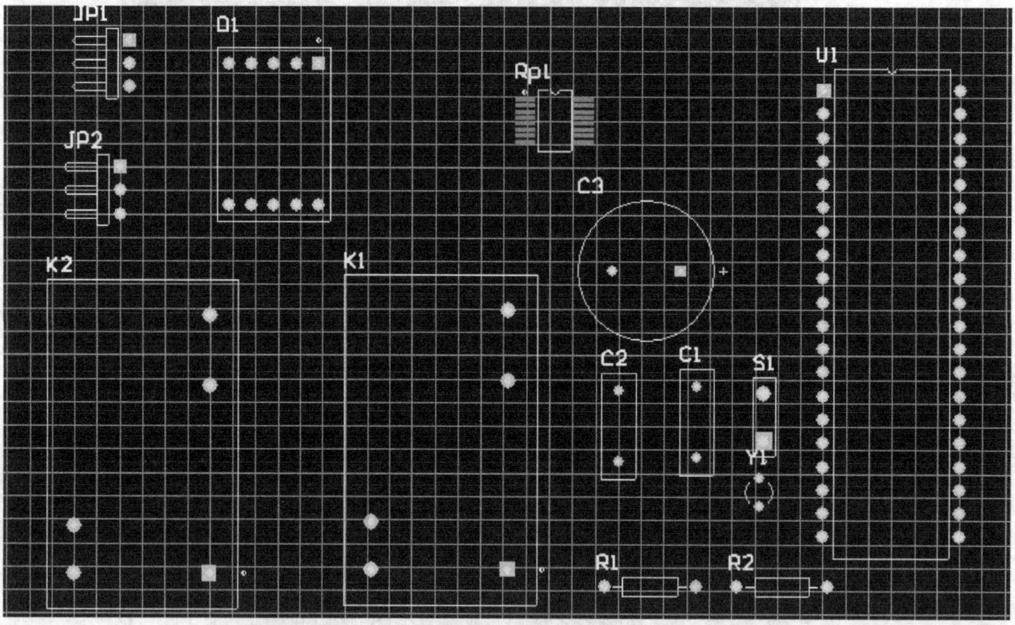

图 11-12　调整后的 PCB

14）设置布线规则，将 V_{CC}设置为 20 mil，将 GND 设置为 20 mil，Width 设置为默认值。【PCB Rules and Constraints Editor】（PCB 规则和约束编辑）对话框如图 11-13 所示。

15）自动布线和手动布线联合对电路板进行全局布线，布线完成后的电路板如图 11-14 所示。

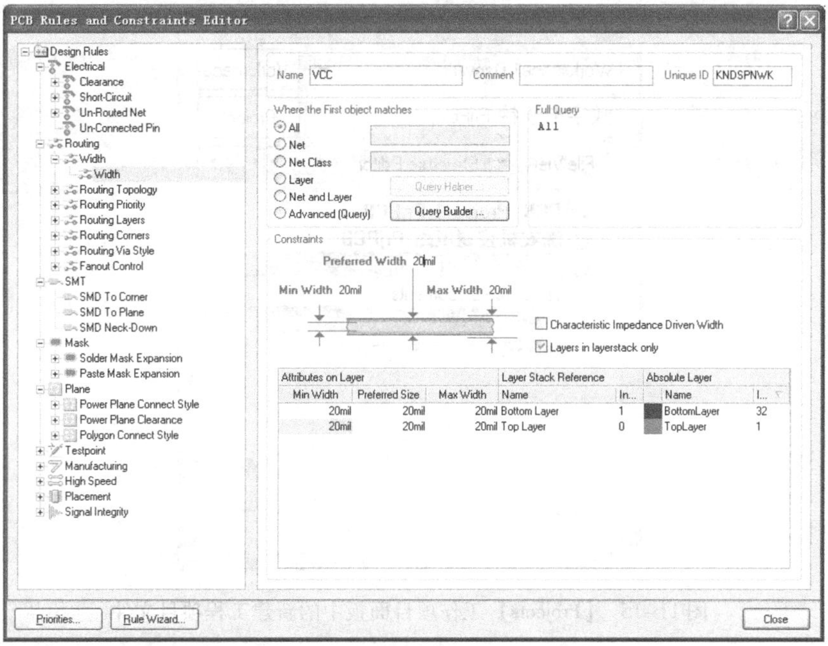

图 11-13 【PCB Rules and Constraints Editor】对话框

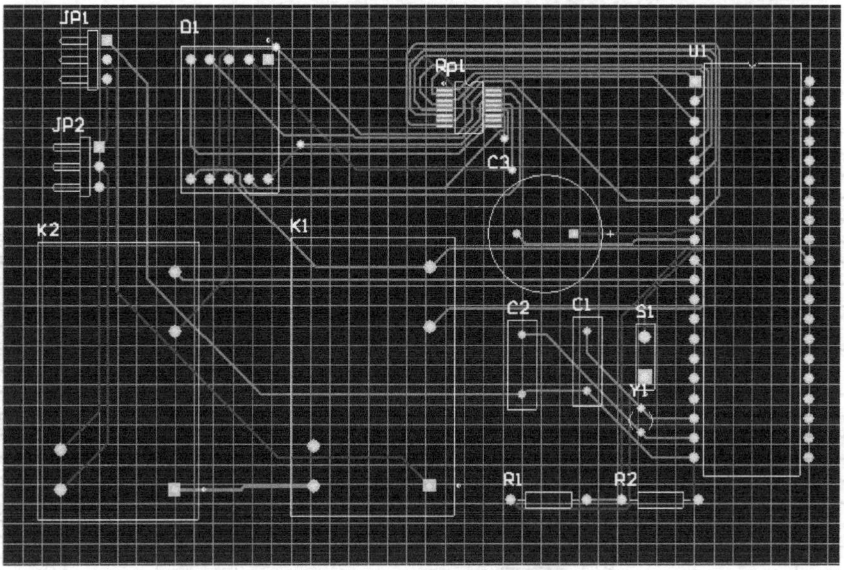

图 11-14 布线完成的洗衣机控制电路 PCB

11.2 数字电子钟 PCB 设计

设计如图 11-27 所示数字电子钟 PCB，其步骤如下。

1）启动 Altium Designer Winter 09，新建一个工程项目文件，在工程项目文件中新建空白原理图和 PCB，并分别保存为“数字电子钟 . PrjPCB”，“数字电子钟 . SchDoc”，“数字电子钟 . PcbDoc”，如图 11-15 所示。

图 11-15 【Projects】工作项目面板中的新建工程项目文件

2）新建一个原理图元件库 Schlib1. SchLib，并保存，在原理图元器件库中绘制 AT89S51、8155 的芯片引脚图，分别如图 11-16、11-17 所示。

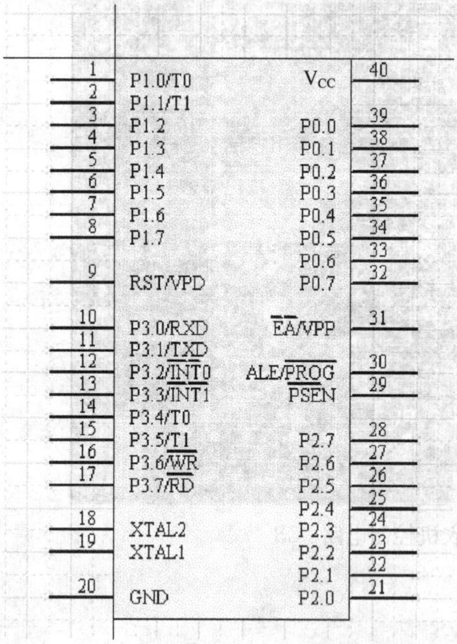

图 11-16 AT89S51 芯片引脚图

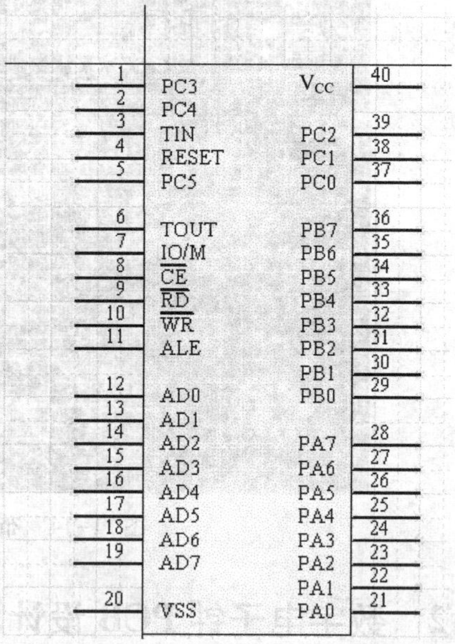

图 11-17 8155 芯片引脚图

3）新建一个封装库文件。

4）在“数字电子钟 . SchDoc”中所有元件放置如图 11-18 所示。

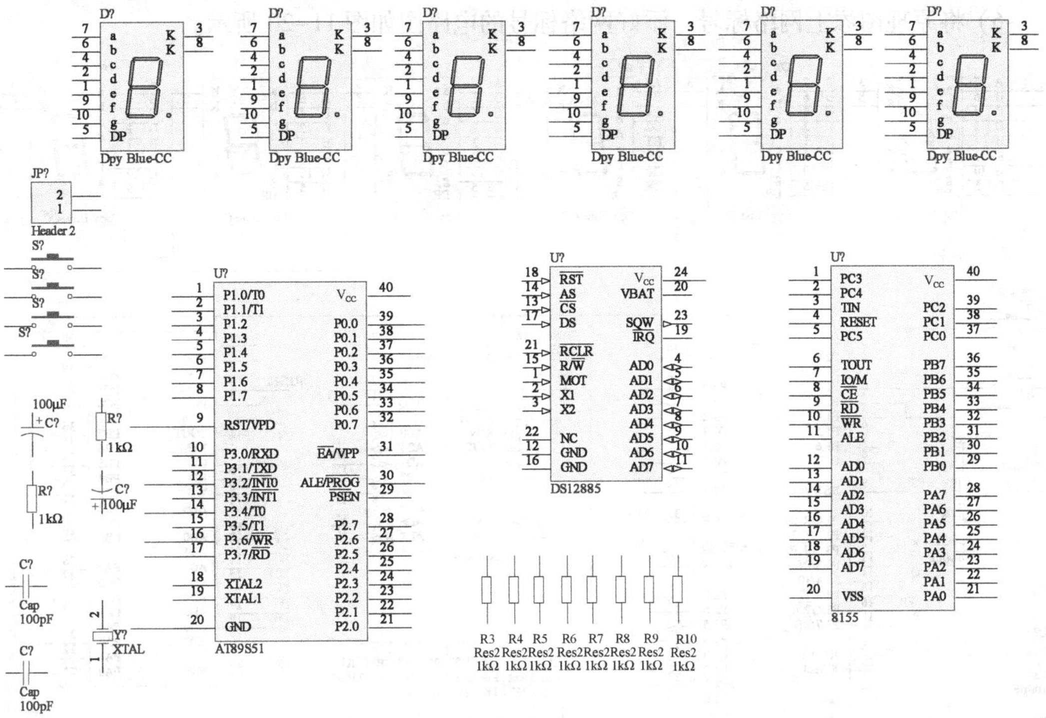

图 11-18　元件放置图

5）用导线或总线将元件之间进行电气连接，连接好的电路如图 11-19 所示。

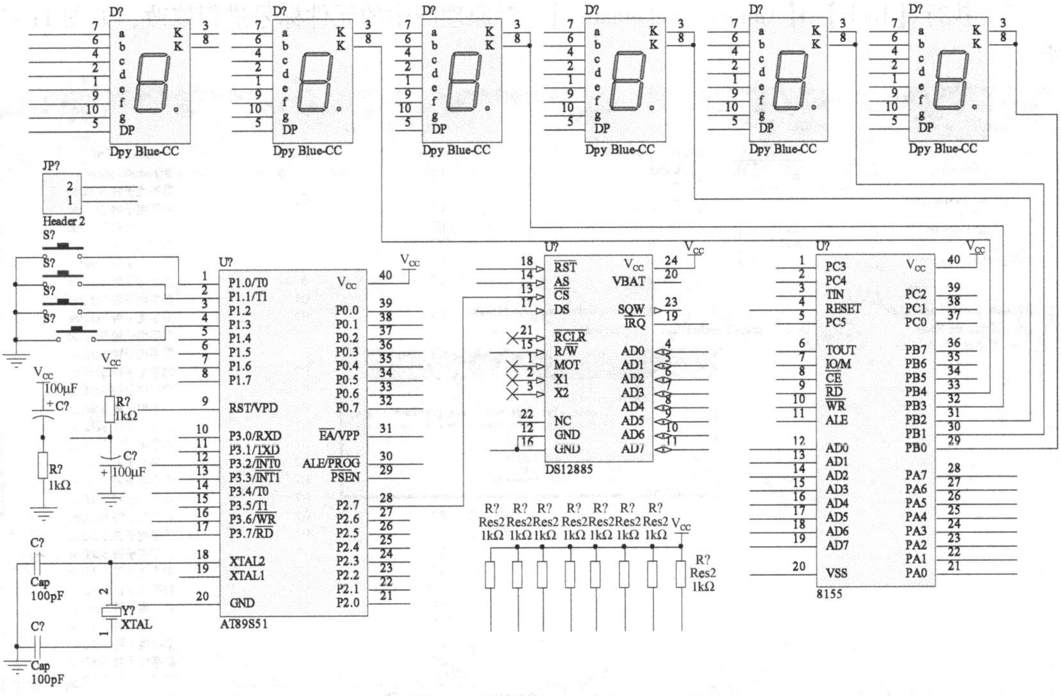

图 11-19　电气连接好的原理图

6）将原理图添上网络标号，添好网络标号的电路图如图 11-20 所示。

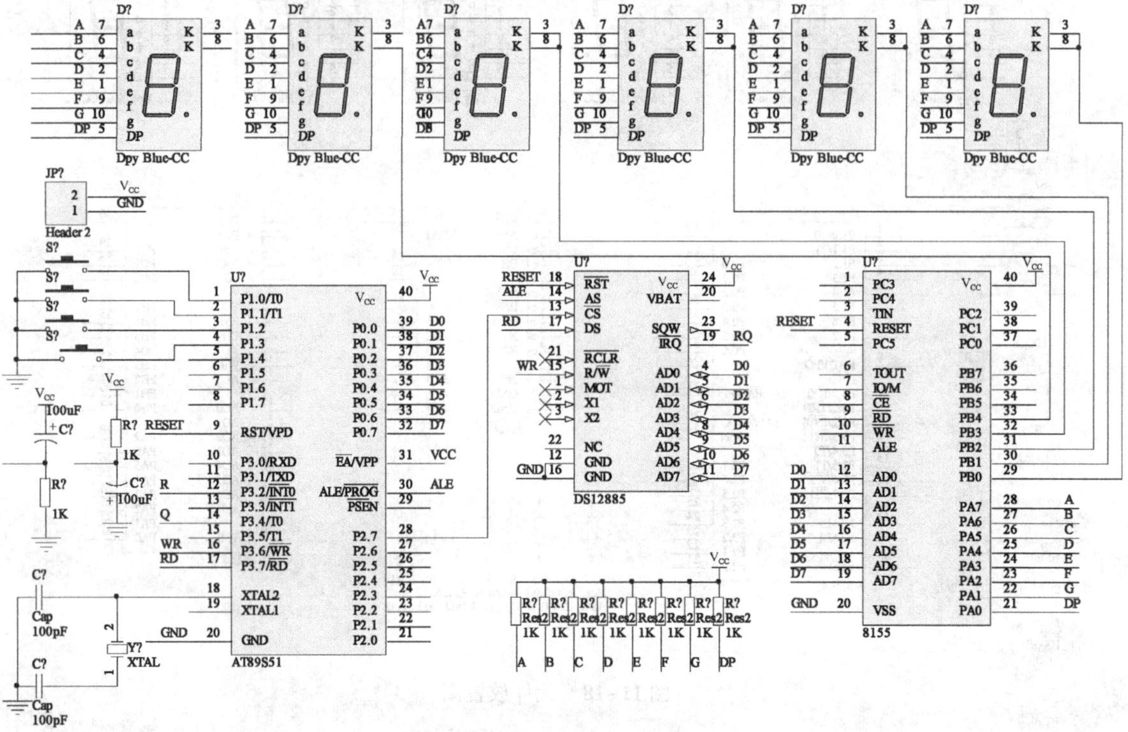

图 11-20　添加完网络标号的原理图

7）执行【Tools】→【Annotate Schematics】，对原理图中的元件标号进行修改，如图 11-21 所示。

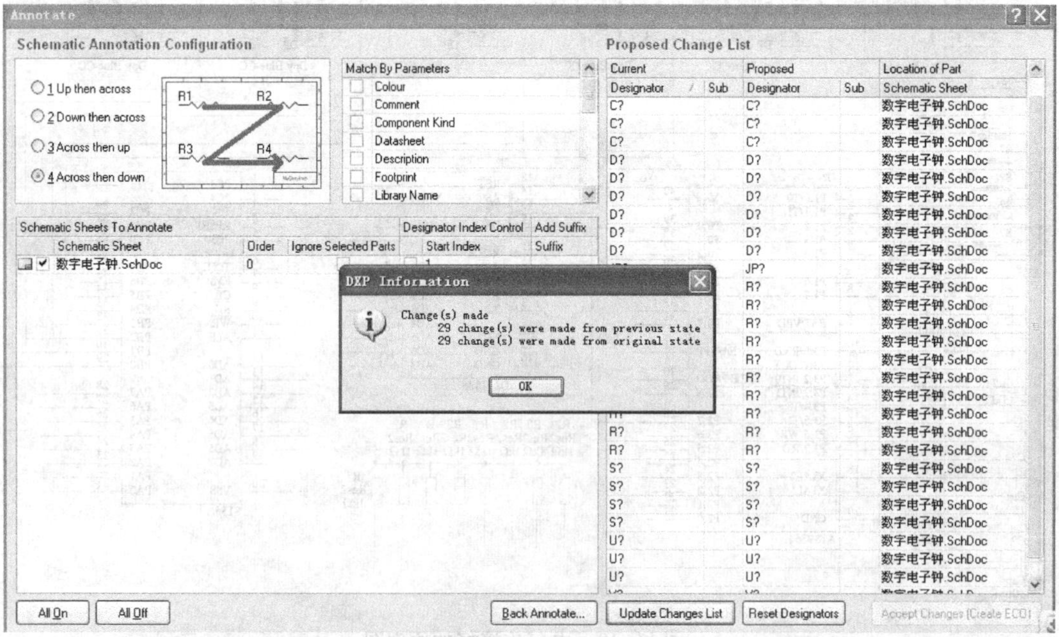

图 11-21　【修改元件标号】对话框

8）元件标号修改好后的电路图如图 11-22 所示。

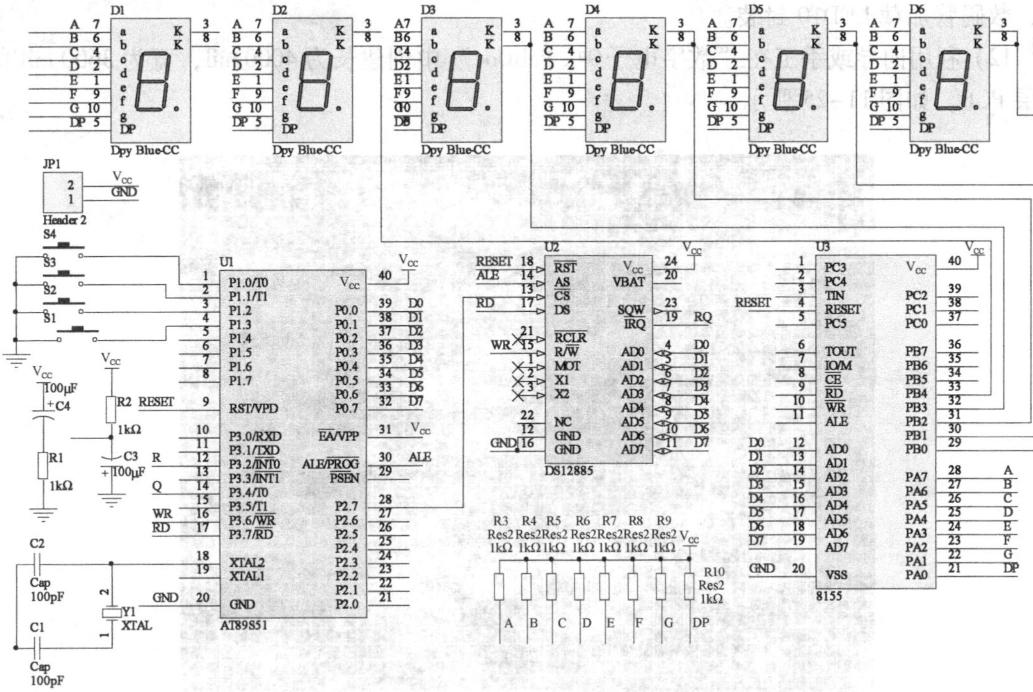

图 11-22　元件标号修改好后的电路图

9）编译原理图，在【Messages】工作面板中查看错误报告，并修改错误，保存。

10）利用封装向导创建 DIP20 的封装形式，利用手工创建 LED10 的封装形式，分别如图 11-23、图 11-24 所示。

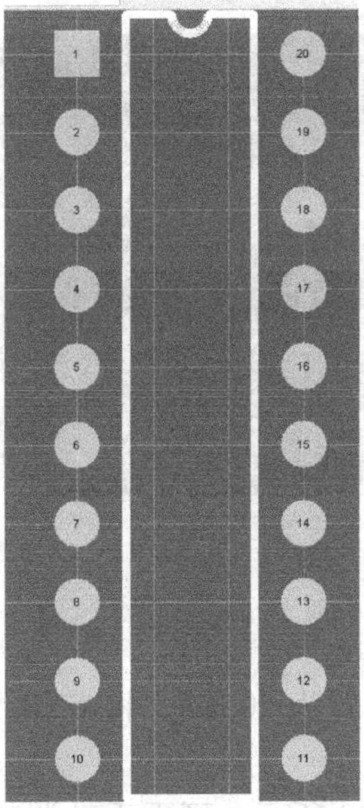

图 11-23　DIP20 封装形式

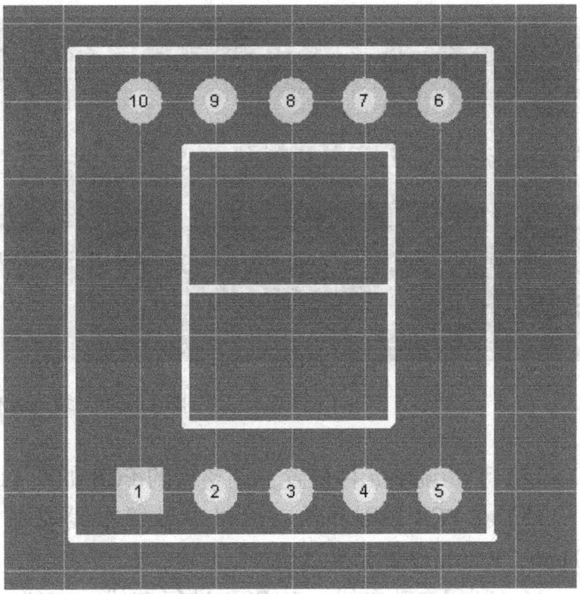

图 11-24　LED10 封装形式

11）检查原理图中各元件的封装形式，若无封装，则加载封装。AT89S51 加载 DIP20 封装，数码管加载 LED10 封装。

12）利用向导或手工在“数字电子钟 . PcbDoc”中创建长为 4000 mil，宽为 3600 mil 的双层 PCB，如图 11-25 所示。

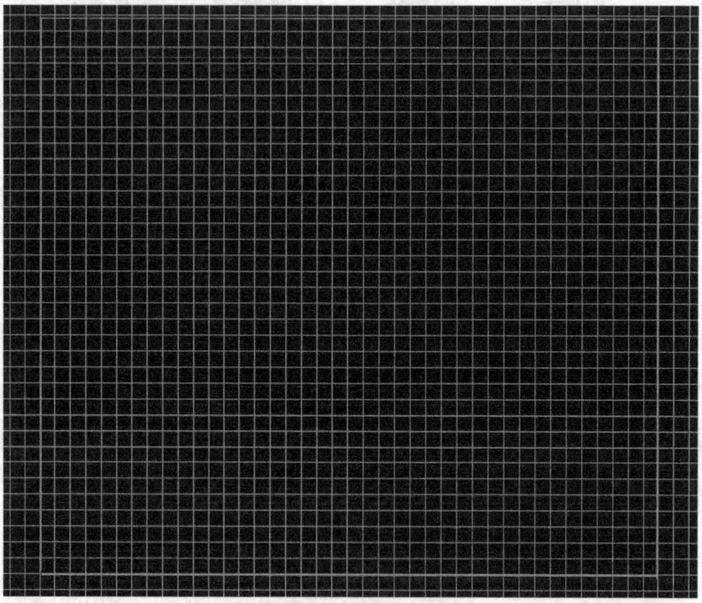

图 11-25　新建双层 PCB

13）打开刚建立的 PCB 文件，装入网络表和元件封装，如图 11-26 所示。

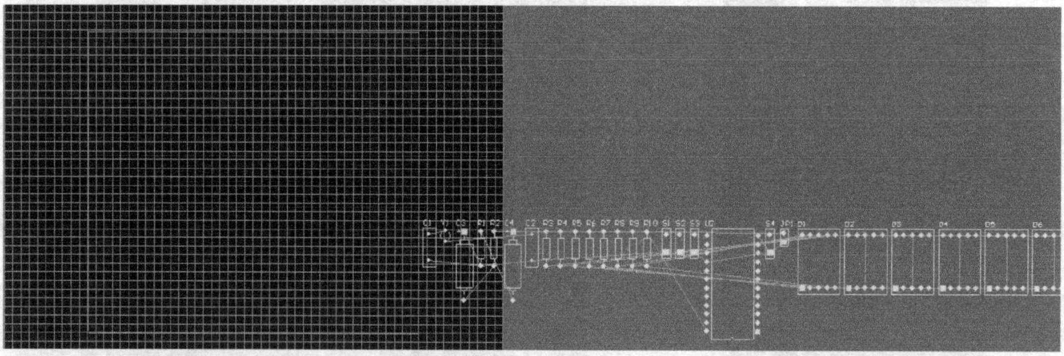

图 11-26　装入元件封装

14）手动调整元件位置，调整后的 PCB 如图 11-27 所示。

15）在 PCB 规则和约束编辑中设置布线规则，将 V_{CC} 设置为 30 mm，将 GND 设置为 30 mm，Width 设置为默认值。

16）利用自动布线，对 PCB 进行布线，布线图如图 11-28 所示。可再手动调整布线，请读者自行完成。

17）保存文件。

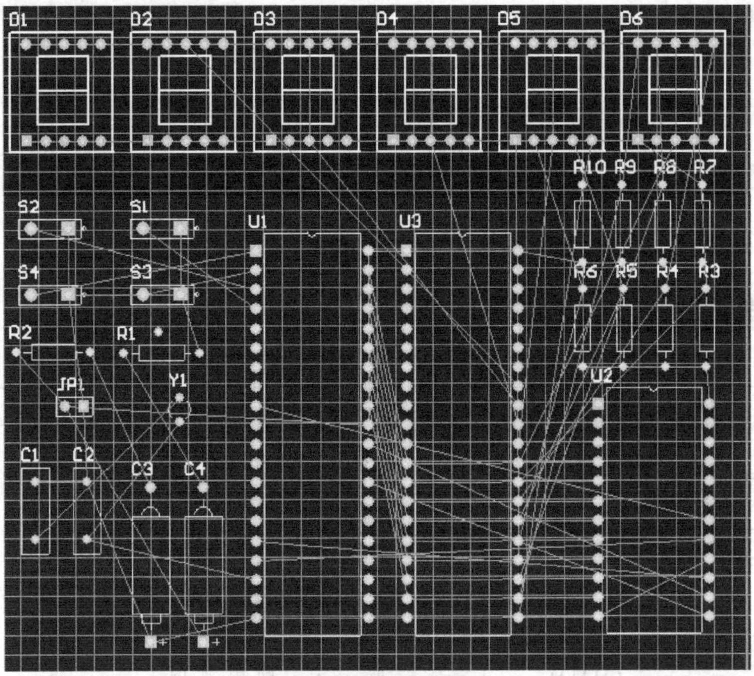
D1
D2
D3
D4
D5
D6
R10 R9 R8 R7
S2
S1
U1
U3
S4
S3
R6 R5 R4 R3
R2
R1
JP1
Y1
U2
C1
C2
C3
C4

图 11-27　手动布局后的 PCB

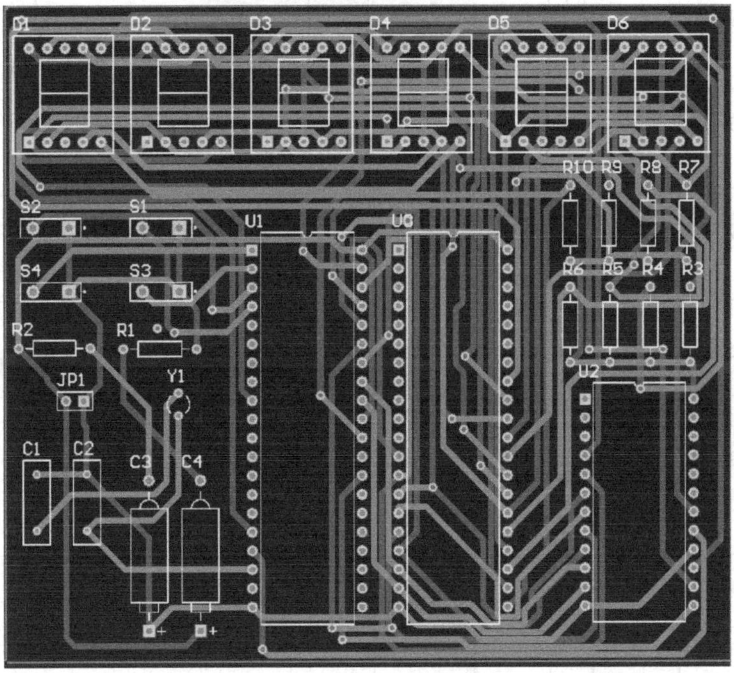
D1
D2
D3
D4
D5
D6
R10 R9 R8 R7
S2
S1
U1
U3
S4
S3
R6 R5 R4 R3
R2
R1
JP1
Y1
U2
C1
C2
C3
C4

图 11-28　自动布线后的 PCB

附 录

附录 A 常用电气图形符号

类别	名 称	图形符号	文字符号	类别	名 称	图形符号	文字符号
开关	单极开关		SA	接触器	动断辅助触头		KM
	手动开关一般符号	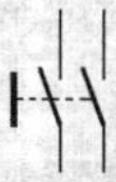	SA	时间继电器	通电延时（缓吸）线圈	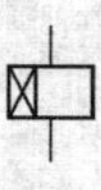	KT
	三极开关	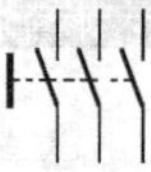	QS		断电延时（缓放）线圈	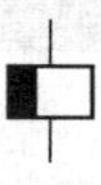	KT
	三极隔离开关		QS		瞬时闭合的动合触头		KT
	三极负荷开关		QS		瞬时断开的动断触头		KT
	组合旋转开关	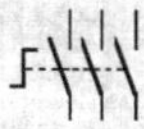	QS		延时闭合的动合触头	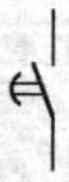	KT
	低压断路器		QF		延时断开的动断触头		KT
	控制器或操作开关	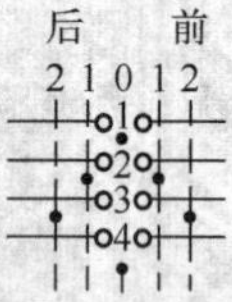	SA		延时闭合的动断触头		KT
接触器	线圈操作器件	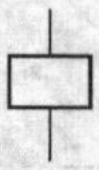	KM		延时断开的动合触头	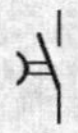	KT
	动合主触头		KM	电磁操作器	电磁铁的一般符号	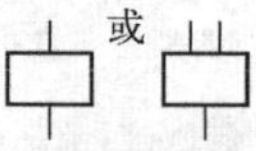	YA
	动合辅助触头		KM		电磁吸盘	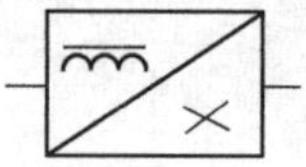	YH

（续）

类别	名　称	图形符号	文字符号	类别	名　称	图形符号	文字符号
电磁操作器	电磁离合器	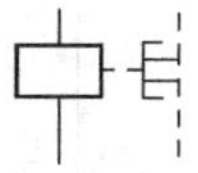	YC	按钮	动断按钮		SB
	电磁制动器	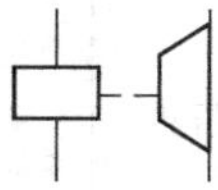	YB		复合按钮		SB
	电磁阀	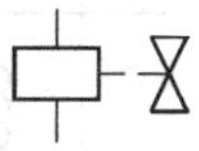	YV		急停按钮	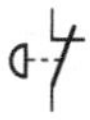	SB
非电量控制的继电器	速度继电器常开触头	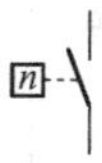	KS		钥匙操作式按钮		SB
	压力继电器常开触头	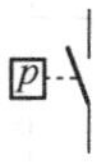	KP	热继电器	热元件	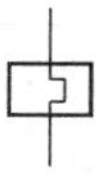	FR
发电机	发电机	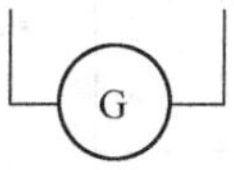	G		动断触头	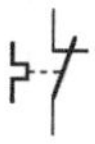	FR
	直流测速发电机	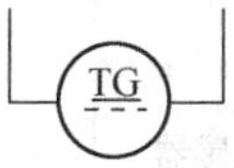	TG	中间继电器	线圈	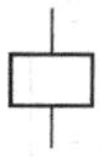	KA
灯	信号灯（指示灯）		HL		动合触头		KA
	照明灯		EL		动断触头		KA
接插器	插头和插座		X 插头 XP 插座 XS	电流继电器	过电流线圈	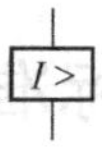	KA
位置开关	动合触头		SQ		欠电流线圈	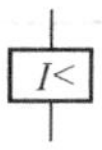	KA
	动断触头		SQ		动合触头		KA
	复合触头		SQ		动断触头		KA
按钮	动合按钮	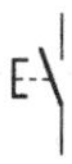	SB	电压继电器	过电压线圈	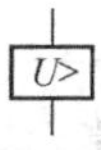	KV

（续）

类别	名　称	图形符号	文字符号
电压继电器	欠电压线圈		KV
	动合触头		KV
	动断触头	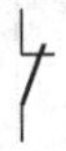	KV
电动机	三相笼型异步电动机		M
	三相绕线转子异步电动机	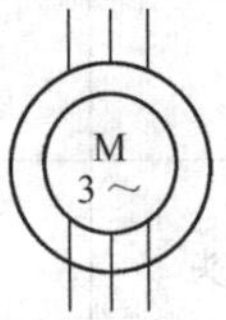	M
	他励直流电动机		M
	并励直流电动机		M
	串励直流电动机	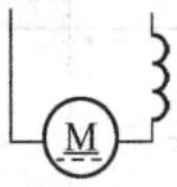	M

类别	名　称	图形符号	文字符号
熔断器	熔断器		FU
变压器	单相变压器	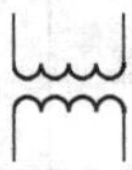	TC
	三相变压器	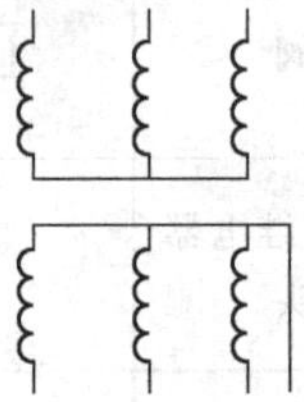	TM
互感器	电压互感器		TV
	电流互感器	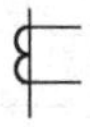	TA
	电抗器		L

附录 B　非标准符号与国标的对照表

元器件名称	非标准符号	国标符号
电解电容	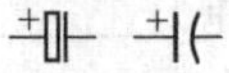	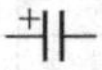
普通二极管		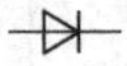
稳压二极管		
接机壳		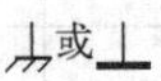
滑动触点电位器	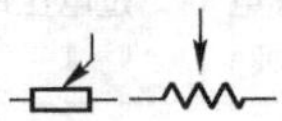	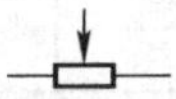

（续）

元器件名称	非标准符号	国标符号
与门		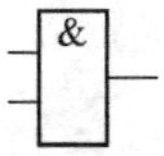
与非门	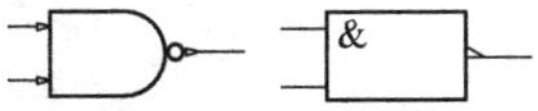	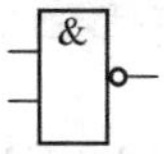
非门	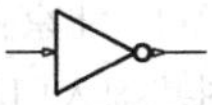	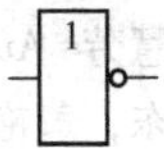
或门	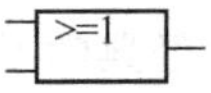	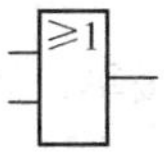

参 考 文 献

[1] 江洪，庞伟 . AutoCAD 2008 电气设计经典实例解析[M]. 北京：机械工业出版社，2009.

[2] 张云杰，邱慧芳 . AutoCAD 2010 电气设计基础教程[M]. 北京：清华大学出版社，2008.

[3] 王菁，俞启东，董艳霞 . AutoCAD 2010 电气设计绘图基础入门与范例精通[M]. 2 版 . 北京：科学出版社，2008.

[4] 王向军，刘爱军，刘雁征 . AutoCAD 2008 电气设计经典学习手册[M]. 北京：北京希望电子出版社，2009.

[5] 赵月飞 . AutoCAD 2010 中文版电气设计完全实例教程[M]. 北京：化学工业出版社，2010.

[6] 朱献清 . 电气技术识图[M]. 北京：机械工业出版社，2007.

[7] 王静，徐洪英 . Altium Designer Winter 09 电路设计案例教程[M]. 北京：中国水利水电出版社，2009.

[8] 倪燕 . Protel DXP 2004 应用与实训[M]. 北京：科学出版社，2008.

[9] 杨旭方，李慧 . Protel DXP 2004 SP2 实训教程[M]. 北京：电子工业出版社，2008.

[10] 王正勇 . Protel DXP 实用教程[M]. 北京：高等教育出版社，2007.

[11] 夏路易 . 单片机技术基础教程与实践[M]. 北京：电子工业出版社，2008.

精品教材推荐